普通高等教育信息技术类系列教材

Python 程序设计基础与实践

李丕贤　郑宏亮　刘德山　主编

科学出版社
北　京

内 容 简 介

本书以易懂的语言、翔实的示例、丰富的上机实践内容诠释了 Python 这门简单、优雅、明确、易学的计算机语言。全书共 10 章，第 1～8 章是 Python 语言基础，覆盖了全国计算机等级考试二级 Python 语言程序设计考试的主要内容；第 9 章是 tkinter GUI 编程；第 10 章重点介绍 Python 第三方库的应用。本书以应用为核心展开内容，力求以知识的最小集来实现最大范围的应用；本书难度适中，案例丰富，习题精练，精选上机实践内容，力求提高学生独立解决问题的能力。

本书主要面向普通本科院校非计算机专业的学生，既可作为初学者学习 Python 程序设计的教材，也可作为全国计算机等级考试二级 Python 语言程序设计的参考用书。

图书在版编目（CIP）数据

Python 程序设计基础与实践 / 李丕贤，郑宏亮，刘德山主编. -- 北京 : 科学出版社, 2025.5. --（普通高等教育信息技术类系列教材）. ISBN 978-7-03-081885-0

Ⅰ. TP312.8

中国国家版本馆 CIP 数据核字第 2025LM5817 号

责任编辑：宋 丽 吴超莉 / 责任校对：王万红
责任印制：吕春珉 / 封面设计：东方人华平面设计部

科学出版社 出版
北京东黄城根北街 16 号
邮政编码：100717
http://www.sciencep.com
天津市新科印刷有限公司印刷
科学出版社发行 各地新华书店经销
*
2025 年 5 月第 一 版 开本：787×1092 1/16
2025 年 5 月第一次印刷 印张：18 1/4
字数：433 000

定价：65.00 元

（如有印装质量问题，我社负责调换）
销售部电话 010-62136230 编辑部电话 010-62138978-2029

前　言

Python 是世界上较流行的编程语言。在编程语言流行度（popularity of programming language，PYPL）指数的排行榜单中，Python 近年来连续排名第一。在人工智能成为国家发展战略之一的大背景下，拥有丰富的 AI 库、机器学习库、自然语言和文本处理库的 Python 成为人工智能时代最好的语言。Python 还应用于数据分析、组件集成、图像处理、科学计算等众多领域。本书全面贯彻党的教育方针，落实立德树人根本任务，坚持为党育人、为国育才的原则，全面提高人才培养质量，培养德智体美劳全面发展的社会主义建设者和接班人。

为了适应跨界创新的需求，不同层次、不同专业的读者迫切需要一种可以更多地专注于要解决的问题，而不必过多地考虑细节的计算机语言，让计算机语言回归服务的功能，而 Python 就是最佳选择。

Python 具有简单、优雅、明确、易学等特点，是学习编程的入门语言。十几万个第三方库形成了 Python 的“计算生态”，推动了 Python 的发展。

鉴于 Python 诸多的应用和需求，以及适合不同专业学生学习的特点，教育部将 Python 纳入全国计算机等级考试范围，Python 的学习和应用正在各专业领域发挥着作用。

本书主要有以下特色：

1）重点突出。在保证内容科学、完整的前提下，由浅入深地安排章节次序。考虑到 Python 的应用特色，更多地强调应用思维。例如，在 Python 的组合数据类型、文件操作、第三方库等章节更着重体现应用特性。

2）案例资源丰富。本书去粗取精，认真整理了各个教学示例，覆盖 Python 的重要知识点；精心设计和编写课后习题；精选上机实践内容，以提高学生的实践操作能力。

3）综合考虑全国计算机等级考试和 Python 应用需求。书中的知识点基本覆盖了全国计算机等级考试需要的核心内容，并对部分使用频率低的内容做了删减。

本书结构如下：

第 1～8 章是 Python 语言基础，覆盖全国计算机等级考试二级 Python 语言程序设计的主要内容。

第 9、10 章是 Python 语言的应用，包括 tkinter GUI 编程、Python 第三方库的应用。读者应掌握 Python 第三方库文档的查阅方法，了解 Python 库编程的特点，领会 Python 编程的“计算生态”特征。

本书建议的教学组织形式是“示例—分析—练习—实践—总结”。从应用的角度介绍语言，通过示例来说明编程的方法和过程。本书建议授课 40～56 学时，第 9、10 章可根据需要选讲。

本书由李丕贤、郑宏亮、刘德山主编。其中，第 1～6 章由李丕贤编写，第 7、8 章由郑宏亮编写，第 9、10 章由刘德山编写。全书资源建设由高爽负责。本书提供教学课件、程序源代码、课后习题答案、上机实践程序代码，以及微课视频，欢迎需要的读者向编者索取（邮箱：lpx-dlu@163.com）或登录 http://www.abook.cn 下载。

由于编者水平有限，书中难免存在疏漏和不足之处，恳请广大读者指正。

目　录

第 1 章　Python 语言概述

Python 是一种面向对象的、解释型的计算机程序设计语言，可应用于 Web 开发、科学计算、游戏程序设计、图形用户界面等领域。本章主要介绍 Python 的语言特点及其应用领域，常见的 Python 开发环境，Python 程序执行过程及简单的程序设计方法等。

学习目标：

✧ 了解计算机语言的特点。

✧ 熟悉 Python 的开发环境。

✧ 理解 Python 程序的执行过程。

✧ 掌握 Python 程序的设计过程。

1.1 计算机语言

用户通过使用计算机语言让计算机完成相应操作。计算机语言也就是程序设计语言，是用于描述计算机所执行操作的语言。从计算机诞生到现在，作为软件开发工具的程序设计语言经历了机器语言、汇编语言、高级语言等阶段。

1.1.1 计算机语言的演变

1. 机器语言

机器语言是采用计算机指令格式并以二进制编码表达各种操作的语言。计算机能够直接理解和执行机器语言。

机器语言的优点是能够被计算机直接识别，执行速度快，占存储空间小；其缺点是难读、难记，编程难度大，程序的调试、修改麻烦，而且不同型号的计算机具有不同的机器指令系统。

2. 汇编语言

汇编语言是一种符号语言，其用助记符来表达指令功能。汇编语言程序比机器语言程序易读、易写，并保持了机器语言的执行速度快、占用存储空间小的优点。汇编语言的语句功能简单，但程序的编写比较复杂，而且程序难以移植，这是因为汇编语言和机器语言都是面向机器的语言，都是为特定的计算机系统设计的。

汇编语言程序不能被计算机直接识别和执行，需要由一种起翻译作用的程序（称为汇编程序）将其翻译成计算机语言程序（称为目标程序），计算机才能执行，这一翻译过程称为“汇编”。

机器语言和汇编语言统称为计算机的低级语言。

3. 高级语言

高级语言是一种面向问题的语言，比较接近人类的自然语言。因为高级语言是与计算机结构无关的程序设计语言，具有更强的表达能力，所以其可以方便地表示数据的运算和程序控制结构，能更有效地描述各种算法，使用户更容易掌握和理解。

Python 是一种高级语言。例如，计算并显示 5+11 的 Python 语句如下：

```
>>>print(5+11)
   16                    #计算结果
```

用高级语言编写的程序（称为源程序）并不能被计算机直接识别和执行，需要经过翻译程序翻译成机器语言程序后才能执行。高级语言的翻译程序有编译和解释两种，1.1.2 小节将分别进行介绍。

1.1.2 编译与解释

计算机执行不同高级语言程序的方式是不同的，这里所说的执行方式是指计算机执行一个程序的过程。按照计算机程序的执行方式，可以将高级语言分为静态语言和脚本语言两类。其中，静态语言采用编译执行的方式，脚本语言采用解释执行的方式。无论采用哪种执行方式，用户执行程序的方法都是一致的，如都可以通过双击执行一个程序。

1. 编译

编译是将源程序代码转换成目标代码的过程。源代码通常是计算机高级语言代码，而目标代码则是机器语言代码。执行编译的计算机程序称为编译器（compiler）。

2. 解释

解释是将源代码逐条转换成目标代码，同时逐条运行目标代码的过程。执行解释的计算机程序称为解释器（interpreter）。

编译和解释的区别如下：编译是一次性翻译，程序被编译后，运行时就不再需要源代码；解释则在每次程序运行时都需要解释器和源代码。这两者的区别类似外语资料的笔译和实时的同声传译。

编译的过程只进行一次，所以编译过程的速度并不是关键，关键是生成目标代码的执行速度。因此，编译器一般会集成尽可能多的优化技术，使生成的目标代码有更高的执行效率；而解释器反而因为执行速度的原因不会集成太多的优化技术。

1.1.3 Python 语言简介

1. Python 的起源与发展

Python 的起源和发展可以追溯到 1989 年，是由 Guido van Rossum（吉多·范罗苏姆）在荷兰为了打发闲暇而创造的一个新编程语言。Python 这个名字来源于 Guido 所喜

欢的电视剧 *Monty Python's Flying Circus*（蒙提·派森的飞行马戏团）。

目前，Python 已发展为一种广泛使用的动态编程语言，并且拥有丰富的库支持，使其在数据科学、机器学习、网络编程等领域成为首选语言。

Python 的一些主要版本更新如下。

1）Python 1.0：1994 年 1 月 1 日，第一个官方公布版本。

2）Python 2.0：2000 年 10 月 16 日，引入了非常重要的新特性，如完整的 Unicode 支持和内存回收机制。

3）Python 2.6：2008 年 10 月 1 日，引入了 with 语句等新特性。

4）Python 2.7：2010 年 7 月 3 日，是 Python 2.x 系列的最后一个版本，提供了很长的支持周期和安全更新。

5）Python 3.0：2008 年 12 月 3 日，为了解决 Python 2.x 系列中存在的一些问题，引入了完全的 Unicode 支持，并且对语言进行了清理，移除了一些不合理的特性，如 print 应该是一个函数而不是语句。

6）Python 3.3：2012 年 9 月 29 日，引入了 PEP 380——类型提示，这是为了提高代码的类型安全性。

7）Python 3.4：2014 年 3 月 16 日，引入了 asyncio 库，支持异步 I/O。

8）Python 3.5：2015 年 9 月 13 日，引入了 typing 模块，提供了静态类型检查的功能。

9）Python 3.6：2016 年 12 月 23 日，引入了 f-string，即一种新的字符串格式化方法。

10）Python 3.7：2018 年 6 月 27 日，增加了数据类，为更简洁的类定义方式。

11）Python 3.8：2019 年 1 月 14 日，引入了赋值表达式，增加了一些特性，如 typing.protocol 和 dataclasses.field。

12）Python 3.9：2019 年 9 月 20 日，增加了一些新特性，如格式化字符串常量（f 字符串）、match/case 语句、赋值表达式（变量名=表达式）。

13）Python 3.10：2021 年 10 月 18 日，引入了一些新的特性，如 structural pattern matching 和 vectorcall 协议。

14）Python 3.11：2022 年 10 月 24 日，Python 3.11 的速度比 Python 3.10 快 10%～60%。

15）Python 3.12：2023 年 10 月 2 日，Python 3.12 版，包含一系列对语言和标准库的改变。

注意：Python 3.x 系列是当前的主要版本，并且将继续发展。

2. Python 语言的特点

1）简洁易读：Python 采用简洁的语法和清晰的代码结构，使得代码易于阅读和理解。相比其他编程语言，Python 代码通常更加简洁，可以用更少的代码实现相同的功能。

2）动态类型：Python 是一种动态类型语言，变量的类型在运行时可以自动推断，无须显式声明。这使得 Python 编程更加灵活，减少了类型转换的烦琐操作。

3）面向对象：Python 支持面向对象编程，可以使用类和对象来组织和管理代码。面向对象的编程范式使得代码更加模块化、可重用和易于维护。

4）强大的标准库：Python 拥有丰富的标准库，包含各种功能模块，如文件操作、网络通信、数据库连接等。这些标准库可以帮助开发者快速实现各种功能，提高开发效率。

5）跨平台：Python 可以在多个操作系统上运行，包括 Windows、Linux、Mac 等。这使得开发者可以在不同的平台上开发和部署 Python 程序，提高了程序的可移植性。

6）强大的第三方库支持：Python 拥有庞大的第三方库生态系统，包含各种功能强大的库和框架，如 numpy、pandas、django 等。这些库可以帮助开发者快速构建复杂的应用程序，扩展了 Python 的功能和应用领域。

7）可扩展性：Python 可以通过调用 C/C++语言编写的扩展模块来提高性能，还可以与其他语言进行混合编程。这使得 Python 既可以用于快速开发原型，又可以用于性能要求较高的应用。

Python 语言的上述特点，使得 Python 成为一种广泛应用于各个领域的编程语言，适用于进行快速开发和构建复杂应用。

3. Python 语言的应用

（1）Web 开发

Python 结合 HTML、CSS、JavaScript、数据库等技术，可以开发功能丰富的网站和应用。

（2）网络爬虫

网络爬虫又称网络蜘蛛，是指按照某种规则在网络上爬取所需内容的脚本程序。众所周知，每个网页通常包含其他网页的入口，网络爬虫则通过一个网址依次进入其他网址获取所需内容。在爬虫领域，Python 是必不可少的一部分，其将网络一切数据作为资源，通过自动化程序进行有针对性的数据采集及处理。

（3）数据科学

数据科学包括机器学习、数据分析和数据可视化。将 Python 用于机器学习，可以研究人工智能、机器人、语言识别、图像识别、自然语言处理和专家系统等。

（4）自动化运维

随着技术的进步、业务需求的快速增长，一个运维人员通常要管理上百、上千台服务器，运维工作也变得重复、繁杂。使用 Python 语言，可以把运维工作自动化，能够把运维人员从服务器的管理中解放出来，让运维工作变得简单、快速、准确。

（5）数据库编程

程序开发人员可通过遵循 Python DB 应用程序接口（application program interface，API）规范的模块与 Microsoft SQL Server、Oracle、Sybase、DB2、MySQL、SQLite 等数据库进行通信。Python 自带一个 Gadfly 模块，提供了一个完整的 SQL 环境。

（6）网络编程

Python 提供了丰富的模块以支持 Sockets 编程，能方便、快速地开发分布式应用程序。很多大规模软件开发计划，如 Zope、Mnet 等，都在广泛地使用 Python。

（7）图形处理、数学处理、文本处理

1）图形处理：有 PIL、tkinter 等图形库支持，能方便进行图形处理。

2）数学处理：numpy 扩展提供了大量与标准数学库的接口。

3）文本处理：Python 提供的 re 模块可支持正则表达式，而且提供了标准通用标记语言（standard general markup language，SGML）、可扩展标记语言（extensible markup language，XML）分析模块，可使程序开发人员利用 Python 进行 XML 程序的开发。

（8）多媒体应用

Python 的 PyOpenGL 模块封装了“OpenGL 应用程序编程接口”，能进行二维和三维图像处理；Pygame 模块可用于编写游戏软件。

1.2 Python 语言的开发环境

Python 是一门流行的编程语言，因为其简单易学、可读性高和广泛的应用领域等特点而被许多开发者所青睐。在 Python 的开发过程中，选择一个合适的开发环境对于提升开发效率和代码质量非常重要。本节重点介绍 Python 的 IDLE 与 PyCharm 开发环境。

1.2.1 Python 的 IDLE 开发环境

集成开发和学习环境（integrated development and learning environment，IDLE）是 Python 自带的一款集成开发环境（integrated development environment，IDE），其提供了简单易用的界面和功能，适合初学者进行 Python 语言的学习和实践。虽然不如其他 IDE 强大，但 IDLE 对于小型项目和代码片段的编写很有帮助。

1. 下载和安装 Python

Python 支持多平台，不同平台的安装和配置大致相同。本书基于 Windows 10 和 Python 3.12 构建 Python 的开发平台。

【示例 1-1】从官网下载 Python 3.12 安装程序。

1）在浏览器的地址栏输入 https://www.python.org/downloads/windows，按 Enter 键，打开 Python 官网的 Windows 环境下载页面，如图 1-1 所示。

2）单击图 1-1 中的超链接“Download Windows installer（64-bit）”，下载 Python3.12.3 的安装程序 python-3.12.3-amd64.exe（25.5MB）。

Python 的安装过程与其他的 Windows 应用程序安装过程类似。Python 默认的安装路径为用户本地应用程序文件夹下的 Python 目录（C:\Users\Admin\AppData\Local\Programs\Python\Python312），该目录下包含 Python 解释器 python.exe，以及 Python 库目录和其他文件。

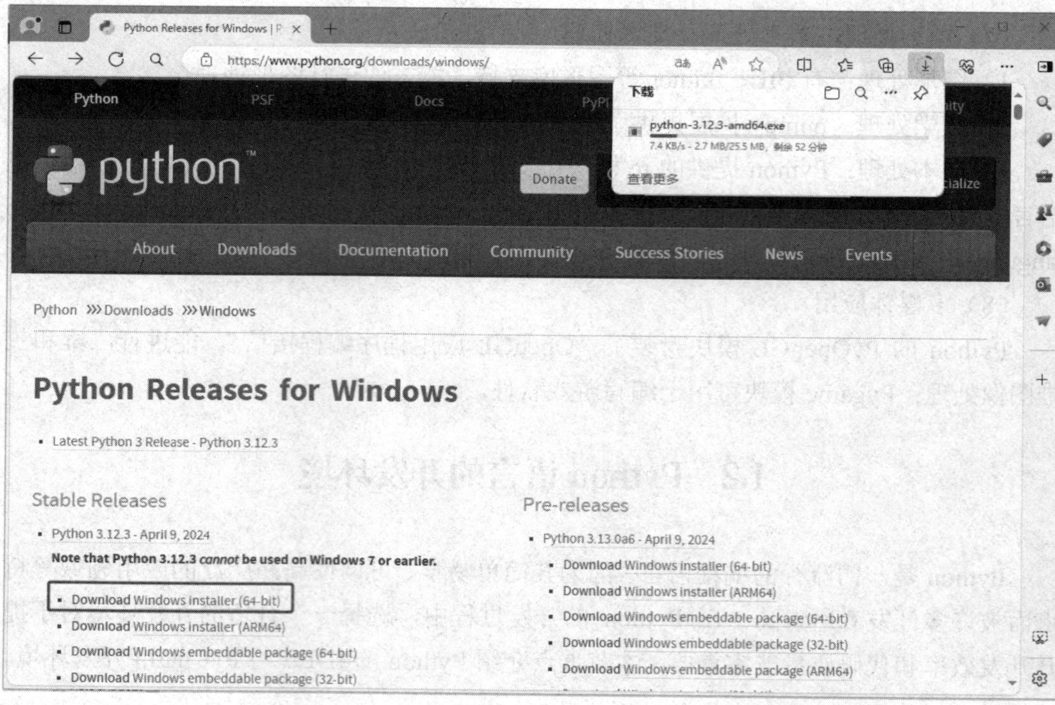

图 1-1　Python 官网的 Windows 环境下载页面

【示例 1-2】在本地机器上安装 Python 应用程序。

1）双击下载的 Windows 格式安装文件 python-3.12.3-amd64.exe，运行安装程序向导。

2）在 Python 安装向导对话框中选中“Add python.exe to PATH”复选框，将 Python 的可执行文件路径添加到 Windows 操作系统的环境变量 PATH 中，方便在将来的开发中启动各种 Python 工具，如图 1-2 所示。

3）单击“Install Now”按钮，安装 Python 程序。当出现“Setup was successful”提示时，即安装完毕，如图 1-3 所示。

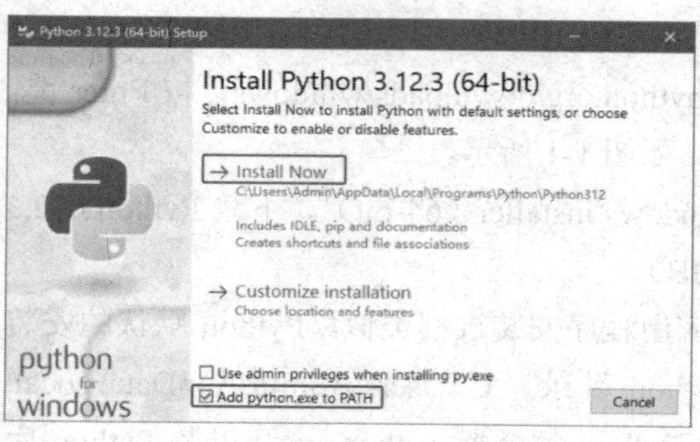

图 1-2　安装 Python

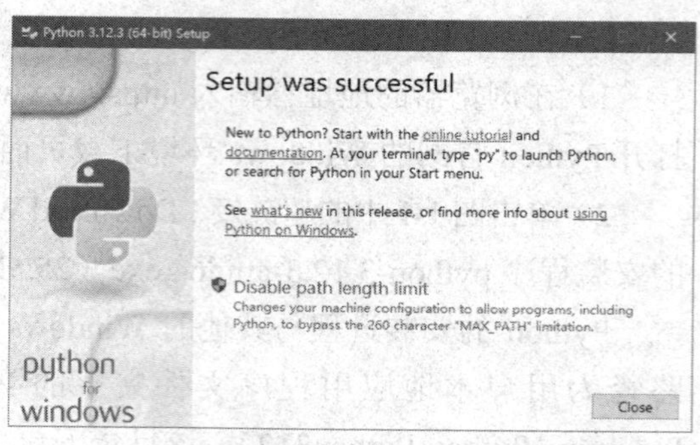

图 1-3　Python 安装成功

Python 安装成功后，会在 Windows 操作系统的“开始”菜单中显示如图 1-4 所示的 Python 命令。这些命令的含义如下。

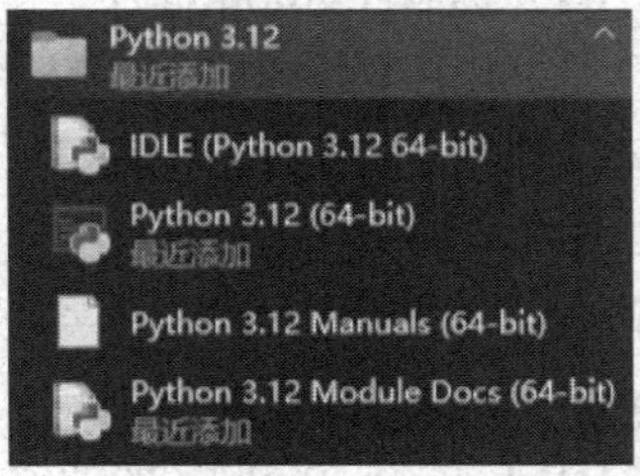

图 1-4　“开始”菜单中的 Python 命令

IDLE（Python 3.12 64-bit）：用于启动 Python 软件包自带的集成开发环境。

Python 3.12（64-bit）：用于以命令行方式启动 Python 的解释器。

Python 3.12 Manuals（64-bit）：用于打开 Python 的帮助文档。

Python 3.12 Module Docs（64-bit）：用于以内置服务器的方式打开 Python 的模块帮助文档。

初学者在学习 Python 的过程中，通常使用 Python 自带的集成开发环境。

2. Python 内置的 IDLE

在安装 Python 后，会自动安装 IDE 或者 IDLE。IDLE 是 Python 的集成开发环境，用户可以在“开始”菜单的“Python 3.12”文件夹中选择“IDLE(Python 3.12 64-bit)”命令，打开 IDLE 窗口，如图 1-5 所示。

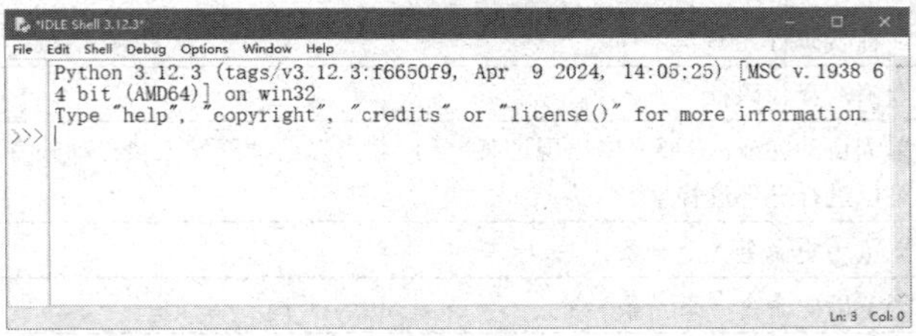

图 1-5　IDLE 窗口

在 IDLE 环境下，编写和运行 Python 程序（也称为 Python 脚本）的主要操作如下。

（1）新建 Python 程序

在 IDLE 菜单中依次选择“File”→“New File”命令，或按 Ctrl+N 组合键，就可以新建 Python 的脚本程序，窗口的标题显示程序名称，初始文件名为 Untitled，表示 Python 程序还没有保存。

（2）保存 Python 程序

在 IDLE 菜单中依次选择“File”→“Save File”命令，或按 Ctrl+S 组合键，即可保存 Python 程序。如果是第一次保存 Python 程序，则会弹出保存文件对话框，要求用户输入保存的文件名。

（3）打开 Python 程序

在 IDLE 菜单中依次选择“File”→“Open File”命令，或按 Ctrl+O 组合键，会弹出打开文件对话框，要求用户选择要打开的 Python 文件。

（4）运行 Python 程序

在 IDLE 菜单中依次选择“Run”→“Run Module”命令，或按 F5 键，可以在 IDLE 中运行当前的 Python 程序。

如果程序中存在语法错误，运行时会弹出对话框，显示“invalid syntax”，同时会有一个浅红色方块定位在错误处。

（5）语法高亮

IDLE 支持 Python 的语法高亮，即 IDLE 能够以彩色标识出 Python 语言的关键字，提醒开发人员该词的特殊作用。例如，注释以红色显示，关键字以紫色显示，字符串以绿色显示。

（6）常用快捷键

IDLE 除了支持撤销、全选、复制、粘贴、剪切等常规快捷键外，还提供了其他多个快捷键。使用 IDLE 的快捷键能显著提高代码编辑速度和开发效率。IDLE 的常用快捷键如表 1-1 所示。

表 1-1 IDLE 的常用快捷键

快捷键	功能说明
Ctrl + [	缩进代码
Ctrl +]	取消缩进代码
Alt+3	注释代码行
Alt+4	取消注释代码行
Alt+/	单词自动完成，只要文中出现过某单词，就可以帮助开发人员自动补齐。多按几次 Alt+/组合键，可以进行循环选择
Alt+P	浏览历史命令（上一条）
Alt+N	浏览历史命令（下一条）
F1	打开 Python 帮助文档
F5	运行程序
Ctrl+F6	重启 Shell，之前定义的对象和导入的模块全部失效

1.2.2 PyCharm 集成开发环境

IDLE 是 Python 开发包自带的集成开发环境，功能相对简单。PyCharm 则是由 JetBrains 公司开发的一款功能强大的专业级 Python IDE，其提供了许多专业的功能，如高级代码编辑器、代码分析、图形化的调试器和测试执行器、版本控制集成等。PyCharm 支持 Python Web 开发和数据科学开发，集成了大量现代编程工具和框架。此外，PyCharm 还具有可自定义的 UI 界面和插件系统，可以满足不同开发人员的个性化需求。

1. 下载和安装 PyCharm

PyCharm 官网（https://www.jetbrains.com/pycharm/download/#section=windows）提供了收费和免费两个版本，即 Professional（专业版，收费）和 Community（社区版，免费）。一般来说，使用 Community 版本即可满足需求，除非需要用 Python 进行 Django

等 Web 开发时，才要用到专业版。这里下载免费社区版。

安装 PyCharm 的过程十分简单，只要按照安装向导的提示逐步安装即可。

【示例 1-3】从官网下载 PyCharm 安装程序并安装到本地计算机上。

1）在浏览器的地址栏输入 https://www.jetbrains.com/pycharm/download/?section=windows，按 Enter 键，打开 PyCharm 官网，选择 PyCharm Community Edition 版本，单击“Download”按钮下载，如图 1-6 所示。这里下载 PyCharm 安装程序 pycharm-community-2024.1.exe。

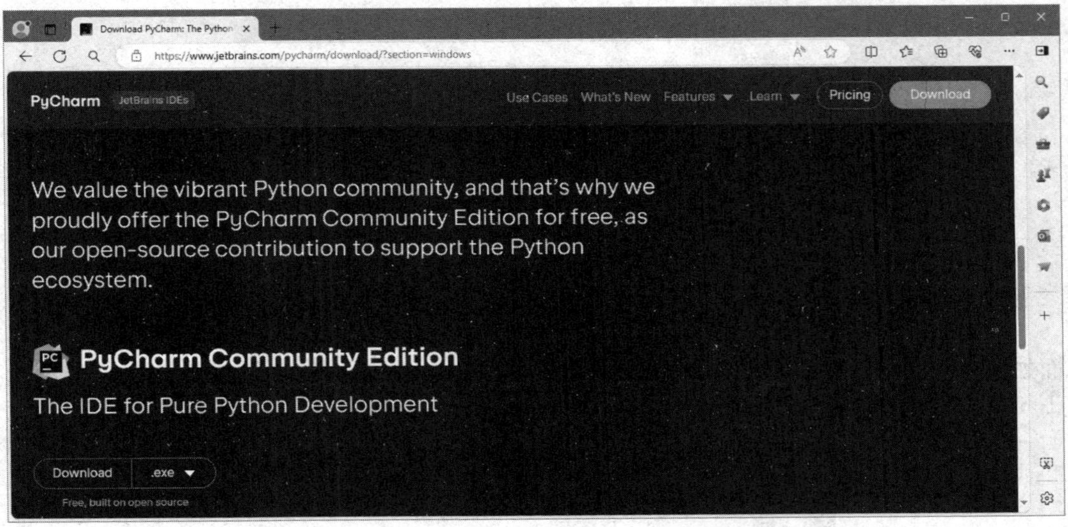

图 1-6　下载 PyCharm

2）双击下载的 PyCharm 安装文件 pycharm-community-2024.1.exe，运行安装程序向导，按照安装向导提示，进入选择 PyCharm 安装位置界面，如图 1-7 所示。

图 1-7　选择 PyCharm 安装位置界面

3）单击“下一步”按钮，进入“安装选项”界面，配置 PyCharm Community Edition 安装，选择其中的选项，如图 1-8 所示。

图 1-8　配置 PyCharm Community Edition 安装

4）单击“下一步”按钮，开始安装，PyCharm Community Edition 安装程序结束界面如图 1-9 所示，必须重新启动本机才能完成 PyCharm Community Edition 的安装。选中“是，立即重新启动”单选按钮，也可以之后重新启动 PyCharm Community Edition。

图 1-9　PyCharm Community Edition 安装程序结束界面

2. 建立 Python 项目和文件

第一次启动 PyCharm 时，会显示若干初始化的提示信息，选择使用默认值即可。之后，进入创建项目界面。如果不是第一次启动 PyCharm（以前创建过项目），项目会出现在该界面中，如图 1-10 所示。创建项目界面中有 3 个选项，含义分别是 New Project（创建新项目）、Open（打开已经存在的项目）、Get from VCS（从版本控制中检测项目）。

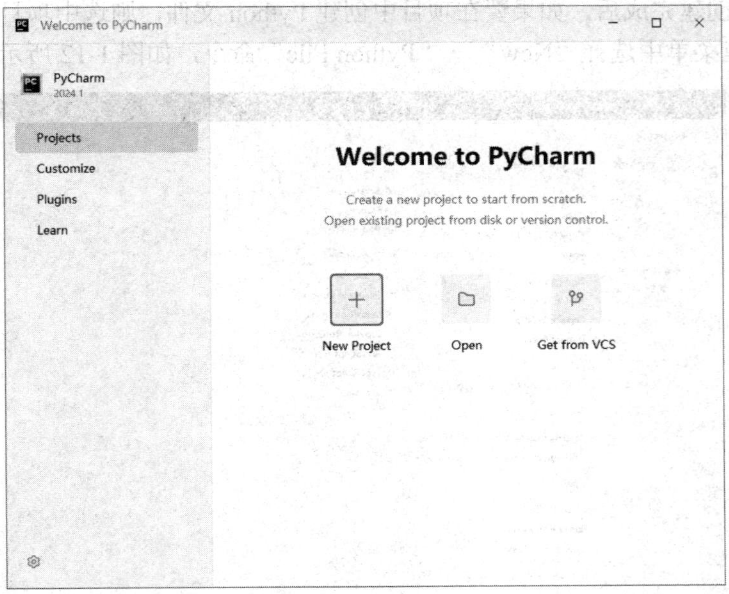

图 1-10　创建项目界面

【示例 1-4】在 PyCharm 中创建项目、新建文件、保存和运行文件。

1）在图 1-10 中选择 New Project 选项，打开“New Project”窗口，输入项目名称，选择路径位置，弹出选择项目存放路径对话框，如图 1-11 所示。单击“OK”按钮，再单击“Create”按钮，完成项目创建。

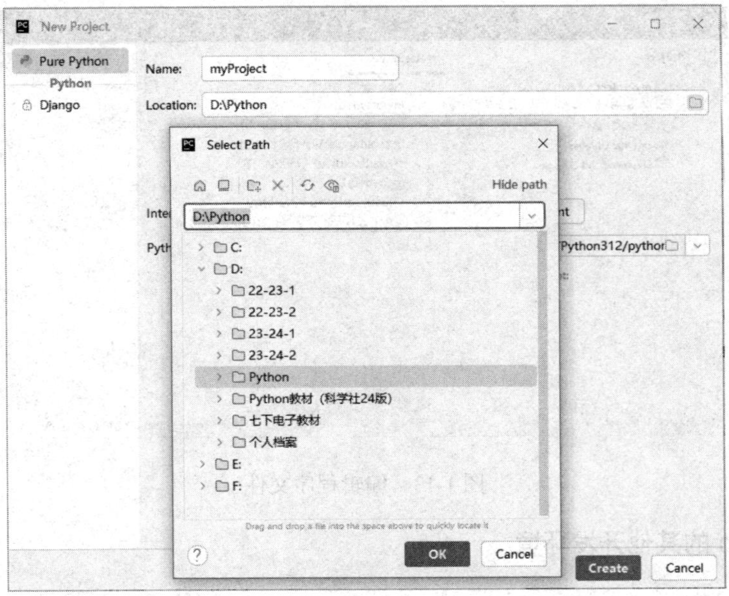

图 1-11　选择项目存放路径对话框

2）项目创建完成后，如果要在项目中创建 Python 文件，则选中项目名称并右击，在弹出的快捷菜单中选择“New”→“Python File”命令，如图 1-12 所示。

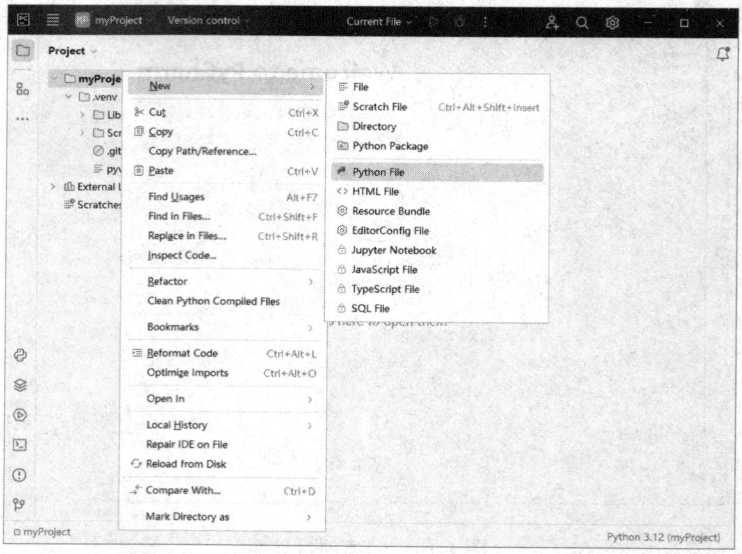

图 1-12 在项目中创建 Python 文件

3）弹出输入文件名对话框，输入文件名（如 test01）并按 Enter 键确认后，即可打开程序编辑窗口。如图 1-13 所示，在程序编辑窗口中书写了一个完整的程序，使用 Run 菜单下的相关命令可以调试和运行程序。

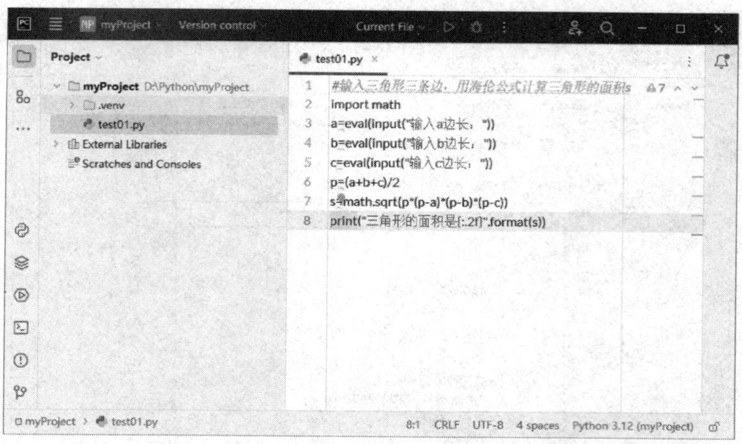

图 1-13 编辑程序文件

1.2.3 Python 的其他开发环境

1. Anaconda

Anaconda 是一个大数据科学平台，包含了许多常用的 Python 包和工具，适合数据科学和机器学习的开发。Anaconda 主要有以下功能和特点。

（1）环境管理

Anaconda 允许用户创建、管理和切换不同的 Python 环境，这对于管理不同项目或需求的包依赖非常有用，可以避免版本冲突。

（2）包管理

Anaconda 内置了强大的包管理工具 conda，支持安装、更新和删除 Python 包，以及创建和管理虚拟环境，使用户能够轻松地隔离不同项目的依赖关系。

（3）跨平台支持

Anaconda 可在 Windows、macOS 和 Linux 等多个操作系统上运行，便于用户在不同工作环境中保持一致的 Python 开发环境。

（4）社区支持和文档丰富

Anaconda 拥有庞大的用户社区，用户可以在社区中寻求帮助、分享经验和解决问题；同时，Anaconda 还提供了丰富的文档和教程。

（5）集成第三方库

Anaconda 集成了许多数据分析库，如 numpy、pandas、scipy 和 matplotlib 等，这些库的预装可以节省安装和配置时间，使用户能够快速开始使用 Python 进行科学计算。

（6）开源和免费

Anaconda 是一个开源的 Python 发行版本，提供给用户免费使用。

（7）高性能使用

Anaconda 支持 Python 语言和 R 语言，能够提供高性能的计算环境。

（8）包含集成开发环境

Anaconda 包含其他集成开发环境，如 Jupyter Notebook（之前称为 IPython Notebook）、Spyde，其是一个模范的 MATLAB 工作空间，适用于数据科学和分析。

总的来说，Anaconda 是一个功能全面、易于使用、适合科学计算和数据科学领域的 Python 发行版本。

2. Jupyter Notebook

Jupyter Notebook 是一个基于 Web 的交互式笔记本应用程序，支持运行 40 多种编程语言。Jupyter Notebook 允许用户创建和共享包含实时代码、数学方程、可视化、文本（包括 Markdown）的文档。Jupyter Notebook 的本质是一个 Web 应用程序，便于创建和共享程序文档，支持实时代码、数学方程、可视化和 Markdown。其用途包括数据清理和转换、数值模拟、统计建模、机器学习等。

Jupyter Notebook 的特点如下。

1）交互性：支持实时代码执行，使得逐步调试和探索数据变得容易。

2）多功能性：结合代码、文本和图形，非常适合用于解释复杂概念和数据科学可视化。

3）易用性：可以通过 Web 界面轻松使用，支持多种编程语言，适合初学者和专家。

4）社区支持：拥有庞大的用户社区和丰富的扩展库，可以满足各种特定需求。

Jupyter Notebook 的架构包括 Jupyter Notebook 和 Notebook 文件格式、Jupyter Qt 控制台、内核消息协议等组件。Jupyter Notebook 的设计允许相同内核连接多个前端，支持快速开发新的前端，同时保持了数据和状态的一致性。

Jupyter Notebook 的使用场景非常广泛，包括但不限于以下方面：

1）数据科学和人工智能领域的数据探索和模型开发。

2）科学研究中的计算和数据可视化。

3）教育领域的教学和学术研究。

4）机器学习和统计建模。

3. Spyder

Spyder 是一个用 Python 编写的强大科学环境，由科学家、工程师和数据分析师设计。Spyder 将综合开发工具的高级编辑、性能分析、调试和分析功能与数据探索、交互式执行、深度检查及科学软件包的美观可视化功能相结合。

除了内置功能外，Spyder 的功能还可以通过其插件系统和 API 进一步扩展。此外，Spyder 还可以用作 PyQt5 扩展库，允许开发人员在其功能的基础上构建并将其组件（如交互式控制台）嵌入他们自己的 PyQt 软件中。

除了上述的经典选择之外，还有一些其他的 Python 开发环境值得推荐。例如，VS Code 是一个轻量级但功能强大的编辑器，通过安装适用的插件可以成为 Python 开发的良好选择。

在选择 Python 开发环境时，应该考虑项目的规模和性质、个人的开发习惯和喜好，以及开发环境的功能和性能。如果是进行数据科学和机器学习的开发，可以考虑选择适用于大数据分析的 Anaconda 和 Jupyter Notebook；如果是进行通用的 Python 项目开发，可以考虑 PyCharm 等功能强大的 IDE；如果追求轻量级和灵活性，可以选择 VS Code 等编辑器。同时，开发环境的易用性、扩展性和社区支持也是重要的考量因素。

以上介绍的几种开发环境是 Python 开发中比较常用的，开发人员可以根据实际需要选择适合自己的开发环境，从而提高开发效率、降低开发难度并提升代码质量。

1.3 Python 程序的执行过程

前面提到的 Python 文件、Python 程序、Python 程序文件是同义的，都是指 Python 的程序。程序由若干行代码组成，通常用于实现一定的功能。

1.3.1 Python 程序的运行原理

Python 是一种脚本语言，编辑完成的源程序也称源代码。从计算机的角度看，Python 程序的运行过程包含两个步骤：解释器先将源代码翻译成字节码，然后由虚拟机解释执行，如图 1-14 所示。

图 1-14 Python 程序的运行原理

Python 代码源文件的扩展名通常为.py。在运行时，首先由 Python 解释器将.py 文件中的源代码翻译成字节码，字节码是一个扩展名为 .pyc 的文件，再由 Python 虚拟机（python virtual machine，PVM）逐条将字节码翻译成机器指令执行。

需要说明的是，.pyc 文件保存在 Python 安装目录的__pycache__文件夹下，如果 Python 无法在用户的计算机上写入字节码，字节码文件将只在内存中生成，并在程序结束运行时自动丢弃。主文件（直接执行的文件）因为只需要装载一次，所以并没有保存.pyc 文件。当 Python 源文件用于导入时，将生成.pyc 文件，并且在__pycache__文件夹下可以看到该文件。

.pyc 文件可以重复使用，并可以提高执行效率。

1.3.2 建立和运行 Python 程序

运行 Python 程序有两种方式：交互方式和文件方式。其中，交互方式是指 Python 解释器即时响应用户输入的程序代码并运行，如果有输出，则显示结果；文件方式即编程方式，用户将 Python 代码写在程序文件中，启动 Python 解释器批量执行文件中的代码。交互方式一般用于调试少量代码，文件方式则是最常用的编程方式。多数计算机的编程语言只有文件方式，Python 的交互方式主要实现了代码的易学、易理解。下面以 Windows 操作系统中求一组数值中的最大值和最小值的程序为例来说明两种方式的启动和执行方法。

1. Python 交互方式

在 Windows 操作系统的“开始”菜单中选择 Python 3.12→Python 3.12 (64-bit)命令，启动 Python 交互方式运行环境，逐行输入代码，实现求一组数据中最大值和最小值的程序。每输入一条语句并换行后，直接交互执行，如图 1-15 所示。

图 1-15 在 Python 交互方式下执行代码

每行代码均以按 Enter 键结束，之后立即执行。如果是输出语句，则输出运行结果。在“>>>”提示符后输入 exit()或 quit()，可以退出 Python 运行环境。

2. IDLE 交互方式

在 Windows 操作系统的“开始”菜单中选择“Python 3.12”→“IDLE(Python 3.12 64-bit)”命令，启动 IDLE 交互方式，输入代码，实现求一组数据中最大值和最小值的程序。每输入一条语句后，即直接交互执行，如图 1-16 所示。

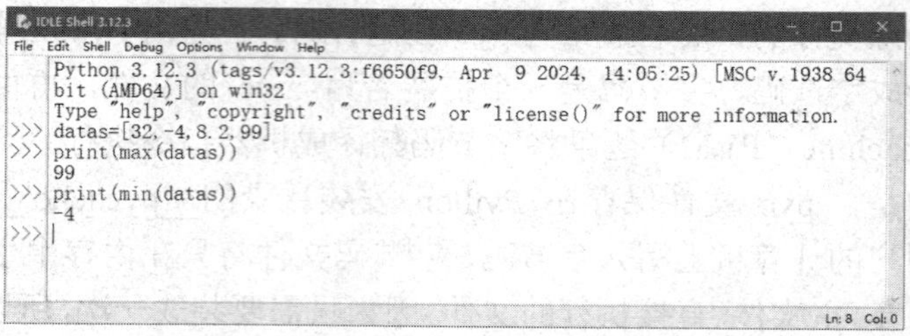

图 1-16 在 IDLE 交互方式下执行代码

比较 Python 交互方式和 IDLE 交互方式，可以看出，两种交互的代码执行过程非常相似。但 IDLE 交互方式提供了更多快捷的操作方式，比 Python 交互方式使用起来更加方便。

3. IDLE 程序文件方式

在 Windows 操作系统的“开始”菜单中选择“Python 3.12”→“IDLE（Python 3.12 64-bit）”命令，启动 IDLE，打开 IDLE 窗口，选择“File”→“New File”命令，或按 Ctrl+N 组合键，打开一个程序编辑窗口，在其中输入程序代码，如图 1-17 所示。

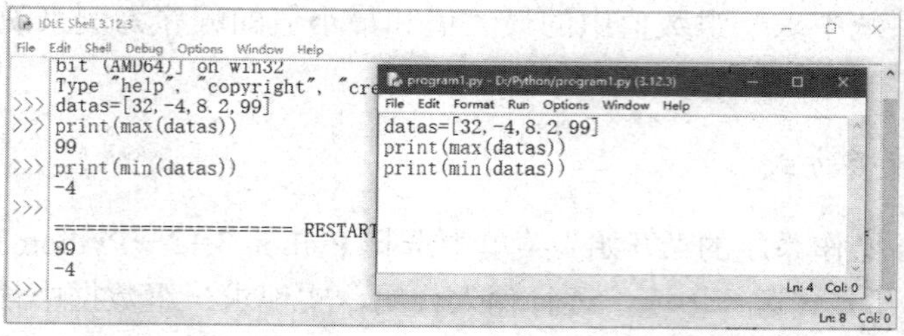

图 1-17 在 IDLE 下编写并运行程序

该程序编辑窗口不是交互窗口，而是 IDLE 的集成开发环境。该环境具备 Python 语法高亮辅助的编辑器，可以进行代码编辑。在其中输入 Python 程序代码后，将程序保存为以.py 为扩展名的文件，如 program1.py，按 F5 键，或选择“Run”→“Run Module”命令，将在 IDLE 中输出运行结果。如果程序出现错误，将给出错误提示，用户修改程序后，可以继续调试运行。

上面 3 种代码运行方式中，Python 交互方式和 IDLE 交互方式适用于初学者学习语句或函数的功能，每执行一行代码即可看到运行结果，简单直观，但程序代码无法保存；IDLE 程序文件方式适合书写多行代码，方便用户编程，在实际开发中使用得比较多。

除此之外，在 Windows 操作系统中，双击 Python 源文件也可以执行程序，这种方式在实际应用中使用较少。

1.4　Python 程序设计方法与示例

1.4.1　程序设计方法

程序是完成一定功能的语句的集合，用于解决特定的计算问题。按照软件开发的思想，程序设计可以分为分析、设计、实现、测试、运行等阶段。结构化程序设计是一种典型的程序设计方法，是程序设计的基础思想，其先把一个复杂程序逐级分解成若干个相互独立的程序，然后设计与实现每个程序。

程序在具体实现上遵循一定的模式，典型的程序设计模式是 IPO，即程序包括输入（input）、处理（process）、输出（output）3 部分。输入是程序设计的起点，包括文件输入、网络输入、交互输入、参数输入等；输出是程序展示运算结果的方式，包括文件输出、网络输出、控制台输出、图表输出等；处理则是编程的核心，包括数据处理、赋值、重要的算法等。例如，给定两点的坐标，求两点的距离，需要一个公式，这个公式就是一个算法；再如，求三角形面积的海伦公式也是一个算法；更多的算法需要用户去设计，如从一组数据中查找某一数据的位置，需要根据数据的特点由用户设计算法。

除了 IPO 模式外，在程序中添加适当的注释以提高程序的可读性，通过调试进一步完善程序，都是程序设计中不可缺少的环节。

从上述内容可以看出，使用计算机编程解决计算问题主要包括以下步骤：分析问题、设计算法、编写程序、调试运行等。其中，与程序设计语言和具体语法有关的步骤是编写程序和调试运行。在解决计算问题的过程中，编写程序只是一个环节。在此之前，分析问题、设计算法都是重要的步骤。经过这些步骤，一个计算问题能够在设计方案中被解决，该过程可以看作思维创造的过程；编写程序和调试运行则是解决方案的计算机实现，属于技术实现的过程。

1.4.2　简单程序设计示例

前面已经介绍了程序文件的建立和执行过程，下面给出几个简单的 Python 程序，方便读者了解 Python 的基本知识点。读者通过查阅文档了解这些程序，会显著提高后面章节的学习效率；也可以忽略一些程序的具体语法含义，这些内容会在后面章节中逐步介绍。

【示例 1-5】编写程序，根据圆的半径计算圆的面积和周长。

```
#program0105.py
#计算圆形面积和周长
r=3.2
area=3.14*r*r
perimeter=2*3.14*r
```

```
print("圆形的面积:{:.2f},周长:{:.2f}".format(area,perimeter))
```

本例知识点在第 2 章。

第 1 行和第 2 行：注释，注明程序的名字和功能。注释语句不运行，可以书写任何描述或代码。

第 3 行：赋值语句，将值 3.2 赋给 r。

第 4 行和第 5 行：用公式 3.14*r*r 和 2*3.14*r 计算圆形面积和周长。该行是程序的核心，是程序的算法实现。

第 6 行：输出语句，程序的运行结果是"圆形的面积:32.15,周长:20.10"。

按程序设计的 IPO 模式，该段代码没有明显的输入，而是采用赋值输入的形式，处理或算法是求圆面积和周长的公式，输出是一个具有打印功能的语句。具体的语法细节请读者查阅相关文档。

【示例 1-6】在 IDLE 交互方式下，根据圆的半径计算圆的面积和周长。

```
>>>r=3.2
>>>area=3.14*r*r
>>>print("圆形的面积:{:.2f}".format(area))
    圆形的面积:32.15
>>>perimeter=2*3.14*r
>>>print("圆形的半径:{:.2f},周长:{:.2f}".format(r,perimeter))
    圆形的半径:3.20,周长:20.10
```

可以看出，每行输入结束后，代码立即执行。

【示例 1-7】编写程序，输入三角形 3 条边长，用海伦公式计算三角形面积。

```
#program0107.py
#输入三角形 3 条边长，用海伦公式计算三角形面积 s
import math
a=eval(input("请输入 a 边长："))
b=eval(input("请输入 b 边长："))
c=eval(input("请输入 c 边长："))
p=(a+b+c)/2
s=math.sqrt(p*(p-a)*(p-b)*(p-c))
print("三角形的面积是{:.2f}".format(s))
```

本例主要知识点在第 3 章和第 5 章。

第 1 行和第 2 行：注释，注明程序的名字和功能。注释语句不运行，可以书写任何描述或代码。

第 3 行：导入 math 模块。导入 math 模块后，可以使用第 8 行的 math.sqrt()方法。

第 4～6 行：使用 input()函数接收用户的键盘输入，并使用 eval()函数将输入转换为数值类型，从而可以参与数学运算。

第 7 行：计算赋值语句，计算 3 条边的和除以 2，赋给变量 p。

第 8 行：程序的算法，是程序的核心代码，用海伦公式计算三角形面积，并赋给变量 s。

第 9 行：输出语句，输出程序的运行结果。

本章小结

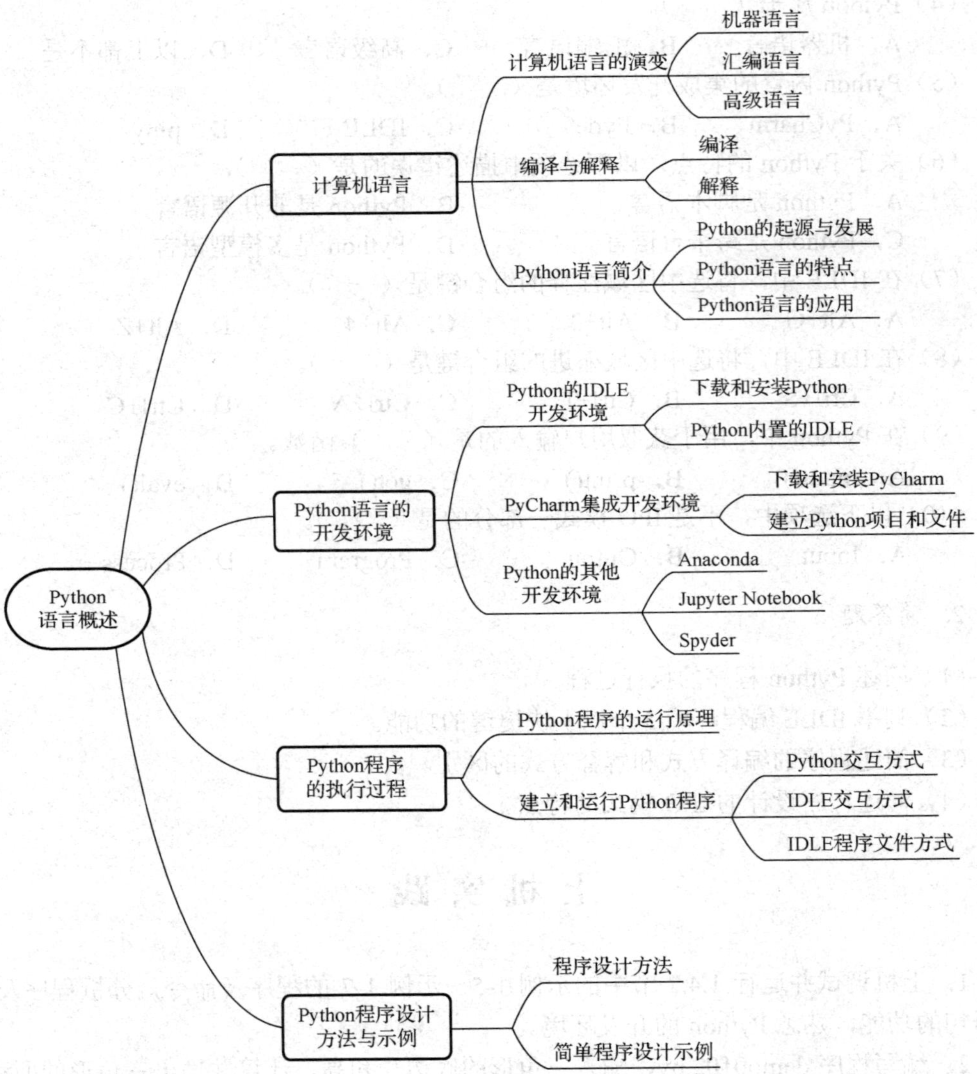

课后习题

1. 选择题

（1）下面不属于 Python 特性的是（　　）。

A. 简单易学　　　　B. 开源的、免费的

C．属于低级语言　　D．高可移植性

（2）下列计算机语言中，不属于解释型语言的是（　　）。

A．Python　　B．JavaScript　　C．C++　　D．HTML

（3）Python 脚本文件的扩展名是（　　）。

A．.pyc　　B．.py　　C．.pt　　D．.pyw

（4）Python 属于（　　）。

A．机器语言　　B．汇编语言　　C．高级语言　　D．以上都不是

（5）Python 内置的集成开发环境是（　　）。

A．PyCharm　　B．Pydev　　C．IDLE　　D．pipy

（6）关于 Python 的特点，以下选项中描述错误的是（　　）。

A．Python 是脚本语言　　B．Python 是非开源语言

C．Python 是跨平台语言　　D．Python 是多模型语言

（7）在 IDLE 中，将选中区域注释的组合键是（　　）。

A．Alt+G　　B．Alt+3　　C．Alt+4　　D．Alt+Z

（8）在 IDLE 中，将选中区域缩进的组合键是（　　）。

A．Ctrl+S　　B．Ctrl+]　　C．Ctrl+A　　D．Ctrl+C

（9）在 Python 中，用于获取用户输入的是（　　）函数。

A．input()　　B．print()　　C．get()　　D．eval()

（10）以下选项中，不是 IPO 模式一部分的是（　　）。

A．Input　　B．Output　　C．Program　　D．Process

2．简答题

（1）简述 Python 程序的执行过程。

（2）列举 IDLE 编程环境 5 个以上快捷键的功能。

（3）简述程序的编译方式和解释方式的区别。

（4）简述程序设计的 IPO 模式的特点。

上机实践

1．上机调试并运行 1.4.2 节中的示例 1-5～示例 1-7 的程序及命令，分析程序及命令语句的功能，熟悉 Python 的开发环境。

2．编写程序 demo0102.py，输入三角形的底边长和高，计算并输出三角形的面积。

提示：

（1）利用 input()函数输入底边长和高。

（2）利用 eval()函数将字符转换为数值。

（3）利用 print()函数输出结果。

3．编写程序 demo0103.py，输入长方形的长和宽，计算并输出长方形的面积和周长。

提示：

（1）利用 input()函数输入长方形的长和宽。

（2）利用 eval()函数将字符转换为数值。

（3）利用 print()函数输出结果。

4．编写程序 demo0104.py，输入球环体的外半径 R1 和内半径 R2（R1>R2），计算球环体的体积并输出。

提示：

（1）球的体积计算公式为 $\frac{4}{3}\pi r^3$。

（2）π 取 3.14。

5．编写程序 demo0105.py，求解一元二次方程 $ax^2+bx+c=0$ 的根（只考虑实根情况）。

提示：

（1）通过键盘输入 a、b、c 的值（保证 $b^2-4ac\geqslant 0$）。

（2）求解一元二次方程的根公式为 $x=\frac{-b\pm\sqrt{b^2-4ac}}{2a}$。

（3）求解平方根用 math 库中的 sqrt()函数。

6．编写程序 demo0106.py，通过键盘输入圆锥体的底面半径 r 和高 h，计算圆锥体的体积并输出。

提示：

（1）圆锥体的体积计算公式为 $V=\frac{1}{3}\pi r^2 h$。

（2）π 用 math 库中的 pi 值。

7．编写程序 demo0107.py，从键盘输入存款金额和存款年限（n），按照“金额×（1+利率）^{n}”计算收益。

提示：默认利率为 2.2%。

第 2 章　Python 的基础语法

书写程序时要注意语句的格式、语法约束、保留字、字符串输出的格式化、字符串的操作符及字符串常用的操作方法等内容。本章介绍如何书写 Python 程序，Python 的数据类型约束、变量、运算符及字符串操作等内容。

学习目标：

✧ 了解 Python 程序的书写规范。
✧ 熟悉 Python 的标识符和关键字。
✧ 熟悉 Python 的数据类型。
✧ 理解常量与变量、函数与方法。
✧ 掌握 Python 的运算符与表达式。
✧ 掌握 Python 的字符串操作。

2.1　程序的书写规范

在 Python 的代码编辑环境中，程序的书写规范主要体现在语句的格式、代码块与缩进、注释等方面。

2.1.1　Python 的语句

Python 通常是一行书写一条语句，如果一行内书写多条语句，则要求使用分号分隔。建议每行只写一条语句，并且语句结束时不写分号。

如果一条语句过长，需要换行书写，这时可以在语句的外部加上一对“()”（圆括号）来实现，也可以使用“\”（反斜线）来实现分行书写功能。

与写在“()”中的语句类似，写在“[]”“{}”内的跨行语句被视为一行语句，不再需要使用“\”换行。

【示例 2-1】Python 语句的分行书写样例。

```
#program0201.py，Python 语句的分行书写样例
str1=("当一条语句过长时，可能需要进行换行处理，这时可以\
       在语句的外侧加上一对圆括号来实现。也可以使用反斜线\
       来分行书写。")                                   #第 1 种写法，用\续行
str2=("当一条语句过长时，可能需要进行换行处理，这时可以"
       "在语句的外侧加上一对圆括号来实现。""也可以使用反"
       "斜线来分行书写。")                               #第 2 种写法
months=['january','february','march',"april",'may','june','july',
       'august','september','october','november','','december']
       #写在“[]”内的代码
```

上述代码中，用单引号和双引号括起来的都是字符串，语句前后的空格是在 IDLE 环境中换行自动产生的，也可以删除。

2.1.2　代码块与缩进

代码块也称为复合语句，由多行代码组成，能完成相对复杂的功能。Python 中的代码块使用缩进表示，缩进是指代码行前部预留若干空格。其他一些计算机语言，如 C 语言、Java 语言，则使用“{}”表示代码块。

Python 语句行缩进的空格数在程序编辑环境中是可调整的，但要求同一个代码块的语句必须包含相同的缩进空格数。

【示例 2-2】Python 语句表示程序分支结构的缩进和代码块示例。

```
#program0202.py，分支语句中代码块的缩进
score=54
mypass=60
if score>mypass:
    gpoint=1+(score-mypass)/10
    print("学分绩点为",gpoint)
    print("通过考试")
else:
    print("学分绩点为 0")
    print("未通过考试")
```

示例 2-2 的代码中，if 语句后缩进的 3 行构成一个代码块，else 语句后缩进的 2 行也构成一个代码块。如果同一代码块中各语句前的空格数不一致，运行时将报告出错信息。

关于代码的缩进，需要注意以下两个方面。

1）虽然 Python 代码行缩进可以调整，但建议使用 4 个空格宽度的行首缩进。

2）不同的文本编辑器中制表符（Tab 键）表示的空白宽度不一致，如果编写的代码可能要跨平台使用，则建议不使用制表符。

2.1.3　注释语句

注释用于说明程序或语句的功能。Python 的注释分为单行注释和多行注释两种。其中，单行注释以“#”开头，可以是独立的一行，也可以附在语句后部；多行注释可以使用 3 个引号（英文的单引号或双引号）作为开始和结束符号。

【示例 2-3】Python 的注释语句示例。

```
'''
使用 math 库中的 pi 常数，计算圆的面积。
math 库是 Python 的内置数学函数库，需要导入
后使用
'''
```

```
#程序 program0203.py
#用分支判断半径 r 的值
import math
r=-2
if r>0:
    area=math.pi*r*r    #附在语句后的单行注释
    print(area)
else:
    print("半径为负，请修改程序")
```

多行注释通常用来说明程序的功能、作者、完成时间、输入/输出等，单行注释一般用来解释代码行的功能。

2.2 标识符和关键字

标识符和关键字是计算机语言的基本语法元素，是编写程序的基础，不同计算机语言的标识符和关键字略有区别。

2.2.1 标识符

计算机中的数据，如变量、方法、对象等都需要有名称，以方便程序使用。这些由用户定义的、由程序使用的符号就是标识符。用户可以根据程序设计的需要定义标识符，规则如下。

1）Python 的标识符可以由字母、数字和下划线“_”组成，且不能以数字开头。

2）标识符区分字母大小写，没有长度限制。

3）标识符不能使用计算机语言中预留的有特殊用途的关键字。

4）标识符的命名尽量符合见名知意的原则，以提高代码的可读性。例如，程序中的用户名使用 username 表示，学生对象使用 student 表示。

下面是 Python 中合法的标识符：

myVar　　_Variable　　姓名

下面是 Python 中非法的标识符：

2Var　　vari#able　　finally　　stu@lnnu　　my name

2.2.2 关键字

Python 语言中会保留某些单词用作特殊用途，这些单词就被称为关键字，也称保留字。用户定义的标识符（变量名、方法名等）不能与关键字相同，否则编译时就会出现异常。Python 常用的关键字如表 2-1 所示。

表 2-1 Python 常用的关键字

and	as	assert	break	class	continue
def	del	elif	else	except	False
finally	for	from	global	if	import
in	is	lambda	nonlocal	not	or
None	pass	raise	return	True	try
while	with	yield			

需要注意的是，在 Python 中，True、False、None 的写法与其他计算机语言是不同的。如果用户需要查看关键字的信息，可以使用 help()命令进入帮助系统查看。

【示例 2-4】使用 Python 的帮助功能输出提示信息。

```
>>>help()                        #进入 Python 的帮助系统
    help>keywords                #查看关键字列表
    help>break                   #查看 break 关键字说明
    help>quit                    #退出帮助系统
```

2.3 数 据 类 型

数据类型指明了数据的状态和行为。将数据分为合理的类型既可以方便进行数据处理，也可以提高处理效率，节省存储空间。Python 的数据类型包括数值类型（number）、字符串类型（str）、列表类型（list）、元组类型（tuple）等。本节重点讲解 Python 的数值类型和字符串类型，其中数值类型包含整数类型（int）、浮点类型（float）、复数类型（complex）和布尔类型（bool）4 种。其余数据类型将在后续章节中详细介绍。

2.3.1 数值类型

1. 整数类型

整数类型简称整型，其与数学中整数的概念一致。整型的表示方式有 4 种，分别是十进制、二进制（以“0B”或“0b”开头）、八进制（以“0o”或“0O”开头）和十六进制（以“0x”或“0X”开头）。

Python 的整型理论上的取值范围是[-∞,+∞]，实际取值范围则受限于运行 Python 程序的计算机内存大小。下面是一些整型数据：

100 21 0O234 0o67 0B1011 0b1101 0x1FF 0X1DF

Python 有多种数据类型，并且有些数据类型的表现形式相同或相近，可使用 Python 的内置函数 type()来测试各种数据类型。

【示例 2-5】使用 type()函数测试数据类型。

```
>>>x=0O234
>>>y=0B1011
```

```
>>>z=0X1DF
>>>print(x,y,z)
   156 11 479
>>>type(x),type(y),type(z)
   (<class 'int'>,<class 'int'>,<class 'int'>)
```

上述代码中定义了 3 个变量，有关变量的内容将在 2.4.1 节介绍。第 1 行代码中，变量 x 的值是一个八进制整数；第 2 行代码中，变量 y 的值是一个二进制整数；第 3 行代码中，变量 z 的值是一个十六进制整数，它们都属于整型。上述代码的运行结果是 x、y、z 这 3 个变量的十进制值，并会输出它们的数据类型。

2. 浮点类型

浮点类型简称浮点型，用于表示数学中的实数，是带有小数的数据类型。例如，3.14、10.0 都属于浮点型数据。浮点型数据可以用十进制或科学记数法表示。下面是用科学记数法表示的浮点型数据：

3.22e3　　0.24E6　　1.5E−3

其中，E 或 e 表示基数是 10；其后的整数表示指数，指数的正负使用“+”或者“−”表示，其中“+”可以省略。需要注意的是，Python 的浮点型数据占 8 字节，能表示的精度范围是 2.2e−308～1.8e308。

3. 复数类型

复数类型用于表示数学中的复数，如 5+3j、−3.4−6.8j 都是复数类型。大多数计算机语言没有复数类型。Python 中的复数类型具有以下特点。

1）复数由实数部分（实部）real 和虚数部分（虚部）imag 构成，表示为 real+imagj 或 real+imagJ。

2）实部 real 和虚部 imag 都是浮点型数据。

需要说明的是，一个复数必须有表示虚部的实数和 j，如 1j、−1j 都是复数，而 0.0 不是复数；另外，表示虚部的实数部分即使是 1 也不可以省略。复数的示例代码如示例 2-6 所示，从运行结果可以看出，复数的实部和虚部都是浮点数。

【示例 2-6】复数类型测试。

```
>>>f1=3.3+2j
>>>print(f1)
   (3.3+2j)
>>>type(f1)
   <class 'complex'>
>>>f1.real
   3.3
>>>f1.imag
   2.0
```

4. 布尔类型

布尔类型可以看作一种特殊的整型，布尔类型数据只有两个取值：True 和 False。如果将布尔值进行数值运算，则 True 会被当作整型 1，False 会被当作整型 0。每一个 Python 对象都自动具有布尔值（True 或 False），进而可用于布尔测试（如用在 if 结构或 while 结构中）。

以下对象的布尔值都是 False：None、False、整型 0、浮点型 0.0、复数 0.0+0.0j、空字符串""、空列表[]、空元组()、空字典{}。这些数据的值可以用 Python 的内置函数 bool()进行测试。

【示例 2-7】布尔类型测试。

```
>>>x1=0
>>>type(x1),bool(x1)
   (<class 'int'>,False)
>>>x2=0.0
>>>type(x2),bool(x2)
   (<class 'float'>,False)
>>>x3=0.0+0.0j
>>>type(x3),bool(x3)
   (<class 'complex'>,False)
>>>x4=""
>>>type(x4),bool(x4)
   (<class 'str'>,False)
>>>x5=[]                    #列表类型
>>>type(x5),bool(x5)
   (<class 'list'>,False)
>>>x6={}                    #字典类型
>>>type(x6),bool(x6)
   (<class 'dict'>,False)
```

2.3.2　字符串类型

字符串是一种表示文本的数据类型，字符串的表示、解析和处理是 Python 的重要内容，也是 Python 编程的基础之一。

1. 字符串的定义

Python 中的字符串被定义为一个字符集合，其被引号所包含，引号可以是单引号、双引号或者三引号（3 个连续的单引号或者双引号）。

单引号和双引号包含的是单行字符串，两者的作用相同；三引号则可以包含多行字符串。下面代码分别表示了 3 种类型的字符串：

```
'college'  '12'  'true'  'st"ude"nt'                #单引号包含的字符串
"student"  "id"  "116000"  "st'ud'ent"              #双引号包含的字符串
'''                                                 #三引号包含的字符串
单引号和双引号包含的是单行字符串，
"两者的作用相同"。
三引号包含的是多行字符串。
'''
```

需要注意的是，三引号能包含多行字符串，这种字符串常常出现在函数声明的下一行，用来注释函数的功能。该注释被认为是函数的一个默认属性，可以通过“函数名.__doc__”的形式进行访问。关于函数的内容将在第 5 章进行介绍。

2. 转义字符

转义字符用于表示一些在某些场合不能直接输入的特殊字符。例如：

```
'type('abc') '
```

在由单引号包围的字符串中再次使用了单引号，代码运行时将报错。再如，代码中需要输入退格符、换行符、换页符等不可见字符时，就要使用转义字符。转义字符由反斜线引导，与后面相邻的字符组成了新的含义。典型的转义字符如下：“\n”表示换行，“\\”表示输入反斜线，“\t”表示横向制表符。常用的转义字符及其含义如表 2-2 所示。

表 2-2　常用的转义字符及其含义

转义字符	含义描述	转义字符	含义描述
\（在行尾时）	Python 的续行符	\n	换行
\\	反斜线符号	\t	横向制表符
\'	单引号	\r	回车
\"	双引号	\f	换页
\a	响铃	\ooo	八进制数表示的 ASCII 码对应字符
\b	退格（backspace）	\xhh	十六进制数表示的 ASCII 码对应字符
\0	空	\other	其他字符以普通格式输出

【示例 2-8】字符串的转义字符示例。

```
>>>print("Python\n 语言\t 程序\tDesign")
    Python
    语言    程序    Design
```

2.4　常量与变量、函数与方法

在程序中使用常量表示固定值的数据，使用变量临时保存数据，变量用标识符命名。Python 提供了若干内置函数，以实现特定功能的封装，用户也可以根据需求自定义函数。

方法也是函数。

2.4.1　常量与变量

1. 常量

在计算机语言中，常量是在程序运行期间值不发生改变的量。实质上，常量是内存中用于保存固定值的单元。常量也有各种数据类型。例如，"Python"、3.14、100、True 都是常量。

2. 变量

变量是计算机内存中存储位置的表示，也称内存变量，用于在程序中临时保存数据。变量用标识符来命名，变量名区分大小写。Python 定义变量的格式如下：

```
varName=value
```

其中，varName 是变量名，value 是变量的值。该过程称为变量赋值，“=”称为赋值运算符，即将“=”后面的值传递给前面的变量名。

关于变量，使用时需要注意的问题如下：

1）计算机语言中的赋值是一个重要的概念。例如，x=8 的含义是将 8 赋给变量 x；而 x=x+1 的含义是将 x 加 1 之后的值再赋给 x，x 的值是 9，这与数学中的等于（=）含义是不同的。

2）Python 中的变量具有类型的概念，变量的类型由所赋的值来决定。在 Python 中，只要定义了一个变量，并且该变量存储了数据，那么变量的数据类型即确定，系统会自动识别变量的数据类型。例如，若 x=8，则 x 是整型数据；若 x="Hello"，则 x 是一个字符串类型数据。变量也可以是列表、元组或对象等类型。

如果希望查看变量的类型，可以使用 type(varName)函数来实现。

2.4.2　函数与方法

在后面的学习中会涉及函数和方法的概念。方法实际上也是函数，具有和函数相同的表示形式，在不引起歧义的情况下，函数和方法可以通用。但是，方法和函数在使用场景上略有区别。

1. 函数

函数是实现特定功能的若干语句的集合，表示形式是函数名后面接括号，括号中的内容通常是函数的参数。前面示例中使用的 print()、help()、input()、eval()等都是函数，这些函数可以直接使用，称为内置函数。

有些函数需要通过模块名来调用，如 math.sqrt()、os.getcwd()、random.randint()等，这些函数中的 math、os、random 表示模块名。将若干个函数组合在某个模块中，有利于提高代码的可重用性和可维护性。

用户还可以自己定义函数，这部分内容将在第 5 章进行介绍。

2. 方法

在面向对象程序设计中，被对象调用的函数称为方法，方法的形式和函数的形式完全相同。例如，str.format()的形式中，通常将 format 称为方法，表示该方法被 str 对象调用，有时也称为 format 函数。使用方法的场景，一定与面向对象相关。

方法的前缀应当是对象；而函数如果有前缀，则一定是模块名。下面是一些方法调用的示例：将字符串转换成小写字母的方法 str.lower()、向列表追加元素的方法 lst.append('x')、返回字典的键的方法 dict.keys()、关闭文件的方法 file.close()等。

2.5 运算符与表达式

运算符是用于表示不同运算类型的符号，可以将运算符分为算术运算符、比较运算符、逻辑运算符、赋值运算符、位运算符等。Python 的表达式是由运算符将常量、变量、函数和方法连接起来构成的式子。

2.5.1 算术运算符与表达式

算术运算完成数学中的加、减、乘、除四则运算。算术运算符包括+（加）、-（减）、*（乘）、/（除）、%（求余）、**（求幂）、//（整除）。其中，幂运算返回 a 的 b 次幂，如 12**3 计算的是 12 的 3 次方；整除运算返回商的整数部分，如 24//10 的结果是 2。

【示例 2-9】算术运算符与表达式的应用。

```
>>>x1=17
>>>x2=4
>>>result1=x1+x2        #21
>>>result2=x1-x2        #13
>>>result3=x1*x2        #68
>>>result4=x1/x2        #4.25
>>>result5=x1%x2        #1
>>>result6=x1**x2       #83521
>>>result7=x1//x2       #4
```

由算术运算符将数值类型的变量连接起来构成算术表达式，其计算结果是一个数值。不同类型的数据进行运算时，这些数据的类型应当是兼容的，并遵循运算符的优先级规则。

2.5.2 比较运算符与表达式

比较运算是指两个数据之间的比较运算。比较运算符有 6 个，即 >（大于）、<（小于）、>=（大于等于）、<=（小于等于）、==（等于）和 !=（不等于）。

比较运算符多用于数值型数据的比较，有时也用于字符串数据的比较，比较结果是 True 或 False。用比较运算符连接的表达式称为关系表达式，一般在程序分支结构中使用。

【示例 2-10】比较运算符的应用。

```
>>>x='student'
>>>y="teacher"
>>>x>y
   False
>>>len(x)==len(y)
   True
>>>x!=y
   True
>>>x+y==y+x
   False
```

2.5.3　逻辑运算符与表达式

逻辑运算符包括 and、or 和 not 3 个，分别表示逻辑与、逻辑或和逻辑非，运算结果是 True 或 False。逻辑运算符如表 2-3 所示，其中 x=12，y=0。

表 2-3　逻辑运算符

运算符	表达式	功能描述	示例
and	x and y	x、y 有一个为 False，逻辑表达式的值为 False	x and y，值为 False
or	x or y	x、y 有一个为 True，逻辑表达式的值为 True	x or y，值为 True
not	not x	x 的值为 True，逻辑表达式的值为 False；x 的值为 False，逻辑表达式的值为 True	not x，值为 False not y，值为 True

2.5.4　赋值运算符与表达式

赋值运算符用于计算表达式的值并赋给变量。在 Python 中，赋值运算有以下 3 种情况：为单一变量赋值、为多个变量赋一个值和为多个变量赋多个值。赋值运算是将赋值号（=）右边的值传送给赋值号左边的变量，赋值表达式的运算方向是从右到左。例如，x=x+1 是一个合法的赋值运算，先计算 x+1 的值，再将该值传送给赋值号左边的 x，这和数学中的等式是完全不同的含义。

【示例 2-11】赋值运算符的应用。

```
>>>x=5              #为一个变量赋值，x 的值为 5
>>>x=x+1            #赋值运算，x 的值最后为 6
>>>x=y=z=5          #为多个变量赋值，x、y、z 的值均为 5
>>>x,y,z=3,4,5      #为多个变量赋多个值，x 的值为 3，y 的值为 4，z 的值为 5
```

赋值运算符可以和算术运算符组合成复合赋值运算符，如+=、-=、*=等。复合赋值运算符是一种缩写形式，在修改变量时会显得更为简单。表 2-4 列举了 Python 中的复合赋值运算符，其中 x=5，y=3。

表 2-4 复合赋值运算符

复合赋值运算符	功能描述	示例
+=	加法赋值运算符	x+=y 相当于 x=x+y，x 计算后的结果为 8
−=	减法赋值运算符	x−=y 相当于 x=x−y，x 计算后的结果为 2
*=	乘法赋值运算符	x*=y 相当于 x=x*y，x 计算后的结果为 15
/=	除法赋值运算符	x/=y 相当于 x=x/y，x 计算后的结果为 1.6666667
%=	取余赋值运算符	x%=y 相当于 x=x%y，x 计算后的结果为 2
**=	幂赋值运算符	x**=y 相当于 x=x**y，x 计算后的结果为 125
//=	整除赋值运算符	x//=y 相当于 x=x//y，x 计算后的结果为 1

2.5.5 位运算符与表达式

位运算符用于对整数中的位进行测试、置位或移位处理，可以对数据进行按位操作。Python 的位运算符有 6 个，即～（按位取反）、&（按位与）、|（按位或）、^（按位异或）、>>（按位右移）、<<（按位左移）。位运算符的运算规则如表 2-5 所示，其中 op1、op2 指的是参与运算的整型变量。

表 2-5 位运算符的运算规则

运算符	用法	功能描述
～	～op1	按位取反
&	op1&op2	按位与
|	op1|op2	按位或
^	op1^op2	按位异或
>>	op1>> op2	右移 op2 位
<<	op1<< op2	左移 op2 位

【示例 2-12】位运算符的应用。

```
>>>op1=6
>>>op2=2
>>>~op1                  #等价于二进制～00000110=11111001，输出-7
  -7
>>>op1|op2               #等价于二进制 0110|0010=0110，输出 6
  6
>>>op1&op2               #等价于二进制 0110&0010=0010，输出 2
  2
>>>op1>>op2              #0110 右移 2 位为 0001，输出 1
  1
>>>op1<<op2              #0110 左移 2 位为 11000，输出 24
  24
```

需要说明的是，进行位运算后得到的二进制值是补码形式，如果首位是 1，则表示是一个负数，需要按照按位取反、末位加 1 的规则计算输出值。

2.5.6　运算符的优先级

变量和运算符按一定的语法形式组成了表达式，表达式中的运算符是存在优先级的。优先级是指在同一表达式中多个运算符被执行的次序。在计算表达式的值时，应按运算符的优先级别由高到低的次序执行。如果一个运算对象两侧的运算符优先级相同，则按规定的结合方向处理，称为运算符的结合性。在 Python 中，!（非）、+（正）、-（负）及赋值运算符的结合方向是“先右后左”，其余运算符的结合方向都是“先左后右”。

运算符的优先级如表 2-6 所示。在表达式中，可以使用括号“()”显式地标明运算次序，括号中的表达式首先被计算。

表 2-6　运算符的优先级

优先次序	运算符	优先次序	运算符
1	**（指数）	8	|
2	~（按位取反）、+（正数）、-（负数）	9	<、>、<=、>=
3	*、/、%、//	10	==、!=
4	+、-	11	=、+=、-=、*=、/=、%=、//=
5	>>（右移）、<<（左移）	12	not
6	&	13	and、or
7	^	—	—

【示例 2-13】运算符优先级的应用。

```
>>>x=10
>>>y=20
>>>m=3.0
>>>n=8.2
>>>b=x+y>x-y*-1 and m<n%3
>>>b
   False
>>>b1=((x+y)>(x-y*(-1))) and m<(n%3)
>>>b1
   False
>>>b2=((x+y)>(x-y*(-1)))and(m<(n%3))
>>>b2
   False
```

可以看出，b1、b2 表达式的可读性比 b 表达式的可读性明显增强。

2.6　字符串操作

字符串操作是 Python 编程的重要基础内容之一，主要包括字符串输出的格式化、字符串的操作符及字符串常用的操作方法。

2.6.1 字符串输出的格式化

程序运行结果很多时候以字符串形式呈现，为了实现输出的灵活性和可编程性，需要控制字符串的输出格式，即字符串类型的格式化。Python 主要使用 str.format()方法实现字符串格式化。

1. 模板字符串与 format()方法中参数的对应关系

str 称为模板字符串，其中包括多个由“{}”表示的占位符，这些占位符接收 format()方法中的参数。str 模板字符串与 format()方法中参数的对应关系有以下 3 种情况。

（1）位置参数匹配

在模板字符串中，如果占位符“{}”为空（没有表示顺序的序号），则按照参数出现的先后次序匹配；如果在占位符“{}”中指定参数的序号，则按照序号对应参数替换。

（2）键值对的关键字参数匹配

format()方法中参数用键值对形式表示时，在模板字符串中用“键”来表示。

（3）序列的索引作为参数匹配

如果 format()方法中参数是列表或元组，则可以用其索引（序号）来匹配。

【示例 2-14】模板字符串与 format()方法中参数的关系。

```
    #位置参数
>>>"{} is {} years old".format("Rose",18)
    'Rose is 18 years old'
>>>"{0} is {1} years old".format("Rose",18)
    'Rose is 18 years old'
>>>"Hi,{0}!{0} is {1} years old".format("Rose",18)
    'Hi,Rose!Rose is 18 years old'
    #关键字参数
>>>"{name} was born in {year},She is {age} years old".format(name=
    "Rose",age=18,year=2000)
    'Rose was born in 2000,She is 18 years old'
    #下标参数
>>>student=["Rose",18]
>>>school=("Dalian","LNNU")
>>>"{1[0]} was born in {0[0]},She is {1[1]} years old".format (school,
    student)
    'Rose was born in Dalian,She is 18 years old'
```

2. 模板字符串 str 的格式控制

模板字符串 str 的格式控制的语法格式如下：

```
[[fill]align][sign][width][,][.precision][type]
```

其中，各参数的含义如下。

1）fill：可选参数，空白处填充的字符。

2）align：可选参数，用于控制对齐方式，配合 width 参数使用。align 参数的取值如下。

① <：内容左对齐。

② >：内容右对齐（默认）。

③ ^：内容居中对齐。

3）sign：可选参数，数字前的符号。

① +：在正数数值前添加正号，在负数数值前添加负号。

② -：正号不变，在负数数值前添加负号。

③ 空格：在正数数值前添加空格，在负数数值前添加负号。

4）width：可选参数，格式化后的字符串所占宽度。

5）逗号（,）：可选参数，为数字添加千分位分隔符。

6）precision：可选参数，指定小数位的精度。

7）type：可选参数，格式化类型。

① 整数常用的格式化类型包括以下几种。

b：将十进制整数自动转换成二进制表示并格式化。

c：将十进制整数自动转换为其对应的 Unicode 字符。

d：十进制整数。

o：将十进制整数自动转换成八进制表示并格式化。

O：将十进制整数自动转换成八进制表示并格式化。

x：将十进制整数自动转换成十六进制表示并格式化。

X：将十进制整数自动转换成十六进制表示并格式化。

② 浮点型常用的格式化类型包括以下几种。

e：转换为科学记数法（小写 e）表示并格式化。

E：转换为科学记数法（大写 E）表示并格式化。

f：转换为浮点型（默认小数点后保留 6 位）表示并格式化。

F：转换为浮点型（默认小数点后保留 6 位）表示并格式化。

%：输出浮点数的百分比形式。

【示例 2-15】使用 str.format()方法格式化字符串。

```
>>>print('{:*>8}'.format('3.14'))                #宽度 8 位，右对齐
    ****3.14
>>>print('{:*<8}'.format('3.14'))                #宽度 8 位，左对齐
    3.14****
>>>print('{0:^8},{0:*^8}'.format('3.14'))        #宽度 8 位，居中对齐
    3.14  ,**3.14**                              #科学记数法表示
>>>print('{0:e},{0:.2e}'.format(3.14159))
    3.141590e+00,3.14e+00
```

2.6.2　字符串的操作符

字符串由若干字符组成，为实现字符串的连接、子串的选择、子串的包含判断等，

Python 提供了系列字符串的操作符，如表 2-7 所示。其中，a、b 是两个字符串，a="Hello"，b="Python"。

表 2-7 字符串的操作符

操作符	功能描述	示例
+	连接字符串	a+b，输出结果：HelloPython
*	重复输出字符串	a*2，输出结果：HelloHello
[i]	切片操作：通过索引获取字符串中的字符，i 是字符的索引	a[1]，输出结果：e
[:]	切片操作：截取字符串中的一部分	a[1:4]，输出结果：ell
in	如果字符串中包含给定的字符，则返回 True	'H' in a，输出结果：True
not in	如果字符串中不包含给定的字符，则返回 True	'M' not in a，输出结果：True
r/R	原始字符串，用来替代转义字符表示的特殊字符，在原字符串的第一个引号前加上字母 r（R），与普通字符串操作相同	print(r'\n')等价于 print('\\n')，输出\: \n
b	返回二进制字符串，在原字符串的第一个引号前加上字母 b，可用于写二进制文件，如 b"123"	
%	格式化字符串操作符	

【示例 2-16】字符串操作符的应用。

```
>>>str1="Hi,Python!"
>>>str1*2                            #str1 重复显示 2 次，str1 未发生改变
   'Hi,Python!Hi,Python!'
>>>id(str1)                          #测试 str1 在内存中的标识
   3004183143024
>>>str1+="Hi,Java!"
>>>id(str1)                          #str1 连接字符串后，id 发生改变
   3004175319728
>>>str1
   'Hi,Python!Hi,Java!'
   #字符串切片操作
>>>str1[3:9]
   'Python'
>>>str1[-5:-1]                       #从后向前切片，最后一个字符索引是-1
   'Java'
>>>str1[:-6]                         #从索引为-6 的字符至字符串开头
   'Hi,Python!Hi'
>>>"java" in str1
   False
>>>"Java" in str1
   True
```

2.6.3 字符串的操作方法

Python 提供了很多用于处理字符串的方法，常用方法如表 2-8 所示，之后通过具体示例加以说明。

表 2-8 Python 操作字符串的常用方法

方法名	功能描述
	大小写转换
lower()	将字符串中的大写字母转换为小写字母
upper()	将字符串中的小写字母转换为大写字母
capitalize()	将字符串中的第一个字母转换为大写字母
swapcase()	将字符串中的英文字母大小写互换
	查找替换
find(str[,start[,end]])	检查 str 是否包含在字符串中。如果指定范围 start 和 end，则检查 str 是否包含在指定范围内。如果包含，则返回 str 的索引值，否则返回-1
index(str[,start[,end]])	同 find()方法。当 str 不在字符串中时报告异常
rfind(str[,start[,end]])	类似于 find()方法，从右侧开始查找
rindex(str[,start[,end]])	类似于 index()方法，从右侧开始查找
replace(old,new [,count])	将字符串中的 old 替换成 new，如果指定 count，则替换不超过 count 次
	字符判断
isalnum()	如果字符串中至少包含一个字符，并且所有字符都是字母或数字，则返回 True，否则返回 False
isalpha()	如果字符串中至少包含一个字符，并且所有字符都是字母，则返回 True，否则返回 False
isdigit()	如果字符串中只包含数字，则返回 True，否则返回 False
islower()	如果字符串中至少包含一个区分大小写的字母，并且所有这些（区分大小写）字母都为小写，则返回 True，否则返回 False
isnumeric()	如果字符串中只包含数字字符，则返回 True，否则返回 False
isspace()	如果字符串中只包含空白，则返回 True，否则返回 False
isupper()	如果字符串中至少包含一个区分大小写的字母，并且所有这些（区分大小写）字母都为大写，则返回 True，否则返回 False
isdecimal()	如果字符串中只包含十进制字符，则返回 True，否则返回 False
	字符串头尾判断
startswith(str[,start[,end]])	检查字符串是否以 str 开头，如果是则返回 True，否则返回 False。如果指定 start 和 end，则在指定范围内检查字符串是否以 str 开头
endswith(str[,start[,end]])	检查字符串是否以 str 结束，如果是则返回 True，否则返回 False。如果指定 start 和 end，则在指定范围内检查字符串是否以 str 结束
	字符串计算
len(str)	返回字符串的长度
max(str)	返回字符串中最大的字符
min(str)	返回字符串中最小的字符
count(str,[,start[,end]])	返回 str 在字符串中出现的次数。如果指定 start 或者 end，则返回指定范围内 str 出现的次数
	字符串的对齐方法
center(width,fillchar)	返回一个指定宽度 width 且居中的字符串，fillchar 为填充字符，默认为空格
ljust(width[,fillchar])	返回一个左对齐的字符串，并使用 fillchar 填充至长度 width，fillchar 默认为空格
rjust(width,[,fillchar])	返回一个右对齐的字符串，并使用 fillchar 填充至长度 width，fillchar 默认为空格
	字符串拆分与合并
split(sep,num)	以 sep 为分隔符分隔字符串，如果 num 有指定值，则仅截取 num 个子字符串
join(seq)	以指定字符串作为分隔符，将 seq 中所有的字符串元素合并为一个新的字符串
	删除字符串中的空格
lstrip()	删除字符串左边的空格
rstrip()	删除字符串末尾的空格
strip([chars])	在字符串中执行 lstrip()和 rstrip()方法

1. 大小写转换

【示例 2-17】大小写转换方法的应用。

```
>>>str1="hi,Python"
>>>str1.lower()
   'hi,python'
>>>str1.upper()
   'HI,PYTHON'
>>>str1.capitalize()
   'Hi,python'
>>>str1.swapcase()
   'HI,pYTHON'
```

2. 查找替换

【示例 2-18】查找替换方法的应用。

```
>>>str1="hi,Python!hi,Java!"
>>>str1.find("hi")
   0
>>>str1.rfind("hi")
   10
>>>str1.index("a")
   14
>>>str1.rindex("a")
   16
>>>str1.replace("hi","Hello")
   'Hello,Python!Hello,Java!'
```

3. 字符判断

【示例 2-19】字符判断方法的应用。

```
>>>"aabbcc$123".isalnum()          #因为存在$，所以返回 False
   False
>>>"hello9".isalpha()              #因为存在 9，所以返回 False
   False
>>>"123".isdigit()
   True
>>>"123".isnumeric()               #识别全角数字
   True
>>>"12 二".isnumeric()              #识别汉字数字
   True
>>>"12 二".isdigit()                #不识别汉字数字
```

```
    False
>>>"ABc".isupper()
    False
```

4. 字符串头尾判断

【示例 2-20】字符串头尾判断方法的应用。

```
>>>str1="hi,Python!hi,Java!"
>>>str1.startswith("hi")
    True
>>>str1.endswith("Java!")
    True
>>>str1.startswith("hi",3)  #从 str1 的第 3 个字符开始判断，不以"hi"开头
    False
>>>str1.endswith("hi",3,12) #从 str1 的第 3～11 个字符判断，以"hi"结尾
    True
```

5. 字符串计算

【示例 2-21】字符串计算方法的应用。

```
>>>str1="hi,Python!hi,Java!"
>>>len(str1)
    18
>>>max(str1),min(str1)
    ('y','!')
>>>str1.count("hi")
    2
```

6. 字符串拆分与合并

【示例 2-22】字符串拆分与合并方法的应用。

```
>>>str1="hi,Python,hi,Java!"
>>>str1.split()        #默认使用空格作分隔符，str1 中无空格，列表中只有一个元素
    ['hi,Python,hi,Java!']
>>>str1.split(",")  #使用逗号作分隔符，3 个逗号，分隔 3 次
    ['hi','Python','hi','Java!']
>>>str1.split(",",2)#使用逗号作分隔符，限制分隔 2 次
    ['hi','Python','hi,Java!']
>>>lst=['hi','Python!','hi','Java!']
>>>s=""
>>>s.join(lst)        #将列表连接为字符串
    'hiPython!hiJava!'
```

本 章 小 结

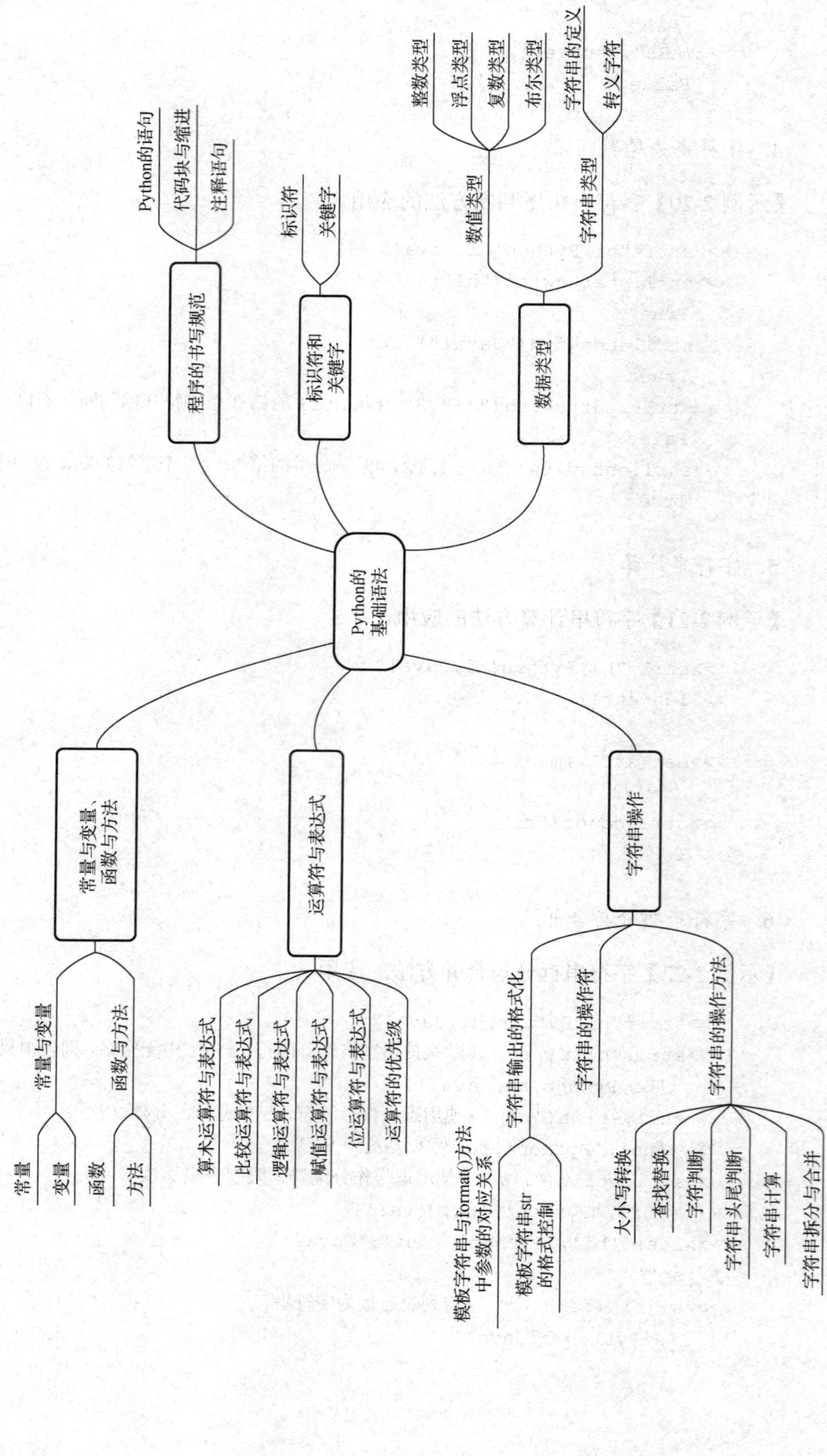
Python的
基础语法
程序的书写规范
Python的语句
代码块与缩进
注释语句
标识符和
关键字
标识符
关键字
数据类型
数值类型
整数类型
浮点类型
复数类型
布尔类型
字符串类型
字符串的定义
转义字符
常量与变量、
函数与方法
常量与变量
常量
变量
函数与方法
函数
方法
运算符与表达式
算术运算符与表达式
比较运算符与表达式
逻辑运算符与表达式
赋值运算符与表达式
位运算符与表达式
运算符的优先级
字符串操作
字符串输出的格式化
模板字符串与format()方法
中参数的对应关系
模板字符串str
的格式控制
字符串的操作符
字符串的操作方法
大小写转换
查找替换
字符判断
字符串头尾判断
字符串计算
字符串拆分与合并

课后习题

1. 选择题

(1) 假设 x、y、z 的值都是 0，下列表达式中非法的是（　　）。

A．x=y=z=2　　B．x,y=y,x　　C．x=(y==z+1)　　D．x=(y=z+1)

(2) 下列关于字符串的定义，错误的是（　　）。

A．'''hipython'''　　B．'hipython'　　C．"hipython"　　D．[hipython]

(3) 以下选项中，不符合 Python 变量命名规则的是（　　）。

A．keyword33_　　B．33_keyword

C．_33keyword　　D．keyword_33

(4) 以下选项中，不是 Python 合法标识符的是（　　）。

A．_name_　　B．c10m　　C．int32　　D．pass

(5) 以下选项中，不是 Python 关键字的是（　　）。

A．while　　B．continue　　C．goto　　D．for

(6) 关于 Python 的浮点数类型，以下选项中描述错误的是（　　）。

A．浮点数类型表示带有小数的类型

B．Python 语言要求所有浮点数必须带有小数部分

C．小数部分不可以为 0

D．浮点数类型与数学中实数的概念一致

(7) 关于 Python 数值操作符，以下选项中描述错误的是（　　）。

A．x//y 表示 x 与 y 的整数商，即不大于 x 与 y 之商的最大整数

B．x**y 表示 x 的 y 次幂，其中 y 必须是整数

C．x%y 表示 x 与 y 的商的余数，也称为模运算

D．x/y 表示 x 与 y 的商

(8) 表达式 16/4-2**5*8/4%5/2 的值为（　　）。

A．14　　B．4　　C．2　　D．2.0

(9) 下面代码的运行结果是（　　）。

```
>>>x=2
>>>x*=3+5**2
>>>print(x)
```

A．15　　B．56　　C．8192　　D.13

(10) 执行下列语句，运行结果是（　　）。

```
>>>x=7.0
>>>y=5
>>>print(x%y)
```

A．2.0　　B．2　　C．1.0　　D．1

（11）Python 表达式中，可以控制运算优先顺序的是（　　）。

A．圆括号“()”　　B．尖括号“<>”

C．方括号“[]”　　D．大括号“{}”

（12）和 not (x or y)语句等价的是（　　）。

A．not x and not y　　B．not x or not y

C．not x or y　　D．not x and y

（13）下列语句的运行结果是（　　）。

```
>>>123 or 456
```

A．123　　B．456　　C．True　　D．False

（14）下列表达式的值为 True 的是（　　）。

A．3>2>2　　B．1 and 5==0　　C．1 or True　　D．2!=5 or 0

（15）与关系表达式 x==0 等价的是（　　）。

A．x!=1　　B．x=0　　C．not x　　D．x

（16）下列表达式中，值不为 1 的是（　　）。

A．1 or True　　B．1 and True　　C．4//3　　D．15%2

（17）当输入“3”时，以下程序的运行结果是（　　）。

```
>>>r=input("请输入半径：")
>>>ar=3.1415 * r *r
>>>print("{:.0f}".format(ar))
```

A．28　　B．28.27　　C．29　　D．Type Error

（18）下面代码的运行结果是（　　）。

```
>>>x=12.34
>>>print(type(x))
```

A．<class 'int'>　　B．<class 'float'>

C．<class 'bool'>　　D．<class 'complex'>

（19）以下关于赋值语句的描述中，错误的是（　　）。

A．在 Python 中，有一种赋值语句可以同时给多个变量赋值

B．设“x="alice";y="kate"”，执行“x,y=y,x”可以实现变量 x 和 y 值的互换

C．设“a=10；b=20”，执行“a,b=a,a + b；print(a,b)”和“a=b；b=a + b；print(a,b)”之后，得到同样的运行结果：10 30

D．在 Python 中，“=”表示赋值，即将“=”右侧的计算结果赋值给左侧变量，包含“=”的语句称为赋值语句

（20）表达式 print("{:.2f}".format(20−2**3+10/3**2*5))的结果是（　　）。

A．17.55　　B．67.56　　C．12.22　　D．17.56

（21）以下关于数值运算操作符的描述中，错误的是（　　）。

A．Python 提供了“+”“-”“*”“/”等基本的数值运算操作符
B．Python 数值运算操作符也称内置操作符
C．Python 二元数学操作符都有与之对应的增强赋值操作符
D．Python 数值运算操作符需要引用第三方库 math

（22）以下关于 Python 字符串的描述中，错误的是（　　）。
A．空字符串可以表示为“""”或“''”
B．在 Python 字符串中，可以混合使用正整数和负整数进行索引和切片
C．字符串'my\\text.dat'中第一个“\”表示转义符
D．Python 字符串采用[N:M]格式进行切片，获取字符串从索引 N 到 M 的子字符串（包含 N 和 M）

（23）以下代码的运行结果是（　　）。

```
>>>x='A\0B\0C'
>>>print(len(x))
```

A．5　　B．3　　C．7　　D．6

（24）以下代码的运行结果是（　　）。

```
>>>print('a'<'b'<'c')
```

A．True　　B．False
C．print('a'<'b'<'c')　　D．SyntaxError

（25）有字符串 s="hello world"，若要将其中的空格去掉，应使用函数（　　）。
A．s.lstrip()　　B．s.rstrip()　　C．s.strip()　　D.s.replace(" ","")

（26）下列关于字符串的说法中，错误的是（　　）。
A．一个汉字可以视为长度为 1 的字符串
B．“\0”标志字符串的结束
C．既可以用单引号创建字符串，也可以用双引号创建字符串
D．在三引号字符串中可以包含换行、回车等特殊字符

（27）以下代码的运行结果是（　　）。

```
>>>a="3"
>>>b=2
>>>print(a+b)
```

A．5　　B．32　　C．33　　D．产生异常

（28）以下代码的运行结果是（　　）。

```
>>>a="abcdefgh"
>>>print(a[::-2])
```

A．aceg　　B．hfdb　　C．abcdef　　D．ab

（29）下列字符串操作的函数或运算符中，运算结果不是布尔型的是（　　）。
A．isdigit()　　B．endswith()　　C．find()　　D．not in

（30）以下代码的运行结果是（ ）。

```
>>>s1="Beijing University"
>>>s2=s1[:7]+"Normal"+s1[-10:]
>>>print(s2)
```

A．Normal U　　B．Nanjing Normal

C．Normal University　　D．BeijingNormalUniversity

2．简答题

（1）简述 Python 标识符的命名规则。

（2）Python 的数值类型数据有几种？举例说明。

（3）字符串有哪几种表示形式？

（4）字符串的合并与拆分是两种重要的运算，支持合并与拆分的函数是什么？试通过示例来验证。

上机实践

1．在 Python 交互方式下，输入下列语句，分析运行结果。

```
>>>0.2+0.4==0.6
>>>round(0.2+0.4,1)==0.6
>>>0xAF
>>>9**0.5
>>>-10%-3
>>>-3**2
>>>4.0+3
>>>12 and 34
```

2．在 Python 交互方式下，输入下列语句，分析运行结果。

```
>>>'\x61'
>>>'\x62'
>>>a=10
>>>c=20
>>>print('\141+\x63=',a+c)
   a+c=30
```

3．在 Python 交互方式下，输入下列语句，分析运行结果。

```
>>>first_name="chris"
>>>last_name="Wilson"
>>>full_name=first_name+" "+last_name
>>>print("Hello, "+full_name.title()+"!"+" "*3+"Nice to meet you.")
   Hello, Chris Wilson!   Nice to meet you.
```

```
>>>language="python"
>>>print(language.upper())
   PYTHON
>>>print(language)
   python
>>>product_num="201906C15M"
>>>print(product_num[6])
   C
>>>print(product_num[-1])
   M
>>>print(product_num[4:6])
   06
>>>print(product_num[:4])
   2019
>>>print(product_num[-3:-1])
   15
>>>print('m' in product_num)
   False
```

4．在 Python 交互方式下，输入下列语句，分析运行结果。

```
>>>s1=" my python program "
>>>s2=s1.strip()
>>>print(s2)
   my python program
>>>print(len(s1),len(s2))
   19 17
>>>s2.upper()
   'MY PYTHON PROGRAM'
>>>print(s2.find("python"),s2.find("program "))
   3 -1
>>>s3=s2.replace(' ',',')
>>>print(s3)
   my,python,program
>>>ls=s3.split(',')
>>>print(ls)
   ['my', 'python', 'program']
>>>s4=ls[1]
>>>print(s4)
   python
>>>print(s4[::-1])
   nohtyp
```

5．在 Python 交互方式下，输入下列语句，分析运行结果。

```
>>>name="Evan"
>>>money=45.7803
```

```
>>>number=10
>>>print("{0:*^10} paid ${1:<6.1f} for {2:d} apples".format(name,
    money,number))
    ***Evan*** paid $45.8   for 10 apples
```

6．编写程序 demo0206.py，输入一个三位整数，分别求出百位、十位和个位上的数字并输出。

提示：利用对整数进行整除、求余等运算进行处理。

7．编写程序 demo0207.py，利用字符串切片操作，输入一个月份的数字，输出对应月份的英文缩写。例如，输入 3，输出 Mar 的形式。

提示：定义一个由英文缩写月份组成的字符串，根据输入的数字月份，利用切片操作从字符串中截取对应的英文缩写。

8．编写程序 demo0208.py，利用公式 C=5×（F−32）/9（其中，C 表示摄氏温度，F 表示华氏温度）进行温度转换计算。输入一个浮点数，表示华氏温度，输出对应的摄氏温度，要求精确到小数点后 5 位。

提示：使用 format()方法保留小数点后 5 位。

9．编写程序 demo0209.py，输入一个英文句子，统计单词个数。

提示：

（1）使用 split()方法将英文分割成单词列表。

（2）使用 len()函数统计单词列表中单词的个数。

10．编写程序 demo0210.py，输入一个字符串（包含字符 E），将其中的字符“E”用空格替换后输出。

提示：使用 replace()方法进行字符替换。

11．编写程序 demo0211.py，从键盘交互输入一个人的 18 位身份证号码，以类似于“2008 年 09 月 16 日”的形式输出该人的出生日期。

提示：

（1）从身份证号码中分别提取出年份、月份和日所对应的数字字符。

（2）输出时将年、月、日与截取的数字字符合并输出。

12．编写程序 demo0212.py，输入一个等差数列的前 2 项 a1 和 a2（a1、a2 均为整数），求第 n 项的值并输出。

提示：

（1）根据等差数列的前两项求出等差值 d。

（2）等差数列的第 n 项为 a1+(n−1)×d。

13．编写程序 demo0213.py，输入线段的两个端点的坐标 A(xa,ya)、B(xb,yb)，求线段 AB 的长度并输出（保留 3 位小数）。

提示：

（1）利用直角三角形两个直边的平方和等于斜边的平方和的方法求解。

（2）可以使用平方根函数 sqrt()和幂函数 pow()进行处理。

14．编写程序 demo0214.py，输入一个秒数（非负整数），折算出小时、分、秒并输出。

提示：1h=3600s，1min=60s。

第 3 章　Python 程序的结构

程序是由若干语句组成的，目的是实现一定的计算或处理功能。在程序内部，有逻辑判断与结构控制等问题。Python 的程序结构包括顺序结构、分支结构和循环结构 3 种。本章主要介绍 Python 程序的结构控制相关知识。

学习目标：

- ✧　熟练掌握顺序结构程序设计。
- ✧　熟练掌握分支结构程序设计。
- ✧　熟练掌握循环结构程序设计。
- ✧　掌握程序结构的其他控制语句。

3.1　顺序结构程序设计

计算机在执行顺序结构程序时，从第一条语句开始，按从上到下的顺序依次执行程序中的每一条语句。

3.1.1　输入/输出语句

计算机程序都用来解决特定计算问题，每个程序都有统一的运算模式：输入数据、处理数据和输出数据。这种朴素的运算模式构成了基本的程序编写方法：IPO。

输入是一个程序的开始。程序要处理的数据有多种来源，如从控制台交互式输入数据、使用图形用户界面输入、从文件或网络读取数据输入，也可以由其他程序的运行结果得到输入数据等。输出是程序展示运算结果的方式。程序的输出方式包括控制台输出、图形输出、文件或网络输出等。

下面主要介绍使用控制台的输入/输出方式，其他输入/输出方式将会在相关章节中陆续介绍。

1. 输入语句

Python 的内置函数 input()用于取得用户输入数据，其语法格式如下：

```
变量名=input("提示信息")
```

其中，变量名是 input()函数返回的字符串数据；提示信息可以给出用户在输入时的提示内容，提示信息省略。程序执行到 input()函数时，暂停执行，等待用户输入，用户输入的数据均作为输入内容。需要注意的是，如果要得到整数或小数，可以使用 eval()函数得到表达式的值，也可以用 int()函数或 float()函数进行转换。其中，eval()函数先将字符串对象转化为有效的表达式，再参与求值运算返回计算结果。

【示例 3-1】使用 input()函数输入数据。

```
>>> name=input("请输入姓名：")
    请输入姓名：Rose
#score1 为数值，需要参与数学计算，使用 eval()函数进行转换
>>> score1=eval(input("请输入科目 1 成绩："))
    请输入科目 1 成绩：89
>>> score2=eval(input("请输入科目 2 成绩："))
    请输入科目 2 成绩：60
>>> print("您的总成绩是：",(score1+score2))
    您的总成绩是：149
```

2. 输出语句

Python 3 使用 print()函数完成基本输出操作。print()函数的语法格式如下：

```
print([输出项 1,输出项 2,...][,sep=' '][,end='\n'][,file=sys.stdout])
```

print()函数的所有参数均可省略。如果没有参数，则 print()函数会输出一个空行。根据给出的参数，print()函数在实际应用中分为以下几种情况。

1）包含多个参数：参数之间默认用逗号分隔。

2）指定输出分隔符号：可使用 sep 参数指定特定符号作为输出对象的分隔符号。

3）指定输出结尾符号：默认以回车换行符作为输出结尾符号，可以用 end 参数指定输出结尾符号。

4）输出到文件：默认输出到标准输出设备（显示器），可使用 file 参数指定输出到文件。

【示例 3-2】print()函数的应用。

```
>>> x,y,z=100,200,300
>>> print(x,y,z)                        #多个参数用逗号分隔
    100 200 300
>>> print(x,y,z,sep="##")               #输出分隔符"##"
    100##200##300
>>> print(x);print(y);print(z)          #3 个 print()语句，默认分行显示
    100
    200
    300
#设置 end 参数，用空格分隔，不换行
>>> print(x,end="  ");print(y,end="  ");print(z)
    100  200  300
```

3.1.2 顺序结构程序的执行流程与示例

顺序结构程序是最简单的一种程序结构，其程序代码由上到下（由前到后）依次执行，即程序按照语句的书写顺序依次执行。前面接触到的程序都是这种执行方式。

1. 顺序结构程序的执行流程

在顺序结构程序中，语句按照各语句出现位置的先后次序依次执行，先执行语句块 1，再执行语句块 2，依此类推，最后执行语句块 n，n 个语句块之间是顺序执行关系，如图 3-1 所示。

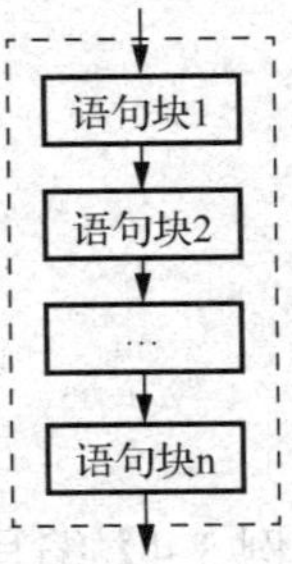

图 3-1 顺序结构程序的执行流程

2. 顺序结构程序示例

【示例 3-3】编写程序，输入球体的半径，计算球体的表面积和体积并输出计算结果。

```
#program0303.py
#计算球体的表面积和体积
import math
r=eval(input("请输入球体的半径："))
s=4*math.pi*r*r
v=4*math.pi*r*r*r/3
print("球体的表面积是：{:.2f},体积是：{:.2f}".format(s,v))
```

3.2 分支结构程序设计

Python 使用 if 语句实现分支结构。分支结构可以根据条件数量分类，如果是一个条件，则形成单分支结构；如果是两个条件，则形成双分支结构；如果是多个条件，则形成多分支结构。分支结构中还可以再包含分支结构，形成分支的嵌套结构。

3.2.1 单分支结构

单分支结构使用 if 语句，其语法格式如下：

```
if <条件表达式>:
    <语句块>
```

其中，条件表达式用来判断程序的流程走向。在程序的实际执行过程中，如果条件表达式的取值为真，则执行 if 分支的语句块，否则绕过 if 分支的语句块，直接执行 if 语句块后面的其他语句，如图 3-2 所示。

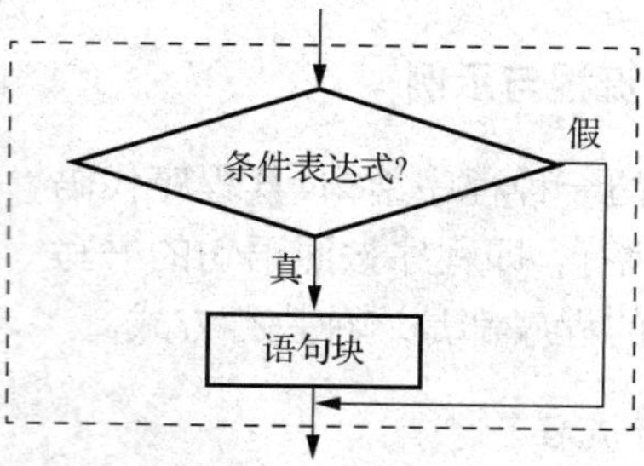

图 3-2 单分支结构程序的执行流程

【示例 3-4】编写程序，输入一个整数 x，如果 x<0，则求其绝对值并输出。

```
#program0304.py
import math
x=eval(input("请输入一个整数："))
if x<0:
    y=math.fabs(x)
    print("计算的结果是：",y)
```

其中，import math 语句用于导入 math 模块，math.fabs()函数用于求绝对值。

3.2.2 双分支结构

Python 使用 if-else 语句实现双分支结构，其语法格式如下：

```
if  <条件表达式>:
    <语句块 1>
else:
    <语句块 2>
```

在程序执行过程中，如果条件表达式的取值为真，则执行 if 分支的语句块 1，否则执行 else 分支的语句块 2，如图 3-3 所示。

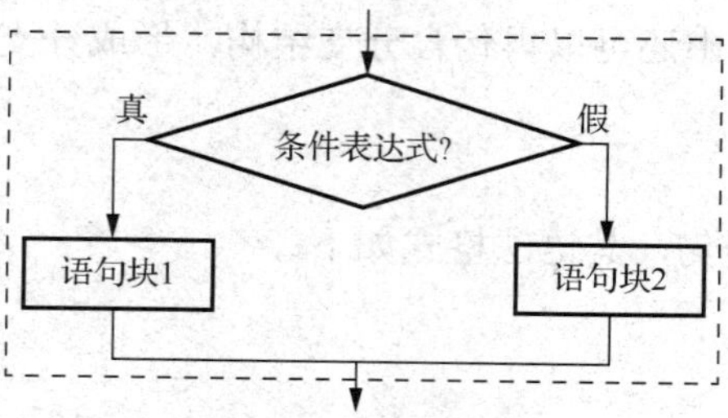

图 3-3 双分支结构程序的执行流程

【示例 3-5】编写程序，输入一个整数 x，如果 x<0，则求其绝对值，否则求其平方根，输出计算结果。

```
#program0305.py
```

```
import math
x=eval(input("请输入一个整数："))
if x<0:
    y=math.fabs(x)
else:
    y=math.sqrt(x)
print("计算的结果是：",y)
```

其中，math.sqrt()函数用于求平方根。

3.2.3　多分支结构

多分支结构是双分支结构的扩展，其语法格式如下：

```
if <条件表达式 1>:
    <语句块 1>
elif <条件表达式 2>:
    <语句块 2>
...
elif <条件表达式 n>:
    <语句块 n>
else:
    <语句块 n+1>
```

程序根据条件判断后执行相应的分支，但只执行第一个条件为真的语句块，即执行某一个分支后，其他分支不再执行。如果所有条件均为假，则执行 else 后面的语句块 n+1，else 分支是可选的。多分支结构程序的执行流程如图 3-4 所示。

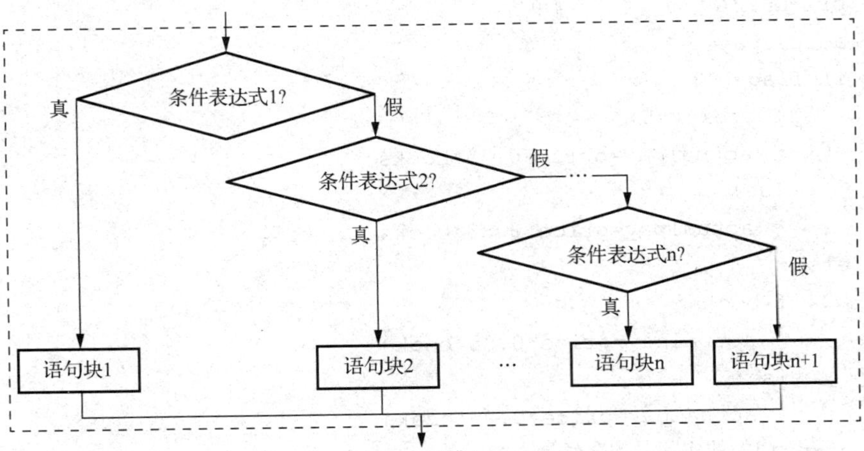

图 3-4　多分支结构程序的执行流程

【示例 3-6】编写程序，输入一个学生的考试成绩 score（不小于 0 且不大于 100），判断其等级并输出。等级判断规则：score≥90 为优秀，score≥80 且 score<90 为良好，

score≥70 且 score<80 为中等，score≥60 且 score<70 为及格，score<60 为不及格。

```
#program0306.py
score=eval(input("请输入考试成绩："))
if score>=90:
    grade="优秀"
elif score>=80:
    grade="良好"
elif score>=70:
    grade="中等"
elif score>=60:
    grade="及格"
else:
    grade="不及格"
print("考试等级是：",grade)
```

3.2.4 分支结构的嵌套

分支结构的嵌套是指分支结构中还存在分支的情况，即 if 语句中还包含着 if 语句。

【示例 3-7】现有一个计算购书款的程序，如果有会员卡，则购书 5 本以上（含 5 本）时书款按 7.5 折结算，5 本以下按 8.5 折结算；如果没有会员卡，则购书 5 本以上（含 5 本）时书款按 8.5 折结算，5 本以下按 9.5 折结算。编写程序如下：

```
#program0307.py
flag=1                  #flag=1 表示有会员卡
books=8                 #购书数量
price=234               #单价
actualpay=0
if flag==1:
    if books>=5:
        actualpay=price*0.75*books
    else:
        actualpay=price*0.85*books
else:
    if books>=5:
        actualpay=price*0.85*books
    else:
        actualpay=price*0.95*books
print("您的实际付款金额是：",actualpay)
```

在本示例中，读者可以尝试交互输入不同的 flag、books、price 等变量值，然后运行程序，观察各分支的运行情况，完成程序的调试和运行。

3.3 循环结构程序设计

循环结构是在一定条件下，反复执行某段程序的控制结构，反复执行的程序块称为循环体。循环结构是程序中非常重要的一种结构，它是由循环语句实现的。Python 中的循环包括 for 循环和 while 循环两种。

3.3.1 遍历循环

for 循环是 Python 语言中使用较广泛的一种循环，它是一种遍历循环，主要用于遍历一个序列，如一个列表或一个字典等。

1. for 循环结构

for 循环结构的语法格式如下：

```
for <变量> in <序列>:
    <循环体语句块>
```

for 循环结构的执行次数是由遍历结构中序列元素的个数决定的，可以理解为 for 循环从序列中逐一提取元素，放在循环变量中，对序列中的每个元素执行一次循环体语句块，如图 3-5 所示。其中，序列可以是字符串、列表、文件或 range()函数等。

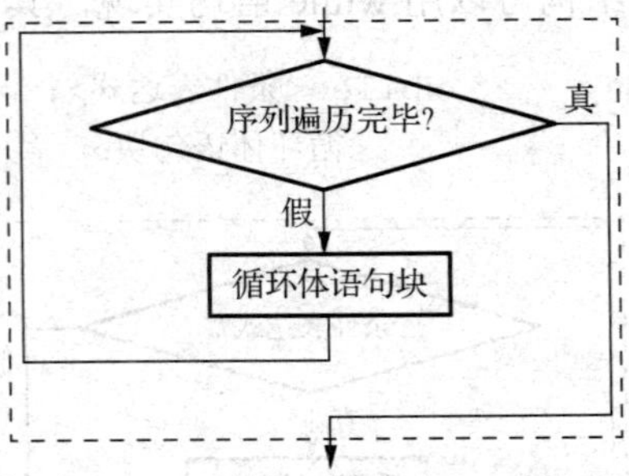

图 3-5 for 循环结构的执行流程

2. range()函数

range()函数是 Python 的内置函数，用于创建一个整数列表，一般用在 for 循环中。range()函数的语法格式如下：

```
range(起始值,终止值[,步长])
```

range()函数中各参数的含义如下。

1）起始值：计数从起始值开始，默认从 0 开始。例如，range(5)等价于 range(0,5)。

2）终止值：计数到终止值结束，但不包括终止值。例如，range(0,5)是指[0,1,2,3,4]，不包括 5。

3）步长：步长默认为 1。例如，range(0,5)等价于 range(0,5,1)。

【示例 3-8】range()函数的应用。

```
>>> print(*range(10))          #生成序列 0～9，print(*序列)用来输出序列中的元素
    0 1 2 3 4 5 6 7 8 9
>>> print(*range(1,11))        #从 1 开始到 10
    1 2 3 4 5 6 7 8 9 10
```

```
>>> print(*range(0,30,5))   #0～29，步长为5
    0 5 10 15 20 25
>>> print(*range(0,10,3))   #0～9，步长为3
    0 3 6 9
>>> print(*range(0,-10,-1))#-9～0，步长为-1
    0 -1 -2 -3 -4 -5 -6 -7 -8 -9
```

【示例 3-9】编写程序，计算 1～100 能被 3 整除的数之和。

```
#program0309.py
s=0
for i in range(100):
    if i%3==0:
        s+=i
print(s)
```

3.3.2 条件循环

程序有时需要根据初始条件进行循环判断，当条件不满足时，循环结束。这种循环结构可以用 while 语句实现，其语法格式如下：

```
while <条件表达式>:
    <循环体语句块>
```

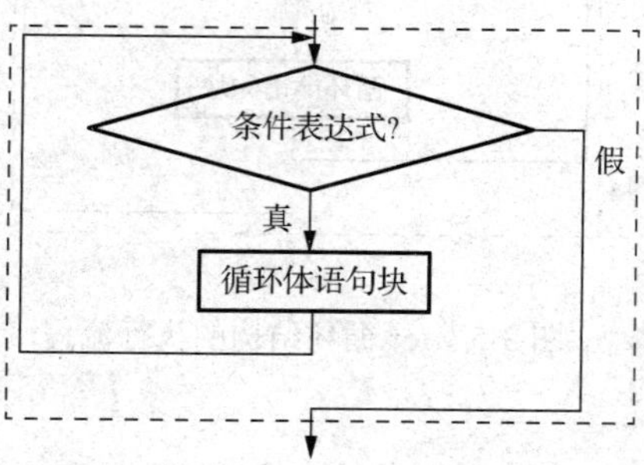

图 3-6 while 循环结构的执行流程

while 循环语句的执行过程如下：先判断条件表达式的值，若值为真，则执行循环体，循环体执行完毕后再转向条件表达式并进行计算与判断；当计算出条件表达式的值为假时，跳出循环体，执行循环体外的语句，如图 3-6 所示。

【示例 3-10】编写程序，输入两个正整数 m 和 n（m>n），利用辗转相除法求其最大公约数和最小公倍数。

```
#program0310.py
m=eval(input("请输入正整数m:"))
n=eval(input("请输入正整数n:"))
if m<n:m,n=n,m
t=m*n
r=m%n
while r!=0:
    m=n
    n=r
    r=m%n
```

```
print("最大公约数是：{}".format(n))
print("最小公倍数是：{}".format(int(t/n)))
```

3.3.3　循环的嵌套

无论是 for 循环还是 while 循环，其中都可以再包括循环，从而构成循环的嵌套。

【示例 3-11】使用嵌套的 for 循环计算 1!+2!+…+n!。

```
#program0311.py
k=eval(input("请输入计算阶乘的数值:"))
sum1=0
for i in range(1,k+1):
    t=1
    for j in range(1,i+1):
        t*=j
    sum1+=t
print(sum1)
```

for 循环和 while 循环有时可以相互替代，如示例 3-12 中用嵌套的 while 循环计算阶乘之和。

【示例 3-12】使用嵌套的 while 循环计算 1!+2!+…+n!。

```
#program0312.py
k=eval(input("请输入计算阶乘的数值："))
sum1=0
i=1
while i<=k:
    t=j=1
    while j<=i:
        t*=j
        j+=1
    sum1+=t
    i+=1
print(sum1)
```

【示例 3-13】通过程序输出数字金字塔。

该程序的外循环控制输出行数。内循环分为两个：第一个 while 循环从变量 x 开始递减，在同行内输出，直至输出 1 为止；第二个 while 循环从初始值 2 开始递增，在行内输出，直到输出变量 x。两部分都输出后，执行 print()函数换行，输出下一行内容。

```
#program0313.py
n=eval(input("请输入打印的行数："))
for x in range(1,n+1):
    print(' '*(10-x),end="")
```

```
    n=x
    while n>=1:
        print(n,sep="",end="")
        n-=1
    n=2
    while n<=x:
        print(n,sep="",end="")
        n+=1
    print()
```

程序运行结果如图 3-7 所示。

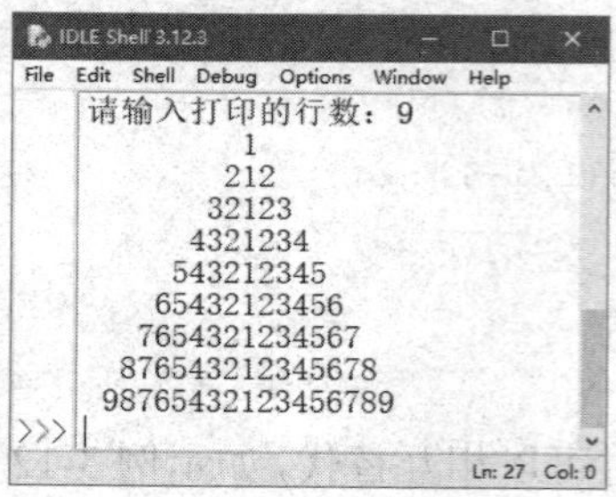

图 3-7 示例 3-13 运行结果

3.4 程序结构的其他控制语句

在程序结构中，还可以使用 break、continue 跳转语句及循环结构中的 else 等语句进行控制。

3.4.1 跳转语句

跳转语句用来实现程序执行过程中流程的转移，主要包括 break 语句和 continue 语句。

1. break 语句

break 语句的作用是从循环体内部跳出，即结束循环。break 语句有时也称为断路语句，意为中断循环，不再执行循环体。break 语句的执行流程如图 3-8 所示。

【示例 3-14】求 99 的最大真约数。

```
#program0314.py
a=eval(input("请输入数值: "))
i=a//2                                #等价于 i=int(a/2)
while i>0:
    if a%i==0:
        break
    i-=1
print(a,"的最大真约数为: ",i)
```

因为一个数的最大真约数不会大于这个数的 1/2，所以示例 3-14 从输入数据的 1/2 开始测试，如果能整除，则这个数就是最大真约数，程序中断；否则，减 1 后继续测试，直至程序执行结束。

2. continue 语句

continue 语句必须用于循环结构中，其作用是终止本轮循环，跳过本轮循环的剩余语句，直接进入下一轮循环。continue 语句有时也称为短路语句，因为它只对本次循环短路，并不终止整个循环。continue 语句的执行流程如图 3-9 所示。

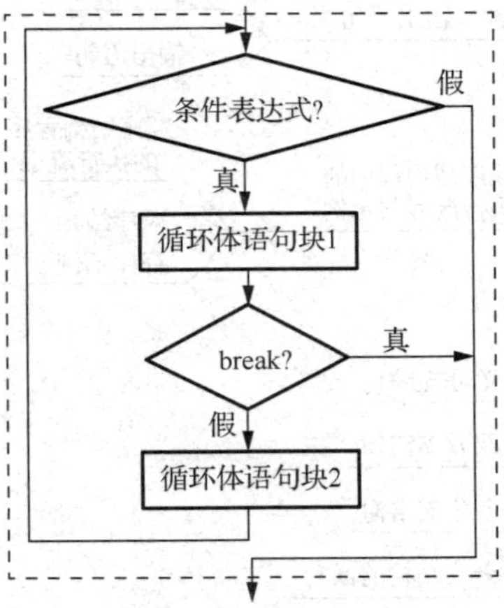

图 3-8　break 语句的执行流程

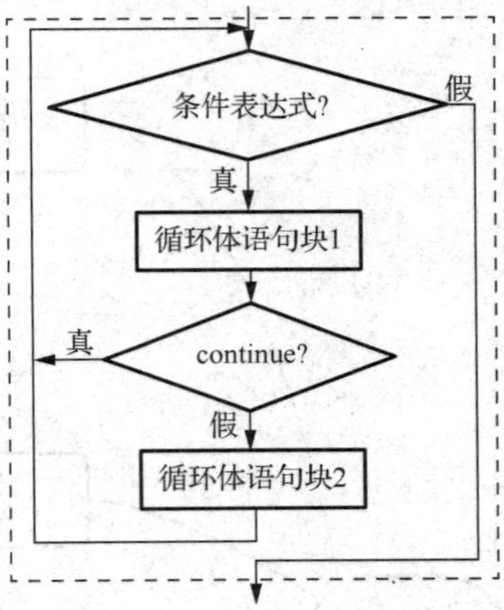

图 3-9　continue 语句的执行流程

【示例 3-15】求输入数值中的正数之和，负数忽略。

```
#program0315.py
s=0
for i in range(6):
    x=eval(input("请输入数值数据："))
    if x<0:
        continue
    s+=x
print("正数之和是：",s)
```

3.4.2　else 语句

在除 Python 外的各种计算机语言中，else 语句主要用在分支结构中；在 Python 中，for 循环、while 循环、异常处理结构中也可以使用 else 语句，从而使程序的结构更为灵活。在循环中使用 else 语句时，else 语句在循环正常结束后被执行；如果有 break 语句，也会跳过 else 语句块。

【示例 3-16】在循环结构中使用 else 语句。

```
#program0316.py
```

```
str1="Hi,Python"
for ch in str1:
    print(ch,end="")
else:
    print("字符串遍历结束")
```

本章小结

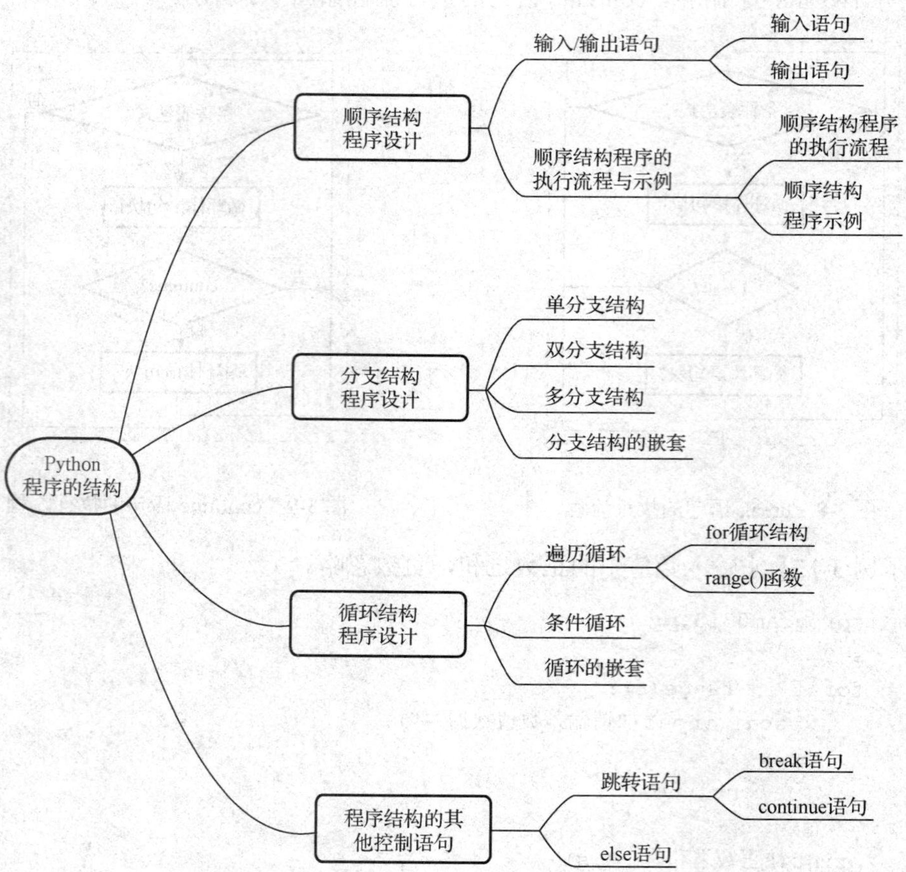

课后习题

1. 选择题

（1）以下代码段的运行结果是（　　）。

```
if 0:
    print("hello")
```

A．False　　　　　　　　　　B．Hello

C．没有任何输出　　　　　　　D．语法错误

（2）以下关于分支结构的描述中，错误的是（　　）。

A．双分支结构有一种紧凑形式，使用关键字 if 和 elif 实现

B．if 语句中条件部分可以使用任何能够产生 True 和 False 的语句或函数

C．if 语句中语句块执行与否依赖于条件判断

D．多分支结构用于设置多个判断条件及对应的多条执行路径

（3）从键盘输入数字“5”，以下代码段的运行结果是（　　）。

```
n=eval(input("请输入一个整数："))
s=0
if n>=5:
    n-=1
    s=4
if n<5:
    n-=1
    s=3
print(s)
```

A．3　　　B．4　　　C．0　　　D．2

（4）以下关于 Python 分支的描述中，错误的是（　　）。

A．Python 分支结构使用关键字 if、elif 和 else 实现，每个 if 后必须有 elif 或 else

B．缩进是 Python 分支语句的语法部分，缩进不正确会影响分支功能

C．if-else 分支结构里还可以再包括分支，即分支是可以嵌套的

D．if 语句会判断 if 后面的逻辑表达式，当表达式为 True 时，执行 if 后的语句块

（5）在 Python 中，使用 for-in 构成的循环不能遍历的类型是（　　）。

A．字典　　　B．列表　　　C．浮点数　　　D．字符串

（6）以下代码段的运行结果是（　　）。

```
for i in [1,0]:
    print(i+1)
```

A．第一行输出 2，第二行输出 1　　　B．[2,1]

C．2　　　　　　　　　　　　　　　D．0

（7）以下选项中，错误的是（　　）。

A．s='a' or 'b'是合法的，结果是'a'　　　B．s='a' and 'b'是合法的，结果是'b'

C．11<=22<33 结果是 False　　　　　　D．33>=22>11 结果是 True

（8）以下代码段的运行结果是（　　）。

```
for i in range(3):
    print(2,end=",")
```

A．2,2,2　　　B．2,2,2,　　　C．2 2 2　　　D．2 2 2,

（9）以下代码段会输出 1、2、3 这 3 个数字的是（　　）。

A.

```
for i in range(3):
     print(i)
```

B.

```
for i in range(1,3):
     print(i)
```

C.

```
i=1
while i<3:
    print(i)
    i+=1
```

D.

```
al=[0,1,2]
for i in al:
    print(i+1)
```

（10）以下代码段的运行结果是（　　）。

```
for str in "mypython":
if str=='y'or str=='t':
    continue
print(str,end='')
```

A．mphon　　B．mypython　　C．mpthon　　D．mypyhon

（11）以下代码段的运行结果是（　　）。

```
i=s=0
while i<=10:
    s+=i
    i+=1
print(s)
```

A．0　　B．55　　C．10　　D．以上都不对

（12）以下代码段的运行结果是（　　）。

```
m=5
while m==m:
    print('m')
```

A．输出 1 次 m　　B．输出 1 次 5

C．输出 5 次 m　　D．无限次输出 m，直到终止程序

（13）以下关于循环结构的描述中，错误的是（　　）。

A．while 循环使用 break 关键字能够跳出所在层循环体

B．while 循环可以使用关键字 break 和 continue

C．while 循环也称遍历循环，用来提取序列类型中的每个元素，并执行一次循环体

D．while 循环的 pass 语句不做任何事情，一般用作占位语句

（14）在下面的代码段中，while 循环执行的次数为（　　）。

```
k=1000
```

```
while k>1:
    print(k)
    k=k/2
```

A. 9　　B. 10　　C. 11　　D. 100

（15）下面的代码段中，（　　）会无限循环下去。

A.

```
s=0
for a in range(10):
    s+=a
```

B.

```
while True:
    break
```

C.

```
s=0
i=1
while i<10:
    s+=i
```

D.

```
a=[3,-1,',']
for i in a:
    print(a)
```

（16）以下代码段的运行结果是（　　）。

```
for ch in 'PYTHON PROGRAM':
    if ch==' ':
        break
    if ch=='O':
        continue
    print(ch,end='')
```

A. PYTHON　　B. PYTHONPROGRAM

C. PYTHN　　D. PROGRAM

（17）以下关于 Python 循环结构中的 else 语句的说法中，正确的是（　　）。

A. 只有 for 循环才有 else 语句

B. 只有 while 循环才有 else 语句

C. for 循环和 while 循环都可以有 else 语句

D. for 循环和 while 循环都没有 else 语句

（18）以下选项中，正确的是（　　）。

A. break 语句用于终止当前循环

B. continue 语句用于终止所在层循环

C. break 和 continue 语句通常与 if 语句一起使用

D. 以上说法都是错误的

（19）以下代码段的运行结果是（　　）。

```
sum=0
for i in range(1,10):
    if i%7==0:
```

```
        break
    else:
        sum+=i
print(sum)
```

A．6　　B．7　　C．21　　D．55

（20）以下代码段的运行结果是（　　）。

```
for guess in range (1000):
    if guess==0x452//2:
        break
print(guess)
```

A．0x452//2　　B．0x452　　C．break　　D．553

（21）下列选项中，不属于 Python 循环结构的是（　　）。

A．for 循环　　B．while 循环

C．do while 循环　　D．嵌套的 while 循环

（22）以下代码段的运行结果是（　　）。

```
a=17
b=6
if(a%b>4):
   result=a%b
else:
   result=a/b
      print(result)
```

A．0　　B．1　　C．2　　D．5

（23）以下代码段的运行结果是（　　）。

```
i=3
j=0
k=3.2
if(i<k):
   if(i==j):
      print(i)
   else:
      print(j)
else:
   print(k)
```

A．3　　B．0　　C．3.2　　D．以上都不对

（24）关于以下代码的陈述，正确的是（　　）。

```
x=0
```

```
while x<10:
    x+=1
    print(x)
    if x>3:
        break
```

A. 代码编译异常　　　　　　　　B. 输出：0 1 2

C. 输出：1 2 3　　　　　　　　D. 输出：1 2 3 4

（25）以下代码段的运行结果是（　　）。

```
for i in range(4):
    if i==3:
        break
    print(i)
print(i)
```

A. 0123　　　　B. 0122　　　　C. 123　　　　D. 234

2. 简答题

（1）简述顺序结构、分支结构和循环结构程序的特点。

（2）分支结构都有哪几种情况？简单概述其执行流程。

（3）简述 for 循环和 while 循环的执行流程。

（4）跳转语句中，break 语句和 continue 语句的区别是什么？

上 机 实 践

1. 编写程序 demo0301.py，求一元二次方程 $ax^2+bx+c=0$ 的解。

提示：

（1）通过键盘输入 a、b、c 的值。

（2）考虑实根和虚根的情况。

2. 编写程序 demo0302.py，输入一个整数的年份，判断该年是否是闰年，输出是否是闰年的信息。

提示：

（1）能被 4 整除，但不能被 100 整除的年份是闰年。

（2）能被 400 整除的年份是闰年。

3. 编写程序 demo0303.py，通过键盘输入一个算术表达式，计算算术表达式的值并将结果输出，实现简单的加、减、乘、除计算。

提示：

（1）判断运算符所在的位置时使用 find()方法。

（2）分别提取运算符前和运算符后的两个操作数。

4．编写程序 demo0304.py，根据 PM 2.5 的监测值，输出空气质量等级。输入 PM 2.5 数值，根据表 3-1 输出相应的空气质量等级。

表 3-1 PM 2.5 空气质量等级描述

PM 2.5	空气质量等级
35（含）以下	优
35～75（含）	良
75～115（含）	轻度污染
115～150（含）	中度污染
150～250（含）	重度污染
250 以上	严重污染

提示：利用多分支结构进行处理。

5．某移动通信公司的手机话费收费标准规定如下。

（1）若为固定套餐用户，每月固定费用为 50 元，可打电话 300min，超出 300min，每分钟收费 0.1 元。

（2）若为非固定套餐用户，每分钟电话费 0.2 元。

编写程序 demo0305.py，输入某人一个月的通话时间（单位：min），以及是否为固定套餐用户（输入 y 表示固定套餐用户，输入 n 表示非固定套餐用户），计算话费并输出。

提示：利用分支结构的嵌套进行处理。

6．快递公司根据邮件的质量和用户是否选择加急计算邮费，计算规则如下。

（1）质量在 1000g 以内（含 1000g），基本费 12 元。

（2）超过 1000g 部分，每 500g 加收超重费 4 元，不足 500g 部分按 500g 计算。

（3）如果用户选择加急，多收 10 元。

编写程序 demo0306.py，输入邮件的质量（整数，单位为 g）和一个字符（表示是否加急，y 表示加急，n 表示不加急），输出一个整数（表示邮费）。

提示：使用 math 库中的 ceil()函数进行处理。

7．编写程序 demo0307.py，找出 100～200 的所有素数并输出。

提示：

（1）如果一个数只能被 1 和其本身整除，则该数为素数。

（2）将结果每 5 个输出为 1 行。

8．编写程序 demo0308.py，找出所有的水仙花数。

提示：

（1）水仙花数是一个三位数，其中每位数字的立方和等于该数本身。

（2）对每个数需要提取出百位、十位和各位上的数字。

9．编写程序 demo0309.py，计算 $1^2-2^2+3^2-4^2+\cdots+97^2-98^2+99^2$ 的值并将结果输出。

提示：加减交替出现，可以看作加（正）、加（负）交替进行。

10．编程序 demo0310.py，输出如图 3-10 所示的菱形图形。

```
    *
   ***
  *****
 *******
*********
 *******
  *****
   ***
    *
```

图 3-10　菱形图形

提示：

（1）通过键盘输入行数 n 的值。

（2）实现任意行数（n 行）的菱形。

11．编写程序 demo0311.py，给定某一字符串 s，对其中的每一字符 c 进行大小写转换：如果 c 是大写字母，则将其转换成小写字母；如果 c 是小写字母，则将其转换成大写字母；如果 c 不是字母，则不转换。

提示：

（1）通过键盘输入任意字符串。

（2）大小写判断分别用 islower()和 isupper()方法。

（3）大小写转换分别用 lower()和 upper()方法。

12．编写程序 demo0312.py，通过键盘输入一个字符串，统计其中小写字符、大写字符、数字字符及其他字符的个数并输出。

13．我国古代数学家张丘建在《算经》一书中提出了“百鸡问题”：鸡翁一只钱五，鸡母一只钱三，鸡雏三只钱一。百钱买百鸡，问鸡翁、鸡母、鸡雏各几何？编写程序 demo0313.py，求解该问题。

提示：

（1）买各种鸡的总数是 100 只。

（2）花费的总钱数是 100 元。

（3）使用枚举法对每种组合情况进行判断。

14．编写程序 demo0314.py，输出如图 3-11 所示的九九乘法表。

```
1*1= 1
2*1= 2  2*2= 4
3*1= 3  3*2= 6  3*3= 9
4*1= 4  4*2= 8  4*3=12  4*4=16
5*1= 5  5*2=10  5*3=15  5*4=20  5*5=25
6*1= 6  6*2=12  6*3=18  6*4=24  6*5=30  6*6=36
7*1= 7  7*2=14  7*3=21  7*4=28  7*5=35  7*6=42  7*7=49
8*1= 8  8*2=16  8*3=24  8*4=32  8*5=40  8*6=48  8*7=56  8*8=64
9*1= 9  9*2=18  9*3=27  9*4=36  9*5=45  9*6=54  9*7=63  9*8=72  9*9=81
```

图 3-11　九九乘法表

15．编写程序 demo0315.py，用如下近似公式求自然对数的底数 e 的值，直到最后

一项的绝对值小于 10^{-6} 为止。

$$e \approx 1+1/1!+1/2!+\cdots+1/n!$$

提示：

（1）当 1/n!小于 10^{-6} 时停止计算。

（2）10^{-6} 可以表示为 pow(10,−6)。

16．编写程序 demo0316.py，求斐波那契数列：1，1，2，3，5，8，13，…的前 20 项之和。

提示：

（1）该数列的前 2 项（1，1）为已知。

（2）从第 3 项开始，每项均为其前两项之和。

17．编写一个猜年龄的程序 demo0317.py，输入猜测的年龄，直到猜对为止，每次给出“猜大了”或“猜小了”的提示，猜对时输出猜测的次数。

第 4 章　Python 的组合数据类型

除整型、浮点型、布尔类型等基本数据类型外，Python 还提供了列表（list）、元组、字典、集合（set）等组合数据类型。组合数据类型能将不同类型的数据组织在一起，实现更复杂的数据表示或数据处理功能。

根据数据之间的关系，组合数据类型可以分为 3 类：序列类型、映射类型和集合类型。

学习目标：

✧　理解序列类型的特点。

✧　熟练掌握列表数据类型的使用。

✧　掌握元组数据类型的使用。

✧　掌握字典数据类型的使用。

✧　了解集合数据类型的使用。

4.1　序 列 类 型

序列类型的元素之间存在先后关系，可以通过索引来访问。当需要访问序列中的某个元素时，只要找出其索引即可。由于元素之间存在顺序的位置关系，因此序列中不同的位置可存放数值相同的元素。

4.1.1　序列类型简介

Python 中典型的序列类型包括字符串、列表和元组。字符串可以看作单一字符的有序组合，属于序列类型。同时，由于字符串类型十分常用且单一字符串只表达一个含义，因此其也被看作基本数据类型。无论哪种具体数据类型，只要其是序列类型，就都可以使用相同的索引体系，即正向递增序号和反向递减序号，通过索引可以非常容易地查找序列中的元素。序列类型元素的索引如图 4-1 所示。

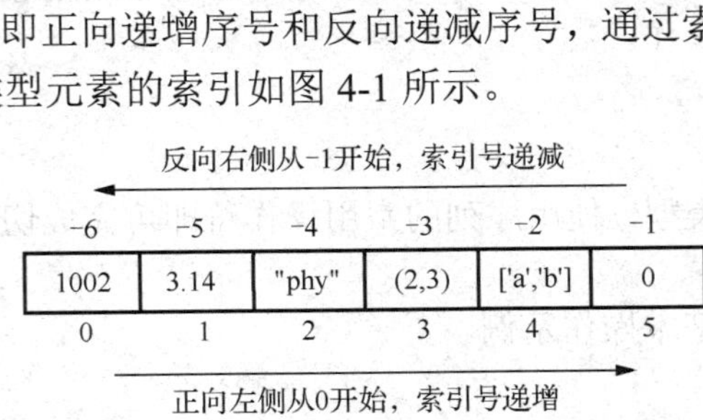

图 4-1　序列类型元素的索引

4.1.2 序列类型的常用操作符和方法

序列类型支持成员关系操作符（in）和切片运算符（[]），序列中的元素还可以是序列类型。

序列类型的常用操作符和方法如表 4-1 所示，这些操作符和方法是学习列表和元组的基础。表 4-1 中，s 和 t 是序列，x 是引用序列元素的变量，i、j 是序列的索引，k 为整型变量。

表 4-1 序列类型的常用操作符和方法

操作符和方法	功能描述
x in s	如果 x 是 s 的元素，则返回 True，否则返回 False
x not in s	如果 x 不是 s 的元素，则返回 True，否则返回 False
s+t	返回 s 和 t 的连接
s*n	将序列 s 复制 n 次
s[i]	索引，返回序列的第 i 个元素
s[i:j]	切片，返回包含序列 s 第 i～j 个元素的子序列（不包含第 j 个元素）
s[i:j:k]	返回包含序列 s 第 i～j 个元素以 k 为步长的子序列（不包含第 j 个元素）
len(s)	返回序列 s 的元素个数（长度）
min(s)	返回序列 s 中的最小元素
max(s)	返回序列 s 中的最大元素
s.index(x[,i[,j]])	序列 s 中从 i 开始到 j 位置中第一次出现元素 x 的位置
s.count(x)	序列 s 中出现 x 的总次数

4.2 列表数据类型

列表是 Python 中最常用的序列类型，列表中的元素（也称数据项）不需要具有相同的类型。创建列表时，只要将以逗号分隔的元素使用方括号括起来即可，列表中可以有 0 个或多个元素。列表是可变的，可向列表中任意增加或删除元素，也可以对列表进行遍历、排序、反转等操作。

4.2.1 列表的基本操作

列表作为一种序列类型，使用序列的常用操作符即可完成切片、检索、计数等基本操作。

【示例 4-1】列表的基本操作示例。

```
    #创建列表
>>>lst1=[]                                    #创建空列表
>>>lst2=["python",12,2.71828,[0,0],12] #创建由不同类型元素组成的列表
>>>lst3=[21,10,55,100,2]
    #访问列表元素
```

```
>>>"python" in lst2
   True
>>>lst2[3]                              #通过索引访问列表中的元素
   [0,0]
>>>lst2[1:4]                            #通过切片访问列表中的元素
   [12,2.71828,[0,0]]
>>>lst2[-4:-1]                          #通过切片访问列表中的元素
   [12,2.71828,[0,0]]
>>>len(lst2)                            #计算列表的长度
   5
>>>lst2.index(12)                       #检索列表中的元素
   1
>>>lst2.count(12)                       #计算列表中出现元素的次数
   2
>>>max(lst3)                            #计算列表中的最大值
   100
```

4.2.2 列表的方法

除了使用序列操作符操作列表外，列表还有特有的操作符和方法，如表 4-2 所示。其主要功能是完成列表元素的增、删、改、查，其中 ls、lst 为两个列表，x 是列表中的元素，i 和 j 是列表的索引，k 为整型变量。

表 4-2 列表的特有操作符和方法

操作符和方法	功能描述
ls[i]=x	将列表 ls 的第 i 项元素替换为 x
ls[i:j]=lst	用列表 lst 替换列表 ls 中第 i～j 项元素（不含第 j 项）
ls[i:j:k]=lst	用列表 lst 替换列表 ls 中第 i～j 项以 k 为步长的元素（不含第 j 项）
del ls[i:j]	删除列表 ls 的第 i～j 项元素
del ls[i:j:k]	删除列表 ls 的第 i～j 项以 k 为步长的元素
ls+=lst 或 ls.extend(lst)	将列表 lst 的元素追加到列表 ls 中
ls*=n	更新列表 ls，其元素重复 n 次
ls.append(x)	在列表 ls 的最后增加一个元素 x
ls.clear()	清除列表 ls
ls.copy()	复制生成一个包括 ls 中所有元素的新列表
ls.insert(i,x)	在列表 ls 的第 i 个位置增加元素 x
ls.pop(i)	返回列表 ls 中的第 i 项元素并删除该元素
ls.remove(x)	删除列表 ls 中出现的第一个 x 元素
ls.reverse(x)	反转列表 ls 中的元素
ls.sort()	排序列表 ls 中的元素

【示例 4-2】列表的特有操作示例。

```
    #初始化 3 个列表
>>>lst2=["python",12,2.71828,[0,0],12]
>>>lst3=[21,10,55,100,2]
>>>lst=['aaa','bbb']
    #替换列表元素
>>>lst2[2]=3.14
>>>lst2
    ['python',12,3.14,[0,0],12]
>>>lst2[0:3]=lst
>>>lst2
    ['aaa','bbb',[0,0],12]
    #追加（合并）列表
>>>lst2+=lst3
>>>lst2
    ['aaa','bbb',[0,0],12,21,10,55,100,2]
>>>del lst2[:3]                 #删除 0、1、2 这 3 个列表元素
>>>lst2
    [12,21,10,55,100,2]
>>>lst2.append(99)              #追加列表元素
>>>lst2
    [12,21,10,55,100,2,99]
>>>lst4=lst2.copy()             #复制列表
>>>lst4
    [12,21,10,55,100,2,99]
>>>lst4.clear()                 #清除列表
>>>lst4
    []
>>>lst2.pop(6)                  #删除列表中指定位置上的元素，并返回删除元素值
    99
>>>lst2
    [12,21,10,55,100,2]
>>>id(lst2)
    2256635694976
>>>lst2.reverse()               #反转列表
>>>lst2
    [2,100,55,10,21,12]
>>>id(lst2)
    2256635694976
>>>lst2.sort()                  #排序列表
>>>lst2
    [2,10,12,21,55,100]
>>>id(lst2)
```

```
2256635694976
```

4.2.3 遍历列表

遍历列表可以逐个处理列表中的元素，通常使用 for 循环和 while 循环实现。示例 4-3 使用 for 循环遍历了列表中的所有元素，输出时以逗号分隔。

【示例 4-3】用 for 循环遍历列表。

```
#program0403.py
lst=['primary school','secondary school','high school','college']
for item in lst:
    print(item,end=",")
```

用 while 循环遍历列表时，需要先获取列表的长度，将获得的长度作为循环条件。示例 4-4 先构造一个初始值为 2、步长为 3、终值为 21 的列表，即[2,5,8,11,14,17,20]；然后在 while 循环中遍历，将计算得到的新值添加到空列表 result 中。

【示例 4-4】用 while 循环遍历列表。

```
#program0404.py
lst=list(range(2,21,3))
i=0
result=[]
while i<len(lst):
    result.append(lst[i]*lst[i])
    i+=1
print(result)
```

4.2.4 列表推导式

列表推导式也称列表解析表达式，使用列表推导式可以简单高效地处理一个可迭代对象，并生成结果列表。列表推导式有两种形式，格式如下。

1）迭代序列里所有内容，并计算生成列表：

```
[表达式 for 变量1 in 序列]1···for 变量n in 序列n]
```

2）按条件迭代，并计算生成列表：

```
[表达式 for 变量1 in 序列]1···for 变量n in 序列n if 条件表达式]
```

列表推导式的功能如下：表达式使用每次迭代内容变量 1～n 计算生成一个列表。如果指定了 if 条件表达式，则只有满足条件的元素参与迭代。

【示例 4-5】列表推导式示例。

```
>>>[i**2 for i in range(10)]
  [0, 1, 4, 9, 16, 25, 36, 49, 64, 81]
>>>[(1,i**2) for i in range(10)]
```

```
    [(1, 0), (1, 1), (1, 4), (1, 9), (1, 16), (1, 25), (1, 36), (1,
    49), (1, 64), (1, 81)]
>>>[i for i in range(10) if i%2==0]
    [0, 2, 4, 6, 8]
>>>[(x,y,x*y) for x in range(1,4) for y in range(1,4) if x>=y]
#双重循环
    [(1, 1, 1), (2, 1, 2), (2, 2, 4), (3, 1, 3), (3, 2, 6), (3, 3, 9)]
```

4.3 元组数据类型

元组是包含 0 个或多个元素的不可变序列类型。元组生成后是固定的，其中的任何元素都不能替换或删除。元组与列表的区别在于元组的元素不能修改。创建元组时，只需将元组的元素用圆括号包围，并使用逗号隔开即可。

4.3.1 元组的基本操作

使用表 4-1 中的序列类型的常用操作符可以完成元组的基本操作。

【示例 4-6】元组的基本操作示例。

```
#创建元组
>>>tup1=('physics','chemistry',1997,2000)  #元组中包括不同类型数据
>>>tup2=(1,2,3,4,5)
>>>tup3="a","b","c","d"                    #声明元组的括号可以省略
>>>tup4=(50,)                              #元组只有一个元素时，逗号不可省略
>>>tup5=((1,2,3),(4,5),(6,7),9)
>>>type(tup3),type(tup4)                   #变量类型测试
   (<class 'tuple'>,<class 'tuple'>)
>>>1997 in tup1
   True
>>>tup2+tup3                               #元组连接
   (1,2,3,4,5,'a','b','c','d')
>>>tup1[1]                                 #使用索引访问元组中的元素
   'chemistry'
>>>len(tup1)
   4
>>>max(tup3)
   'd'
>>>tup1.index(2000)                        #检索元组中元素的位置
   3
>>>help(tuple)                             #显示元组的属性和方法
>>>tup3.index(2000)                        #检索的元素不存在，运行报告异常
   Traceback (most recent call last):
```

```
    File "<pyshell#19>", line 1, in <module>
      tup3.index(2000)
  ValueError: tuple.index(x): x not in tuple
```

4.3.2　元组与列表的转换

元组与列表非常类似，但元组的元素值不能被修改。如果想要修改元组的元素值，可以先将元组转换为列表，修改后再转换为元组。列表和元组使用下面的函数进行相互转换。

1）将列表转换为元组：tuple(lst)。

2）将元组转换为列表：list(tup)。

tuple(lst)和 list(tup)函数的参数是被转换对象。

【示例 4-7】元组与列表相互转换示例。

```
>>>tup1=(123,'xyz','zara','abc')
>>>lst1=list(tup1)
>>>lst1.append(999)
>>>tup1=tuple(lst1)
>>>tup1
    (123,'xyz','zara','abc',999)
```

4.3.3　生成器表达式

从形式上看，生成器表达式与列表推导式非常接近，只是生成器表达式使用小括号，而列表推导式使用方括号。与列表推导式本质上的不同是，生成器表达式的结果是一个生成器对象。使用生成器对象的元素时，可以根据需要将其转换为列表、元组或集合，也可以使用内置函数 next()、生成器对象的__next__()方法获取下一个元素，或者直接使用 for 循环遍历。但是，不管使用哪种方法访问其元素，当所有元素访问结束后，如果需要重新访问其中的元素，都必须重新创建该生成器对象。也就是说，生成器对象中的每个元素只能使用一次，并且只能按从前到后的顺序访问。

生成器表达式的语法格式如下：

```
(表达式 for 变量 in 序列)
```

【示例 4-8】生成器表达式示例。

```
>>>g=((i+2)**2 for i in range(10))
>>>g
    <generator object <genexpr> at 0x00000282CBEDA670>
>>>tuple(g)
    (4, 9, 16, 25, 36, 49, 64, 81, 100, 121)
>>>tuple(g)
    ()
```

```
>>>g=((i+2)**2 for i in range(10))
>>>list(g)
   [4, 9, 16, 25, 36, 49, 64, 81, 100, 121]
>>>g=((i+2)**2 for i in range(10))
>>>g.__next__()
   4
>>>next(g)
   9
>>>next(g)
   16
>>>g=((i+2)**2 for i in range(10))
>>>for i in g:
      print(i,end=" ")
   4 9 16 25 36 49 64 81 100 121
```

4.4 字典数据类型

字典是 Python 中内置的映射类型。映射是通过键值查找一组数据值信息的过程，由 key-value（键值对）组成，通过键（key）可以找到其映射的值（value）。

4.4.1 字典的概念

字典可以看作由元素对构成的列表，其中一个元素是键，另一个元素是值。例如：

```
>>>dict={1001:"张三",1002:"李四",1003:"王二"}
```

在搜索字典时，首先查找键，当查找到键后就可以直接获取该键对应的值，这是一种高效实用的查找方法。这种数据结构之所以被命名为字典，是因为它的存储和检索过程与真正的字典类似。键类似于字典中的单词，根据字典的组织方式（如按字母顺序排列）找到单词（键）非常容易，找到键就能找到相关的值（定义）；但反向搜索，即通过值来搜索键则难以实现。

字典中的值并没有特定的顺序，但是都存储在一个特定的键里，键可以是数字、字符串及元组等。此外，字典中的元素（键值对）是无序的。当添加键值对时，Python 会自动修改字典的排列顺序，以提高搜索效率，而且这种排列顺序对用户是隐藏的。

4.4.2 字典的基本操作

字典的基本操作包括创建字典、字典检索、添加与修改字典元素等。

1. 创建字典

字典由标记“{}”定义，字典中的每个元素包含键和值两部分，键和值用冒号分开，元素之间用逗号分隔。下面给出创建字典的示例，其中 dict()是用于创建字典的函数。

【示例 4-9】创建字典示例。

```
>>>dict1={}
>>>dict2={"id":101,"name":"Rose","address":"Changjiangroad","pcod
   e":"116022"}
>>>dict3=dict(id=101,name="Rose",address="changjiangroad",pcode="
   116022")
>>>dict4=dict([('id',101),('name','Rose'),('address','changjiang
   road'),('pcode','116022')])
>>>dict2                                    #输出字典内容
   {'id':101,'name':'Rose','address':'Changjiangroad','pcode':'116022'}
```

上述代码中：
第 1 行用于创建一个空的字典，该字典不包含任何元素，可以向字典中添加元素。
第 2 行是典型的创建字典的方法，是用“{}”括起来的键值对。
第 3 行使用 dict()函数，通过关键字参数创建字典。
第 4 行使用 dict()函数，通过键值对序列创建字典。

2. 字典检索

可以使用 in 运算符测试一个指定的键值是否存在于字典中，表达式的格式如下：

```
key in dict
```

其中，dict 是字典名，key 是键名。
如果需要通过键来查找值，可以使用如下表达式：

```
dict['key']
```

该表达式表示返回 key 所对应的值。
【示例 4-10】字典检索示例。

```
   #使用 in 运算符检索
>>>dict={"id":101,"name":"Rose","address":"Changjiangroad","pcode
   ":"116022"}
>>>"id" in dict
   True
>>>"address" in dict
   True
>>>"Rose" in dict
   False
   #使用关键字检索
>>>dict["id"]
   101
>>>dict["pcode"]
   '116022'
```

```
>>>t1=dict["id"],dict["pcode"]
>>>t1,type(t1)
    ((101,'116022'),<class 'tuple'>)
```

3. 添加与修改字典元素

字典的大小是动态的，不需要事先指定其容量大小，可以随时向字典中添加新的键值对，或者修改键所关联的值。添加字典元素和修改字典元素的方法相同，语法格式如下：

```
dict[key]=value
```

如果字典中存在该键值对，则修改字典元素的值，否则实现的是字典元素的添加功能。

【示例 4-11】修改与添加字典元素示例。

```
>>>dict1={"id":101,"name":"Rose","address":"Changjiangroad"}
    #修改元素值
>>>dict1["address"]="Huangheroad"
>>>dict1
    {'id': 101, 'name': 'Rose', 'address': 'Huangheroad'}
    #添加字典元素
>>>dict1["email"]="python@learning.com"
>>>dict1
    {'id': 101, 'name': 'Rose', 'address': 'Huangheroad', 'email':
    'python@learning.com'}
```

在上述代码中，字典 dict1 已经存在"address"键值对，所以语句“dict1["address"]="Huangheroad"”表示仅修改元素值；字典 dict1 没有"email"键值对，所以语句“dict1["email"]="python@learning.com"”表示向字典中添加一个元素（键值对）。

4.4.3 字典的常用方法

Python 内置了一些字典的常用方法，如表 4-3 所示。其中，dict 为字典名，key 为键，value 为值。

表 4-3 字典的常用方法

方法	功能描述
dict.keys()	返回所有的键信息
dict.values()	返回所有的值信息
dict.items()	返回所有的键值对
dict.get(key,default)	键存在则返回相应值，否则返回默认值
dict. pop(key,default)	键存在则返回相应值，同时删除键值对，否则返回默认值
dict. popitem()	字典中最后一个键值对，以元组(key,value)形式返回
dict.clear()	删除所有的键值对
dict.copy()	复制字典
dict.update(dict2)	更新字典，参数 dict2 为更新的字典

下面通过示例介绍字典的常用方法。

1. keys()、values()和 items()方法

keys()、values()和 items()方法分别返回字典的键的视图、值的视图和键值对的视图。视图对象与列表不同，其不支持索引，但可以迭代访问，通过遍历视图可以获得字典的信息。

【示例 4-12】字典操作中 keys()、values()和 items()方法的应用示例。

```
>>>dict={"id":101,"name":"Rose","address":"Changjiangroad","pcode":
"116022"}
    #获得键的视图
>>>key1=dict.keys()
>>>type(key1)
    <class 'dict_keys'>
>>>key1=dict.keys()
>>>for k in key1:
        print(k,end=",")
    id,name,address,pcode,
    #获得值的视图
>>>values1=dict.values()
>>>type(values1)
    <class 'dict_values'>
>>>for v in values1:
        print(v,end=",")
    101,Rose,Changjiangroad,116022,
    #获得键值对的视图
>>>items=dict.items()
>>>type(items)
    <class 'dict_items'>
>>>for item in items:
        print(item,end=",")
    ('id',101),('name','Rose'),('address','Changjiangroad'),('pcode',
    '116022'),
```

2. get()、pop()和 popitem()方法

1）get()方法：返回键对应的值。如果 key 不存在，则 get()方法返回空值。default 参数可以指定键不存在时的返回值。

2）pop()方法：从字典中删除键，并返回对应的值。如果 key 不存在，则 pop()方法返回 default 值；如果未指定 default 参数，则代码运行时会产生异常。

3）popitem()方法：从字典删除并返回最后一个键值对，字典为空时会产生 KeyError 异常。

【示例 4-13】字典操作中 get()、pop()与 popitem()方法的应用示例。

```
>>>dict={"id":101,"name":"Rose","address":"Changjiangroad"}
   #get()方法
>>>dict.get("address")
   'Changjiangroad'
>>>dict.get("pcode")
>>>dict.get("pcode","116000")        #字典中不存在 pcode，返回默认值
   '116000'
>>>dict
   {'id': 101, 'name': 'Rose', 'address': 'Changjiangroad'}
   #pop()方法
>>>dict.pop('name')
   'Rose'
>>>dict
   {'id': 101, 'address': 'Changjiangroad'}
>>>dict.pop("email","u1@u2")         #字典中不存在 email，返回默认值
   'u1@u2'
>>>dict
   {'id': 101, 'address': 'Changjiangroad'}
>>>dict={"id":101,"name":"Rose","address":"Changjiangroad"}
>>>dict.popitem()                    #popitem()方法，逐一删除键值对
   ('address','Changjiangroad')
>>>dict.popitem()
   ('name','Rose')
>>>dict.popitem()
   ('id',101)
>>>dict
   {}
```

3. copy()和 update()方法

1）copy()方法：返回一个字典的副本，但新产生的字典与原字典的 id 是不同的，当修改一个字典对象时，对另一个字典对象没有影响。

2）update()方法：可以使用一个字典更新另一个字典，如果两个字典存在相同的键，则键值对会进行覆盖。

【示例 4-14】字典操作中 copy()与 update()方法的应用示例。

```
>>>dict1={"id":101,"name":"Rose","address":"Changjiangroad"}
   #copy()方法
>>>dict2=dict1.copy()
>>>id(dict1),id(dict2)
   (1309292464000, 1309333224064)
```

```
>>>dict1 is dict2
   False
>>>dict2["id"]=102
>>>dict2
   {'id': 102, 'name': 'Rose', 'address': 'Changjiangroad'}
>>>dict1
   {'id': 101, 'name': 'Rose', 'address': 'Changjiangroad'}
   #update()方法
>>>dict3={"name":"John","email":"u1@u2"}
>>>dict1.update(dict3)
>>>dict1
   {'id': 101, 'name': 'John', 'address': 'Changjiangroad', 'email':
   'u1@u2'}
```

4.5 集合数据类型

集合是 0 个或多个元素的无序组合。集合本身是可变的，用户可以很容易地向集合中添加元素或移除集合中的元素。集合中的元素只能是整数、浮点数、字符串等基本数据类型，而且这些元素是无序的，没有索引位置的概念。例如：

```
>>>myset={1, 2, 3, 4, 5}
```

集合中的任何元素都没有重复，这是集合的一个非常重要的特点。集合与字典有一定程度的相似性，但集合只是一组 key 的集合，这些 key 不可以重复；集合中没有 value。

4.5.1 集合的基本操作

1. 创建集合

可以使用 set()函数创建一个集合。集合与列表、元组、字典等数据结构不同，创建集合没有快捷方式，必须使用 set()函数。set()函数最多有一个参数，如果没有参数，则会创建空集合；如果有一个参数，那么参数必须是可迭代的类型，如字符串或列表，可迭代对象的元素将生成集合的成员。

【示例 4-15】创建集合示例。

```
>>>aset=set("python")            #字符串作为参数创建集合
>>>bset=set([1,2,3,5,2])         #列表作为参数创建集合
>>>cset=set()                    #创建空集合
>>>aset,bset,cset
   ({'p', 't', 'o', 'n', 'y', 'h'}, {1, 2, 3, 5}, set())
```

从示例 4-15 的运行结果可以看出，集合的初始顺序和显示顺序是不一致的，表明集合中的元素是无序的。

2. 集合操作方法

Python 提供了众多的操作集合的方法，用于向集合中添加元素、删除元素或复制集合等，常用方法如表 4-4 所示。其中，S、T 为集合，x 为集合中的元素。

表 4-4 集合操作的常用方法

方法	功能描述
S.add(x)	添加元素。如果元素 x 不在集合 S 中，则将 x 添加到 S 中
S.clear()	删除元素。移除集合 S 中的所有元素
S.copy()	复制集合。返回集合 S 的一个副本
S.pop()	返回集合 S 中的一个元素，并在集合中删除该元素。集合 S 为空时产生 KeyError 异常
S.discard(x)	如果 x 在集合 S 中，则移除该元素；x 不存在时不报告异常
S.remove(x)	如果 x 在集合 S 中，则移除该元素；x 不存在时将产生 KeyError 异常
S.isdisjoint(T)	判断两个集合是否存在相同的元素。如果集合 S 与 T 没有相同元素，则返回 True
len(S)	返回集合 S 的元素个数

【示例 4-16】集合操作的常用方法示例。

```
#创建两个集合
>>>aset=set("python")
>>>bset=set([1,2,3,5,2])
>>>cset=bset.copy()
>>>aset,bset,cset
   ({'p', 't', 'o', 'n', 'y', 'h'}, {1, 2, 3, 5}, {1, 2, 3, 5})
   #向集合中添加元素
>>>bset.add("y")
>>>bset
   {1, 2, 3, 5, 'y'}
>>>bset.pop()
   1
>>>bset
   {2, 3, 5, 'y'}
   #判断集合中是否存在重复元素
>>>bset.isdisjoint(aset)
   False
>>>len(aset)
   6
>>>cset.clear()
>>>cset
   set()
```

从运行结果可以看出，重复元素在 bset 中被自动过滤。另外，通过 add(x)方法可以添加元素到集合中，可以重复添加，但重复的元素不会被加入。

除了表 4-4 中的方法外，还可使用 in 运算符判断集合中是否存在指定元素，从而实现集合的遍历。

【示例 4-17】集合的遍历示例。

```
>>>aset=set("python")
>>>for x in aset:
      print(x,end=" ")
  p t o n y h
```

集合类型主要用于 3 个场景：成员关系测试、元素去重和删除数据项。因此，如果需要对一维数据进行去重或数据重复处理，一般可以通过集合来完成。

4.5.2　集合运算

Python 中的集合与数学中的集合的概念是一致的，因此两个集合可以进行数学意义上的交集、并集、差集等运算。集合运算的操作符或方法如表 4-5 所示。

表 4-5　集合运算的操作符或方法

操作符或方法	功能描述
S&T 或 S.intersection(T)	交集：返回一个新集合，包括同时存在于集合 S 和 T 中的元素
S|T 或 S.union(T)	并集：返回一个新集合，包括集合 S 和 T 中的所有元素
S-T 或 S.difference(T)	差集：返回一个新集合，包括在集合 S 中但不在集合 T 中的元素
S^T 或 S.symmetric_difference_update(T)	补集：返回一个新集合，包括集合 S 和 T 中的元素，但不包括同时在 S、T 中的元素
S<=T 或 S.issubset(T)	子集测试：如果 S 与 T 相同或 S 是 T 的子集，则返回 True，否则返回 False。可以用 S<T 判断 S 是否为 T 的真子集
S>=T 或 S.issuperset(T)	超集测试：如果 S 与 T 相同或 S 是 T 的超集，则返回 True，否则返回 False。可以用 S>T 判断 S 是否为 T 的真超集

【示例 4-18】集合运算示例。

```
>>>aset=set([10,20,30])
>>>bset=set([20,30,40])
>>>set1=aset&bset                #交集运算
>>>set2=aset|bset                #并集运算
>>>set3=aset-bset                #差集运算
>>>set4=aset^bset                #补集运算
>>>set1
    {20,30}
>>>set2
    {40,10,20,30}
>>>set3
    {10}
>>>set4
```

```
 {40,10}
>>>set1<aset                    #子集测试
 True
>>>aset>set2                    #超集测试
 False
```

4.6 组合类型的综合应用

1. 英文句子中的词频统计

在英文文章词频统计中，需要考虑下面几个问题。

1）英文单词的分隔符可能是空格、标点符号或特殊符号，可使用字符串的 replace()方法将标点符号替换为空格，以提高获取单词的准确性。

2）用 split()函数拆分字符串，生成单词的列表。

3）建立空字典 map1，逐个读取列表中的单词，重复下列操作。

① 如果 map1 字典的 key 值中没有该单词，则 word=0，向字典中添加元素，关键字是该单词，值是 1；如果字典的 key 值中有该单词，则 word 加 1。

② 当列表中的单词全部读取结束后，每个单词出现的次数被放在字典 map1 中，map1 的 key 是单词，map1 的 value 是单词出现的次数。

4）为了得到比较好的运行结果，应将字典转换为列表并排序、输出。

【示例 4-19】统计英文句子中每个单词出现的次数。

```
#program0419.py
sentence='Beautiful is better than ugly.Explicit is better than\
implicit.Simple is better than complex.Complex is better than\
complicated.'
#将文本中的标点用空格替换
for ch in ",.?!":
    sentence=sentence.replace(ch," ")
#利用字典统计词频
words=sentence.split()
map1={}
for word in words:
    if word in map1:
        map1[word]+=1
    else:
        map1[word]=1
#对统计结果排序
items=list(map1.items())
items.sort(key=lambda x:x[1],reverse=True)
```

```
#输出控制
for item in items:
    word,count=item
    print("{:<12}{:>5}".format(word,count))
```

程序运行结果如图 4-2 所示。

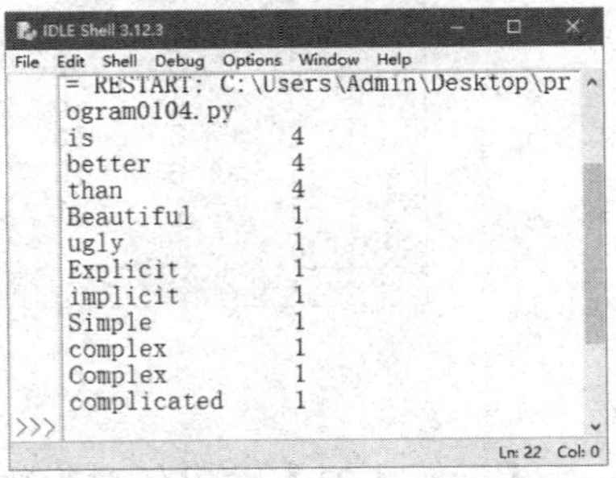

图 4-2　示例 4-19 运行结果

2. “社会主义核心价值观”闯关竞赛小程序

“社会主义核心价值观”的内容为“富强，民主，文明，和谐，自由，平等，公正，法治，爱国，敬业，诚信，友善”共 12 词，编写闯关小程序，要求如下。

1）每次输入一个社会主义核心价值观。

2）如果正确，则保存数据（删除重复数据），提示“回答正确，还差×个”。

3）如果错误，则提示“回答错误”。

4）全部答对后，才能退出答题模式，并输出“恭喜你，成功闯关!!!”。

【示例 4-20】“社会主义核心价值观”闯关竞赛小程序示例。

```
#program0420.py
x=['富强','民主','文明','和谐','自由','平等','公正','法治','爱国','敬业
','诚信','友善']
value=set()                        #定义空集合
while True:
    y=input("请输入社会主义核心价值观：")
    if y in x:                     #判断输入是否正确
        value.add(y)               #输入的数据添加到集合里
        if len(value)==12:
            break
        print(f"回答正确,还差{12-len(value)}个")
    else:
        print("回答错误")
print("恭喜你，成功闯关!!! ")
```

3. 输出杨辉三角形

杨辉三角形是中国古代数学的杰出研究成果之一，其把二项式系数图形化，把组合数内在的一些代数性质直观地从图形中体现出来，是一种离散型的数与形的结合，如图 4-3 所示。

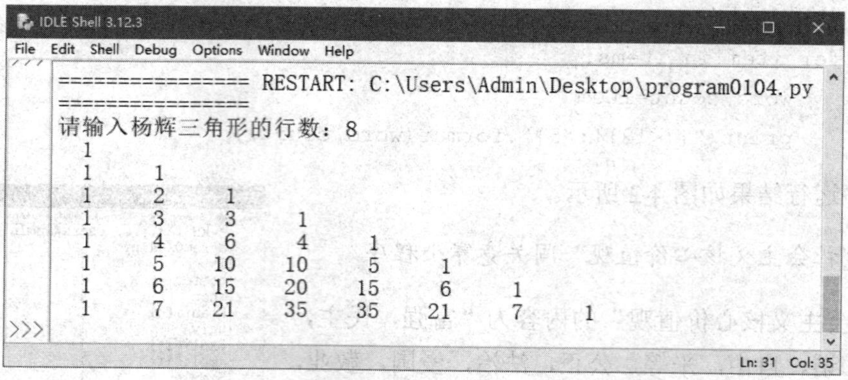

图 4-3　杨辉三角形

【示例 4-21】输出任意行数的杨辉三角形示例。

```
#program0421.py
n=eval(input("请输入杨辉三角形的行数："))
yh_lst=[]                            #定义空列表
#生成n行的二维空列表
for i in range(n):
    yh_lst.append([])
#生成n行n列的值为0的二维列表
for i in range(n):
    for j in range(n):
        yh_lst[i].append(0)
#将n行n列值为0的二维列表第0列值设为1，对角线上的值设为1
for i in range(n):
        yh_lst[i][0]=1
        yh_lst[i][i]=1
#除了第0列与对角线列外，其余位置元素赋值
for i in range(2,n):
    for j in range(1,i):
        yh_lst[i][j]=yh_lst[i-1][j]+yh_lst[i-1][j-1]
#输出杨辉三角的形状
for i in range(n):
    for j in range(i+1):
        print("{:3}".format(yh_lst[i][j]),end="   ")
    print()
```

该程序中使用二维列表存放杨辉三角形中的每行每列数据。

本章小结

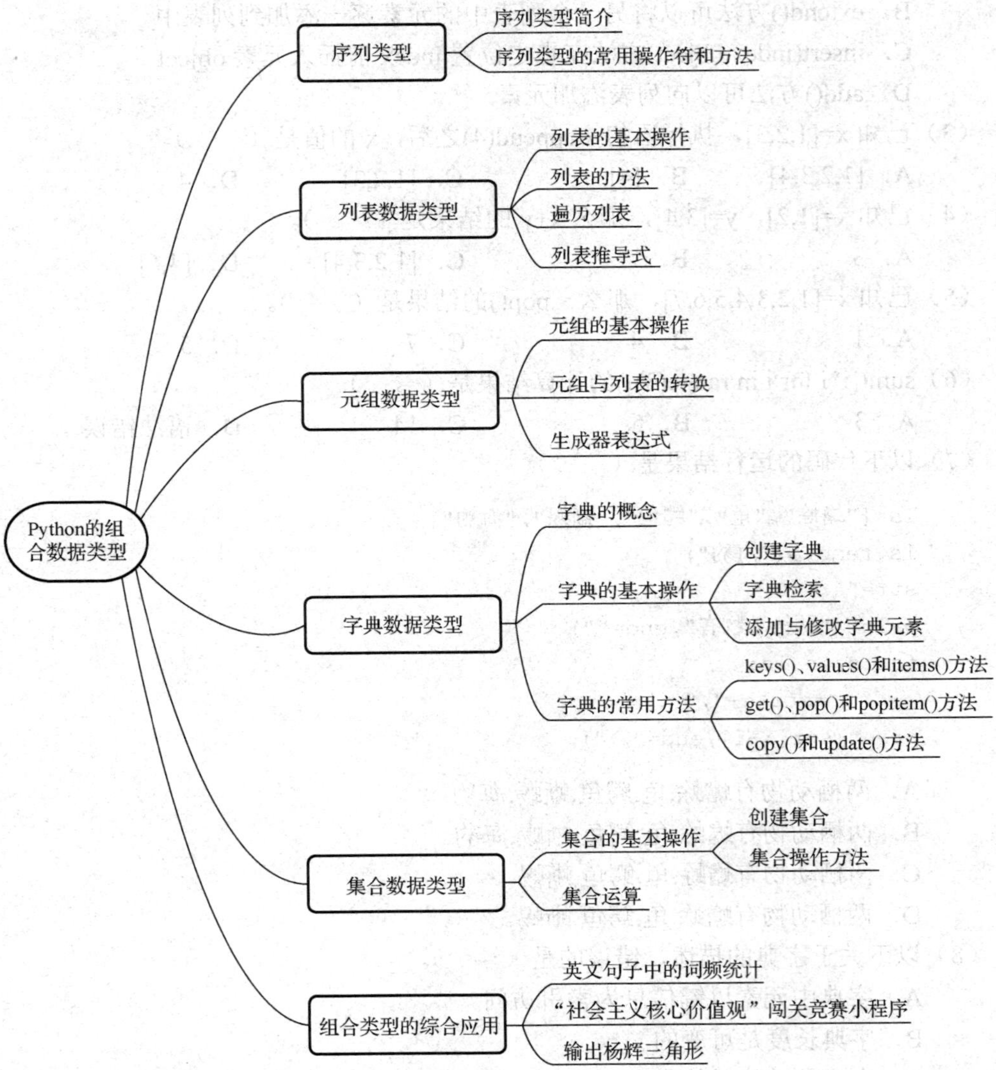

课后习题

1. 选择题

（1）以下关于组合数据类型的描述，正确的是（　　）。

　A. 集合类型中的元素是有序的

　B. 序列类型和集合类型中的元素都是可以重复的

　C. 利用组合数据类型可以将多个数据用一个类型来表示和处理

D．一个字典类型变量中的关键字应是同一类型的数据

（2）以下关于列表操作的描述，错误的是（　　）。

A．append()方法可以向列表添加元素

B．extend()方法可以将另一个列表中的元素逐一添加到列表中

C．insert(index,object)方法在指定位置 index 前插入元素 object

D．add()方法可以向列表添加元素

（3）已知 x=[1,2,3]，执行语句 x.append(4)之后，x 的值是（　　）。

A．[1,2,3,4]　　B．[4]　　C．[1,2,3]　　D．4

（4）已知 x=[1,2]，y=[3,4]，那么 x+y 的结果是（　　）。

A．3　　B．7　　C．[1,2,3,4]　　D．[4,6]

（5）已知 x=[1,2,3,4,5,6,7]，那么 x.pop()的结果是（　　）。

A．1　　B．4　　C．7　　D．5

（6）sum([i*i for i in range(3)])的计算结果是（　　）。

A．3　　B．5　　C．14　　D．语法错误

（7）以下代码的运行结果是（　　）。

```
ls=["蟾蜍","龟","鳄鱼","蜥蜴","海豹"]
ls.remove("海豹")
str=""
print("两栖动物有",end="")
for s in ls:
    str=str+s+","
print(str[:-1],end="。")
```

A．两栖动物有蟾蜍,龟,鳄鱼,蜥蜴,海豹

B．两栖动物有蟾蜍,龟,鳄鱼,蜥蜴,海豹。

C．两栖动物有蟾蜍,龟,鳄鱼,蜥蜴

D．两栖动物有蟾蜍,龟,鳄鱼,蜥蜴。

（8）以下关于字典的描述，错误的是（　　）。

A．字典中元素以键信息为索引访问

B．字典长度是可变的

C．字典是键值对的集合

D．字典中的键可以对应多个值信息

（9）遍历单词列表时，列表中每个单词保存在变量 word 中，使用字典类型 counts={}统计列表中每个单词出现的次数时可采用的代码是（　　）。

A．counts[word]=count[word] +1

B．counts[word]=1

C．counts[word]=count.get(word,1) +1

D．counts[word]=count.get(word,0) + 1

（10）以下代码的运行结果是（　　）。

```
ls=["北京","上海","广州","重庆","武汉"]
x="上海"
print(ls.index(x,0))
```

A. 0　　B. 1　　C. −3　　D. −4

（11）以下代码的运行结果是（　　）。

```
ls1=['abc',['123','456']]
ls2=['1','2','3']
print(ls1>ls2)
```

A. True

B. TypeError: '>' not supported between instances of 'list' and 'str'

C. 1

D. False

（12）以下代码的运行结果是（　　）。

```
for i in reversed(range(10,0,-2)):
    print(i,end=" ")
```

A. 0 2 4 6 8 10　　B. 2 4 6 8 10

C. 1 2 3 4 5 6 7 8 9 10　　D. 9 8 7 6 5 4 3 2 1 0

（13）以下代码的运行结果是（　　）。

```
ls1=[1,2,3,4]
ls2=ls1.reverse()
print(ls2)
```

A. [4, 3, 2, 1]　　B. [3, 2, 1]　　C. [1,2,3,]　　D. None

（14）以下代码的运行结果是（　　）。

```
d={"Chen":"China","Smith":"America","Natan":"Japan"}
for m in d:
    print(m,end="")
```

A. ChinaAmericaJapan

B. Chen:China Smith:America Natan:Japan

C. "Chen""Smith""Natan"

D. ChenSmithNatan

（15）关于 Python 序列类型的通用操作符和函数，以下选项描述错误的是（　　）。

A. 如果 x 不是 s 的元素，则 x not in s 返回 True

B. 如果 s 是一个序列，则 s=[1,"python",True]，s[3]返回 True

C. 如果 s 是一个序列，则 s=[1,"python",True]，s[−1]返回 True

D. 如果 x 是 s 的元素，则 x in s 返回 True

（16）以下代码的运行结果是（　　）。

```
d={"大海":"蓝色", "天空":"灰色", "大地":"黑色"}
print(d["大地"], d.get("大地", "黄色"))
```

A．黑色 黄色　　B．黑色 黑色
C．黑色 灰色　　D．黑色 蓝色

（17）以下选项中不能生成空字典的是（　　）。

A．{}　　B．dict([])　　C．{[]}　　D．dict()

（18）以下代码的运行结果是（　　）。

```
a=[5,1,3,4]
print(sorted(a,reverse=True))
```

A．[1, 3, 4, 5]　　B．[5, 1, 3, 4]　　C．[5, 4, 3, 1]　　D．[4, 3, 1, 5]

（19）关于 Python 的元组类型，以下选项描述错误的是（　　）。

A．元组中的元素必须是相同类型
B．元组一旦创建就不能被修改
C．Python 中元组采用逗号和圆括号表示
D．一个元组可以作为另一个元组的元素，可以采用多级索引获取信息

（20）关于 Python 的组合数据类型，以下选项描述错误的是（　　）。

A．组合数据类型可以分为 3 类：序列类型、集合类型和映射类型
B．序列类型是二维元素向量，元素之间存在先后关系，通过索引访问
C．Python 的 str、tuple 和 list 类型都属于序列类型
D．Python 组合数据类型能够将多个同类型或不同类型的数据组织起来，单一的表示使数据操作更有序、更容易

（21）下列选项中，不属于字典操作方法的是（　　）。

A．dicts.keys()　　B．dicts.pop()
C．dicts.values()　　D．dicts.items()

（22）执行下列操作后，lst2 的值是（　　）。

```
lst1=[3,4,5,6]
lst2=lst1
lst1[2]=100
print(lst2)
```

A．[3,4,5,6]　　B．[3,100,5,6]
C．[3,4,100,6]　　D．[3,4,100,5 ,6]

（23）下列选项中，正确定义了一个字典的是（　　）。

A．a=[a',1,b',2,'c,3]　　B．d=('a':1,'b':2,'c':3)
C．{a:1,b:2,c:3}　　D．d={'a':1,'b':2,'c':3}

（24）下列选项中，不能使用索引运算的是（　　）。

A．列表　　B．元组
C．集合　　D．字符串

（25）下列关于列表的说法中，错误的是（　　）。

A．列表是一个有序集合，可以添加或删除元素
B．列表可以存放任意类型的元素
C．使用列表时，其下标可以是负数
D．列表是不可变的数据结构

2．简答题

（1）简述序列类型的定义及通用操作方法。
（2）举例说明遍历字典的几种方法。
（3）列表和元组两种序列结构有什么区别？
（4）字典有什么特点？列出任意 5 种字典的操作方法。
（5）遍历列表和元组有哪几种方法？

上机实践

1．定义一个列表，存储一个班级所有学生某科考试的成绩等级。编写程序 demo0401.py，统计输出各级别的人数，并按各级别人数的倒序输出。

提示：

（1）成绩等级列表已知如下：

```
ls_score=["及格","优秀","良好","优秀","及格","不及格","良好","及格",\
          "良好","不及格","良好","良好","良好","及格","及格","优秀",\
          "优秀","良好","不及格","良好","及格","良好","及格","优秀"]
```

（2）利用字典存放各级别及其对应人数。

2．编写程序 demo0402.py，输入一组单词，以逗号分隔，判断是否有重复出现的单词。

提示：

（1）利用 split()函数生成单词列表。
（2）利用 set()函数将单词列表转换为集合。
（3）如果集合中单词的个数与列表中单词的个数相同，则没有重复的单词。

3．编写程序 demo0403.py，输入学生的学号和 3 门课程成绩，存储在字典中，按学号升序输出学号和总成绩。

提示：

（1）字典中学号为键，值为 3 门课程成绩，用列表存放。
（2）要连续输入多个学生的信息，根据提示确定是否输入结束。
（3）利用 sum()函数计算总成绩。

（4）利用 sorted(字典.keys())对字典进行按键排序。

4．一个小球从 100m 高度自由落下，每次落地后反弹回原高度的一半，然后落下。编写程序 demo0404.py，求小球在第 10 次落地时共经过多少米？第 10 次反弹多高？

提示：

（1）利用列表存放小球两次落地经过的米数。

（2）利用列表存放小球每次的高度。

5．编写程序 demo0405.py，计算一个 n×n 矩阵的对角线元素之和。

提示：

（1）输入 n×n 矩阵的数据，用二维列表 a 存放。

（2）输出 n×n 矩阵的内容。

（3）对角线的元素为 a[i][i]。

6．学校要选取一部分学生参与一项问卷调查，通过生成 n 个 1～1000 没有重复的随机整数的方式随机抽取学生，每个随机整数即学生学号。编写程序 demo0406.py，输入参与调查的学生人数，按从大到小的顺序输出生成的学生学号。

提示：

（1）使用随机函数库 random 中的 randint()函数生成随机数。

（2）将生成的随机数放到列表中，如果有重复的数字则删除。

7．张三、李四、王五、赵六 4 人参加一个棋类比赛，共比赛 20 场，每场比赛只有一个获胜者。列表 ls 如下，该列表记录了每场比赛获胜者的姓名。

```
ls=["张三","张三","李四","王五","张三","李四","赵六","李四","张三","王五","
    张三","王五","李四","李四","李四","赵六","张三","张三","李四","张三"]
```

编写程序 demo0407.py，输出所有参赛者的姓名和获胜场数，运行结果按获胜场数升序排序。

提示：

（1）利用字典存放每个人及获胜的场数。

（2）将字典中的键值对转换为列表进行排序和输出。

8．编写程序 demo0408.py，随机生成 10 个不同的整数，输出其中第几个数最大及最大值。

提示：

（1）利用集合生成 10 个不同的随机整数。

（2）假设第 1 个数是最大的，依次判断其余各数是否有更大的，有则记录下来。

第 5 章　函　　数

在计算机语言中，函数是实现某一特定功能的语句集合。函数可以重复使用，提高代码的可重用性；函数通常实现较为单一的功能，提高程序的独立性；同一个函数，通过接收不同的参数，可以实现不同的功能，提高程序的适应性。Python 包括很多内置函数，用户也可以定义和使用自己的函数。本章主要介绍函数的定义、调用、参数传递等内容，也包括一些内置函数的应用。

学习目标：

✧ 掌握函数的定义、调用和嵌套。

✧ 理解函数的参数和返回值。

✧ 学会 lambda 函数与递归函数的使用。

✧ 理解变量的作用域。

✧ 熟悉 Python 的内置函数。

5.1　函数的定义、调用和嵌套

5.1.1　函数的定义

Python 定义函数时使用 def 关键字，语法格式如下：

```
def funcname(paras):
   statements
   return [expression]
```

关于函数定义说明如下：

1）函数定义以 def 关键字开头，后接函数名称和圆括号。

2）paras 是函数的参数，放在函数名后面的圆括号内，参数之间用逗号分隔。

3）statements 是函数体，函数体的前部可以选择性地使用字符串，用于说明函数功能。

4）函数声明以冒号结束，函数体内需要缩进。

5）return 语句用于结束函数，将返回值传递给调用语句。不带表达式的 return 语句返回 None 值。

需要说明的是，如果函数的参数有多个，则默认情况下，函数调用时，传入的参数和函数定义时参数定义的顺序是一致的。

【示例 5-1】定义两个函数：第一个函数 hello()没有参数，也没有返回值；第二个函数 getArea()包含两个参数，函数体内还包括函数的说明信息。调用 getArea()函数时，根据参数，可以计算两个参数 x、y 之积，也可以将字符串 x 重复 y 次后返回。另外，执行 help(函数名)命令，将输出函数的说明信息。

```
>>>def hello():
        print("Hello Python!")
>>>hello()
    Hello Python!
>>> def getArea(x,y):
        '''
        参数为两个数值数据,或者为一个字符串和一个整数
        '''
        return x*y
>>>getArea(3.0,2.0)
    6.0
>>>getArea("hello",2)
    'hellohello'
>>>help(getArea)
    Help on function getArea in module __main__:
    getArea(x,y)
        参数为两个数值数据,或者为一个字符串和一个整数
```

5.1.2 函数的调用

示例 5-1 已经调用（执行）了函数。需要注意的是，Python 中的所有语句都是解释执行的，def 也是一条可执行语句。调用函数时，要求函数的调用必须在函数定义之后。

【示例 5-2】函数的调用和类型测试。

```
>>>def getCircleArea(r):
       print("圆的面积是：{:>8.2f}".format(3.14*r*r))
       return
>>>getCircleArea(3)
   圆的面积是：   28.26
>>>getCircleArea                                  #函数名变量在内存中的地址
   <function getCircleArea at 0x0000022B2B29F880>
>>>type(getCircleArea)                            #返回 getCircleArea 的类型
   <class 'function'>
>>>print(getCircleArea(3))                        #return 语句无返回值时，返回 None
   圆的面积是：   28.26
   None
```

5.1.3 函数的嵌套

函数的嵌套可以从嵌套定义和嵌套调用两方面理解，但通常情况下，嵌套是指函数的嵌套定义。

1. 函数的嵌套定义

函数的嵌套定义是指在函数内部定义函数，但内嵌的函数只能在该函数内部使用。

【示例 5-3】使用嵌套定义的函数求阶乘和。

```
>>>def sum(n):
        def fact(a):                           #嵌套函数，求阶乘
            t=1
            for i in range(1,a+1):
                t*=i
            return t
        s=0
        for i in range(1,n+1):
            s+=fact(i)                         #调用嵌套函数 fact()
        return s
>>>n=5
>>>print("{}以内的阶乘之和为{}".format(n,sum(n)))
   5 以内的阶乘之和为 153
```

2. 函数的嵌套调用

函数的嵌套调用是指在一个函数内部调用其他函数的过程。嵌套调用是模块化程序设计的基础，将一个应用程序合理划分不同的函数，有利于实现程序的模块化。

下面是模拟模块化程序设计的示例，main()函数中嵌套调用了 userInput()函数、userProcessing()函数、userOutput()函数。实际应用中，函数的嵌套调用还会涉及参数如何传递的问题。

【示例 5-4】通过函数的嵌套调用，体现模块化程序设计思想。

```
#program0504.py
def main():
    print("输入数据")
    userInput()
    print("处理数据")
    userProcessing()
    print("输出数据")
    userOutput()
def userInput():
    pass
def userProcessing():
    pass
def userOutput():
    pass
main()
```

5.2 函数的参数和返回值

5.2.1 函数的参数

在定义函数时，参数表中的参数称为形式参数，简称形参；调用函数时，参数表中提供的参数称为实际参数，简称实参。Python 中的变量保存的是对象的引用，调用函数的过程就是将实参传递给形参的过程。函数调用时，实参可分为位置参数和赋值参数两种情况。

1. 位置参数

默认情况下，函数调用时，实参将按照位置顺序传递给形参。例如：

```
def getVolume(r,h):
    print("圆柱体的体积是：{:>8.2f}".format(3.14*r*r*h))
```

调用 getVolume()函数时，执行 getVolume(3,4)命令，将按照 r=3、h=4 的对应关系传递参数值。如果参数顺序发生改变，如 getVolume(4,3)，则整个函数的逻辑就会发生变化。如果函数不同参数的数据类型不同，改变实参的顺序，则调用时还可能发生语法错误。

2. 赋值参数

通常情况下，函数调用时，实参默认按照位置顺序传递给函数。如果参数很多，则按位置传递参数的方式可读性较差。例如，计算总成绩的 getScore()函数有 5 个参数，函数定义如下，其中的参数表示 5 科成绩，每科成绩在计算总分时的权重不同。

```
def getScore(pe,eng,math,phy,chem):
    pass
```

getScore()函数的一次实际调用过程描述如下：

```
scores=getScore(93,89,78,89,72)
```

如果仅看实际调用而不看函数定义，很难理解这些参数的实际含义。在规模稍大的程序中，函数定义可能在函数库中，也可能与调用函数相距很远，因此可读性较差。

为了解决上述问题，Python 提供了按照形参名称输入实参的方式，这种参数称为赋值参数。针对上面的问题，程序示例如下。

【示例 5-5】使用赋值参数计算总分。

```
>>>def getScore(pe,eng,math,phy,chem):
        return pe*0.5+eng*1+math*1.2+phy*1+chem*1
>>>getScore(93,89,78,89,72)                          #按位置传递
   390.1
>>>getScore(pe=93,math=78,chem=72,eng=89,phy=89)    #使用赋值参数
```

```
390.1
```

由于调用函数时指定了参数名称，因此参数之间的顺序可以任意调整，提高了代码的可读性。

3. 参数值的类型

参数值的类型是指函数调用时传递的实参类型，即是基本数据类型还是组合数据类型，不同的参数类型在函数调用后参数值的变化是不同的。

（1）基本数据类型

基本数据类型的变量在函数体外是全局变量，用作实参时，是将常量或变量的值传递给形参，是一种值传递的过程，实参和形参是两个独立不相关的变量，因此实参值一般不会改变。

如果想在函数中修改实参的值，需要使用关键字 global 声明全局变量。关于全局变量的内容，请读者参考 5.4 节。

【示例 5-6】基本数据类型作为实参的参数传递。

```
>>>a=10                                  #全局变量
>>>def func(num):
        num+=1
        print("形参的地址 {}".format(id(num)))
        print("形参的值 {}".format(num))
        a=1                              #局部变量，只在函数内部有效
>>>func(a)
   形参的地址 140728199158520
   形参的值 11
>>>a,id(a)                               #函数调用后，变量 a 的值不发生变化
   (10, 140728199158488)
```

（2）组合数据类型

列表、元组、字典等组合数据类型的变量在函数体外时，是全局变量。这些变量用作函数参数时，形参和实参之间传递的是组合数据类型变量的地址（引用），如果在函数内部修改了参数的值，参数的地址是不发生改变的，因此这种修改将影响到函数外部的全局变量。

【示例 5-7】组合数据类型作为实参的参数传递。

```
#计算序列中的奇数，保存到参数 ls1 中
>>>tup=(1,5,7,8,12,9)
>>>ls=[]
>>>def getodd(tup1,ls1):     #参数为组合数据类型
        for i in tup1:
            if i%2:
                ls1.append(i)
```

```
        return ls1
>>>getodd(tup,ls)              #函数调用前后，ls 的值发生变化，但 id 不变
    [1,5,7,9]
>>>print(ls)
    [1,5,7,9]
```

5.2.2 默认参数

定义函数时，可以给函数的形参设置默认值，这种参数称为默认参数。当调用函数时，由于默认参数在定义时已经被赋值，因此可以直接忽略，而其他参数则必须要传入值。

如果默认参数没有传入值，则直接使用默认的值；如果默认参数传入了值，则使用传入的新值替代。

【示例 5-8】默认参数的应用。

```
#program0508.py
def showMessage(name,age=18):
    "输出任何传入的字符串"
    print("姓名: ",name)
    print("年龄: ",age)
    return
#调用 showMessage()函数
showMessage(age=19,name="Kate")
print("------------------------")
showMessage(name="John")
```

程序运行结果如下：

```
姓名:  Kate
年龄:  19
------------------------
姓名:  John
年龄:  18
```

在示例 5-8 中，第 2～6 行代码定义了带有两个参数的 showMessage()函数。其中，name 参数没有设置默认值，age 作为默认参数已经设置了默认值。在调用 showMessage()函数时，如果只传入 name 的参数值，程序会使用 age 参数的默认值；如果同时传入了 name 和 age 两个参数的值，程序会使用传递给 age 参数的新值。

需要注意的是，带有默认值的参数一定要位于参数列表的最后，否则程序运行时会报告异常。

5.2.3 可变参数

在 Python 的函数中可以定义可变参数。可变参数是指在函数定义时，该函数可以

接收任意个数的参数，参数的个数可能是 1 个、2 个或多个，也可能是 0 个。可变参数有两种形式：参数名称前加一个星号（*）或者加两个星号（**）。定义可变参数的函数语法格式如下：

```
def funname(formal_args,*args,**kwargs):
    statements
    return expression
```

其中，formal_args 为定义的传统参数，代表一组参数；*args 和**kwargs 为可变参数。funname()函数传入的参数个数会优先匹配 formal_args 参数的个数，*args 以元组的形式保存多余的参数，**kwargs 以字典的形式保存带有指定名称形式的参数。

调用 funname()函数时，如果传入的参数个数与 formal_args 参数的个数相同，可变参数会返回空的元组或字典。如果传入参数的个数比 formal_args 参数的个数多，则可以分为如下两种情况。

1）如果传入的参数没有指定名称，那么*args 会以元组的形式存放这些多余的参数。

2）如果传入的参数指定了名称，如 score=90，那么**kwargs 会以字典的形式存放这些被命名的参数。

为了更好地理解可变参数，下面通过示例 5-9 和示例 5-10 加以说明。

【示例 5-9】可变参数的应用。

```
#program0509.py
def showMessage(name,*p_info):
    print("姓名: ",name)
    for e in p_info:
        print(e,end=",")
    return
#调用 showMessage()函数
showMessage("Kate")
print("------------------------")
showMessage("Kate","male",18,"Dalian")
```

程序运行结果如下：

```
姓名:  Kate
------------------------
姓名:  Kate
male,18,Dalian,
```

本示例中定义了 showMessage()函数，其中*p_info 为可变参数。调用 showMessage()函数时，如果只传入一个参数，那么该参数会从左向右匹配 name 参数。此时*p_info 参数没有接收到数据，所以为一个空元组；调用 showMessage()函数时，如果传入多个参数（参数个数多于传统参数的个数，本示例中是大于 1），从运行结果可以看出，多余的参数组成了一个元组，并在程序中遍历了该元组，输出了更多信息。

下面继续完善示例 5-9，使用另一个可变参数——关键字参数。

【示例 5-10】关键字参数的应用。

```
#program0510.py
def showMessage(name,*p_info,**scores):
    print("姓名: ",name)
    for e in p_info:
        print(e,end=" ")
    for item in scores.items():
        print(item,end=" ")
    print()
    return
#调用 showMessage()函数
showMessage("Kate","male",18,"Dalian");
print("------------------------------")
showMessage("Kate","male",18,"Dalian",math=86,pe=92,eng=88);
```

程序运行结果如下：

```
姓名: Kate
male 18 Dalian
------------------------------
姓名: Kate
male 18 Dalian ('math',86) ('pe',92) ('eng',88)
```

本示例中，**scores 这种在调用时指定参数名称的参数就是关键字参数，关键字参数极大地扩展了函数的功能。例如，在 showMessage()函数中，调用者必须要接收到 name 参数。如果调用者希望提供更多的参数，如本示例中是个人信息，则通过*p_info 参数以元组的形式接收；如果调用者希望提供指定科目的成绩，则需要用到参数**scores 将成绩信息保存在字典中。程序执行时，遍历元组和字典，并可以根据需要操作数据。

5.2.4 函数的返回值

可以为函数指定返回值，返回值可以是任何数据类型。return [expression]语句用于退出函数，将表达式值作为返回值传递给调用方。

【示例 5-11】return 关键字的应用。

```
>>>def compare(arg1,arg2):
        '''比较两个参数的大小'''
        result=arg1>arg2
        return result        #函数体内的 result 值
>>>btest=compare(10,9.99)
>>>print("函数的返回值:",btest)
   函数的返回值: True
```

【示例 5-12】统计字符串中包含'e'的单词。

```
#program0512.py
def findWords(sentence):
    '''统计参数中含有字符'e'的单词，保存到列表中，并返回'''
    results=[]
    words=sentence.split()
    for word in words:
        if word.find("e")!=-1:
            results.append(word)
    return results
ss="Return the lowest index in S where substring sub is found,"
print(findWords(ss))
```

程序运行结果如下：

```
['Return','the','lowest','index','where']
```

findWords()函数的参数是字符串，在函数体中定义了一个空列表 results，并对参数字符串进行拆分，生成的单词列表放在变量 words 中。遍历该列表，将其中包含字符'e'的单词添加到列表 results 中，并将列表 results 作为函数的返回值。可以进一步修改程序，将单词中包含的字符也作为参数，该过程请读者自行完成。

5.3 lambda 函数和递归函数

lambda 函数是 Python 中的匿名函数，该函数实质上是一个 lambda 表达式，是不需要使用 def 关键字定义的函数。

5.3.1 lambda 函数

lambda 函数的语法格式如下：

```
lambda parameters:expression
```

其中，parameters 是可选的参数表，通常是以逗号分隔的变量或表达式，即位置参数；expression 是函数表达式，该表达式不能包含分支或循环语句。expression 表达式的值作为 lambda 函数的返回值。

lambda 函数是 Python 中一种简洁的定义简单匿名函数的方法。它与普通函数的主要区别在于：lambda 函数没有名称，因此不能独立调用，只能作为参数传递给其他函数或储存在变量中。lambda 函数通常用于需要小型函数对象的地方，尤其是作为高阶函数（如 map(), filter(), reduce()）的参数。lambda 函数的语法非常紧凑，只允许包含一个表达式。

【示例 5-13】应用 lambda 函数求圆柱体体积。

```
>>>import math
>>>area=lambda r:math.pi*r*r
```

```
>>>volume=lambda r,h:math.pi*r*r*h
>>>print("{:6.2f}".format(area(2)))
    12.57
>>>print(volume(2,5))
    62.83185307179586
```

【示例 5-14】应用 lambda 函数将列表中的元素按照绝对值大小进行升序排列。

```
>>>lst1=[3,5,-4,-1,0,-2,-6]
>>>lst2=sorted(lst1,key=lambda x:abs(x))
>>>type(lst2)
    <class 'list'>
>>>lst2
    [0,-1,-2,3,-4,5,-6]
```

当然，也可以写成如下代码：

```
lst1=[3,5,-4,-1,0,-2,-6]
def get_abs(x):
    return abs(x)
lst2=sorted(lst1,key=get_abs)
```

程序运行结果如下：

```
>>>lst2
    [0,-1,-2,3,-4,5,-6]
```

5.3.2 递归函数

如果一个函数调用其他函数，就形成了函数的嵌套调用；如果一个函数调用自身，便形成了函数的递归调用。

1. 递归的定义

递归是函数在其定义或声明中直接或间接调用自身的一种方法。递归的基本思想如下：在求解一个问题时，将该问题递推简化为一个规模较小的同一问题，并设法求得该规模较小的问题的解，在此基础上递进求解原来的问题。如果经递推简化的问题仍难以求解，可以再进行递推简化，直至将问题递推简化到一个容易求解的基本问题为止。

斐波那契数列是以数学家 Leonardo Fibonacci（莱昂纳多·斐波那契）的名字命名的，是为兔子繁殖数量的增长模型构造的数列。该数列递归定义如下：

$$\mathrm{fib}(i)=\begin{cases}0, & i=0\\ 1, & i=1\\ \mathrm{fib}(i-2)+\mathrm{fib}(i-1), & i\geqslant 2\end{cases}$$

斐波那契数列的前 8 项如下：0，1，1，2，3，5，8，13。

递归的思想反映到程序设计中，就表现为“自己调用自己”的方法，含有递归方法的程序即递归程序。递归的特点如下：

1）一个递归的方法为直接或间接地调用自身的方法。

2）任何一个递归方法都必须有一个递归出口。

在斐波那契数列中，最基本的情况是 fib(0)=0 和 fib(1)=1；当 i≥2 时，通过递归调用可以把问题分解为 fib(i)=fib(i−2)+fib(i−1)。

【示例 5-15】求斐波那契数列第 i 个元素的递归函数。

```
#program0515.py
def fib(i):
    if i==0:
        return 0
    elif i==1:
        return 1
    else:
        return fib(i-1)+fib(i-2)
print(fib(8))
```

2. 递归的调用过程

阶乘是递归的经典例子，其定义如下：

$$n! = n \times (n-1) \times (n-2) \times \cdots \times 1$$

按照上面的定义，用迭代方法给出 n!的程序实现。

【示例 5-16】阶乘的迭代实现。

```
#program0516.py
def factorial(i):
    '''求指定参数的阶乘'''
    t=1
    for i in range(1,i+1):
        t*=i
    return t
print(factorial(6))                          #720
```

如果用递归方式给出阶乘的定义，则格式如下：

$$\text{factorial}(i) = \begin{cases} 1, & i = 0 \\ i(i-1)!, & i \geqslant 1 \end{cases}$$

【示例 5-17】阶乘的递归实现。

```
#program0517.py
def factorial(i):
    if i==0:
        return 1
    else:
        return i*factorial(i-1)
print(factorial(6))
```

5.4 变量的作用域

在函数的参数传递过程中，形参和实参都是变量。变量的作用域即变量起作用的范围，是 Python 程序设计中一个非常重要的内容。变量可以分为局部变量和全局变量，其作用域与变量是基本数据类型还是组合数据类型相关。本节重点讨论基本数据类型变量的作用域，组合数据类型变量的作用域已经在 5.2.1 节“3.参数值的类型”中介绍了。

5.4.1 局部变量

局部变量是指定义在函数内的变量，其作用范围是从函数定义开始，到函数执行结束。局部变量定义在函数内，只在函数内使用，其与函数外具有相同名称的变量没有任何关系。不同的函数可以定义相同名字的局部变量，并且各个函数内的变量不会相互影响。另外，函数的参数也是局部变量，其作用域是在函数执行期内。

【示例 5-18】局部变量的作用域。

本示例中定义了函数 func1()和 func2()，两个函数都分别定义了变量 x1、y1、z，这些变量都是局部变量，仅在各自的函数中起作用，互不影响。

```
>>>def func1(x,y):
        x1=x
        y1=y
        z=100
        print("in func1(),x1=",x1)
        print("in func1(),y1=",y1)
        print("in func1(),z=",z)
        func2()
        return
>>>def func2():
        x1=10
        y1=20
        z=0
        print("in func2(),x1=",x1)
        print("in func2(),y1=",y1)
        print("in func2(),z=",z)
>>>func1('a','b')
   in func1(),x1=a
   in func1(),y1=b
   in func1(),z=100
   in func2(),x1=10
   in func2(),y1=20
   in func2(),z=0
```

从该示例中可以看出，func1()函数调用了 func2()函数，但这并不影响变量之间的关系。

5.4.2 全局变量

局部变量只能在声明它的函数内部访问，而全局变量可以在整个程序范围内访问。全局变量是定义在函数外的变量，其拥有全局作用域。全局变量可作用于程序中的多个函数，但通常意义上，其在各函数内部只是可访问的，是只读的，其使用是受限的。

1. 在函数中读取全局变量

【示例 5-19】函数外定义的全局变量在函数内读取（不修改）。

```
#program0519.py
basis=100                       #全局变量
def func1(x,y):                 #计算总分
    sum=basis+x+y
    return sum

def func2(x,y):                 #按某规则计算平均分
    avg=(basis+x*0.9+y*0.8)/3
    return avg

score1=func1(75,62)
score2=func2(75,62)
print("{:6.2f},{:6.2f}".format(score1,score2))
print(basis)
print("------------------------")
```

程序运行结果如下：

```
237.00,72.37
100
------------------------
```

2. 在函数中定义与全局变量同名的变量

【示例 5-20】函数中如果定义了与全局变量同名的变量，则该变量实质上是局部变量。

```
#program0520.py
basis=100                       #全局变量
def func3(x,y):
    basis=90                    #与全局变量同名，但为局部变量，与全局变量无关
    sum=basis+x+y
    return sum

print("{:6.2f}".format(func3(75,62)))
print(basis)                    #全局变量值仍为 100
print("------------------------")
```

程序运行结果如下：

```
227.00
100
----------------------------------------------------------
```

3. 不允许在函数中先使用全局变量，再定义同名的局部变量

【示例 5-21】函数中如先使用全局变量，再定义同名局部变量，则程序异常。

```
#program0521.py
basis=100                    #全局变量
def func4(x,y):
    print(basis)
    basis=90
    sum=basis+x+y
    return sum

print(func4(78,62))
print(basis)
```

程序运行结果如下：

```
Traceback (most recent call last):
  File "C:\Users\Admin\Desktop\111.py", line 9, in <module>
    print(func4(78,62))
  File "C:\Users\Admin\Desktop\111.py", line 4, in func4
    print(basis)
UnboundLocalError: cannot access local variable 'basis' where it is
not associated with a value
```

func4()函数中，语句“print(basis)”报告异常，原因是函数中的 basis 变量是局部变量，在赋值前直接使用。

5.4.3 global 语句

全局变量不需要在函数内定义即可在函数内部读取。当在函数内部给变量赋值时，该变量将被 Python 视为局部变量，为了在函数内部能够读写全局变量，Python 提供了 global 语句，用于在函数内部声明全局变量。

【示例 5-22】global 语句的应用。

```
#program0522.py
basis=100                        #全局变量
def func4(x,y):
    global basis                 #声明 basis 是函数外的全局变量
    print(basis)                 #100
    basis=90
```

```
        sum=basis+x+y
        return sum

    print(func4(75,62))
    print(basis)                    #90
```

因为在函数内部使用了 global 语句进行声明，所以代码中使用到的 basis 都是全局变量。需要说明的是，虽然 Python 提供了 global 语句，使得在函数内部可以修改全局变量的值，但从软件工程的角度来看，这种方式降低了软件质量，使程序的调试、维护变得困难，因此不建议在函数中修改全局变量或函数参数中的可修改对象。

Python 中还增加了 nonlocal 关键字，也应用于声明全局变量，但其主要用于在一个嵌套的函数中修改嵌套作用域中的变量。该内容不再说明，请读者查阅相关文档。

5.5　Python 的内置函数

内置函数是可以自动加载、直接使用的函数。Python 提供了很多实现各种功能的内置函数，下面分类介绍常见内置函数的使用方法。

5.5.1　数学运算函数

Python 中常用的内置数学运算函数如表 5-1 所示。

表 5-1　常用的内置数学运算函数

函数名	功能描述	示例
abs()	返回参数的绝对值	abs(−2)、abs(3.77)
divmod()	返回两个数值的商和余数	divmod(10,3)
max()	返回可迭代对象的元素的最大值或者所有参数的最大值	max(−1,1,2,3,4)、max('abcef989')
min()	返回可迭代对象的元素的最小值或者所有参数的最小值	min(−1,12,3,4,5)
pow()	求两个参数的幂运算值	pow(2,3)、pow(2,3,5)
round()	返回浮点数的四舍五入值	round(1.456778)、round(1.45677,2)
sum()	对元素类型是数值的可迭代对象的每个元素求和	sum((1,2,3,4))、sum((1,2,3,4),−10)

需要特别注意的是，pow(2,3,5)的含义是 pow(2,3)%5，结果是 3。max()函数还有另外一种形式：max(−9.9,0,key=abs)，其中第 3 个参数是运算规则，结果是取绝对值后再求最大值。

5.5.2　字符串运算函数

字符串作为一种常用的数据类型，其提供了大小写转换、查找替换、拆分合并等函数，详见 2.6 节，本小节不再赘述。

5.5.3　转换函数

转换函数主要用于不同数据类型之间的转换。Python 中常用的内置转换函数如表 5-2

所示。

表 5-2 常用的内置转换函数

函数名	功能描述	示例
bool()	根据传入的参数返回一个布尔值	bool('str')、bool(0)
int()	根据传入的参数返回一个整数	int(3)、int(3.6)
float()	根据传入的参数返回一个浮点数	float(3)、float('3.4')
complex()	根据传入的参数返回一个复数	complex('1+2j')、complex(1,2)
str()	返回一个对象的字符串表现形式	str(123)、str('abc')
ord()	返回 Unicode 字符对应的整数	ord('a')
chr()	返回整数对应的 Unicode 字符	chr(97)
bin()	将整数转换成二进制字符串	bin(3)
oct()	将整数转换成八进制字符串	oct(10)
hex()	将整数转换成十六进制字符串	hex(15)

需要说明的是，int()函数不传入参数时，返回值为 0；float()函数不传入参数时，返回值为 0.0；complex()函数两个参数都不提供时，返回复数 0j。

5.5.4 序列操作函数

序列作为一种重要的数据结构，包括字符串、列表、元组等。表 5-3 中的序列操作函数主要针对列表和元组两种数据结构。

表 5-3 常用的序列操作函数

函数名	功能描述
all()	判断可迭代对象的每个元素是否都为 True
any()	判断可迭代对象的元素是否有为 True 的元素
range()	产生一个序列，默认从 0 开始
map()	使用指定方法操作传入的每个可迭代对象的元素，生成新的可迭代对象
filter()	使用指定方法过滤可迭代对象的元素
reduce()	使用指定方法累积可迭代对象的元素
zip()	聚合传入的每个迭代器中相同位置的元素，返回一个新的元组类型迭代器
reversed()	反转序列生成新的可迭代对象
sorted ()	对可迭代对象进行排序，返回一个新的列表

序列操作相对复杂，下面分类介绍各函数。

1. all()函数和 any()函数

all()函数一般针对组合数据类型，如果其中每个元素都是 True，则返回 True，否则返回 False。需要注意的是，整数 0、空字符串、空列表等都被当作 False。any()函数与 all()函数相反，只要组合数据类型中有任何一个是 True，就返回 True；全部元素都是 False 时，返回 False。

【示例 5-23】all()和 any()函数的应用。

```
>>>all([1,2])                   #列表中每个元素逻辑值均为 True，返回 True
   True
>>>all([0,1,2])                 #列表中元素 0 的逻辑值为 False，返回 False
   False
>>>all(())                      #空元组
   True
>>>all({})                      #空字典
   True
>>>any([0,1,2])                 #列表元素有一个为 True，返回 True
   True
>>>any([0,0])                   #列表元素全部为 False，返回 False
   False
>>>any([])                      #空列表
   False
```

2. range()函数

range()函数用于创建一个整数列表，多用于 for 循环中。其语法格式如下：

```
range(start,end[,step])
```

其中，start 表示计数开始，默认值为 0；end 表示计数结束（不包括 end）；step 表示步长，默认为 1。

【示例 5-24】range()函数的应用。

```
>>>r1=range(10)                    #从 0 开始到 9
>>>print(list(r1))
   [0,1,2,3,4,5,6,7,8,9]
>>>r2=range(1,11)                  #从 1 开始到 10
>>>print(list(r2))
   [1,2,3,4,5,6,7,8,9,10]
>>>r3=range(0,10,3)                #步长为 3
>>>print(list(r3))
   [0,3,6,9]
>>>r4=range(0,-10,-1)              #步长为负数
>>>print(list(r4))
   [0,-1,-2,-3,-4,-5,-6,-7,-8,-9]
>>>type(r4)                        #range 类型
   <class 'range'>
```

3. map()函数

map()函数用于将指定序列中的所有元素作为参数，通过指定函数，将结果构成一个新的序列返回。其语法格式如下：

```
map(function,iter1[,iter2,···])
```

map()函数的参数可以有多个序列，序列个数由映射函数 function 的参数个数决定。

简单地说，就是根据指定映射函数，对多个参数序列进行运算，形成新的序列。map()函数的返回值是迭代器对象 map，通过 list()函数可以将其转换为列表对象以方便显示。

【示例 5-25】map()函数的应用之一。

```
>>>m1=map(lambda x,y:x*y,[3,4,5],[4,5,6])
>>>type(m1)
   <class 'map'>
>>>print(m1)
   <map object at 0x000001C2046BC670>
>>>print(list(m1))
   [12,20,30]
```

上述代码中，匿名函数 lambda x,y:x*y 作为 map()函数的第一个参数，因为 lambda 函数有两个参数，所以 map()函数后接两个列表作为 lambda 函数的参数。其运算结果类型为 map，最后将其转换为列表输出。

示例 5-26 给出的代码中，map()函数的第一个参数是一个求阶乘的函数，第二个参数是一个元组。

【示例 5-26】map()函数的应用之二。

```
>>>def fact(n):
        t=1
        for i in range(1,n+1):
            t=t*i
        return t
>>>m2=map(fact,(3,4,5,6))
>>>print(list(m2))
   [6,24,120,720]
```

4. filter()函数

filter()函数用于对指定序列执行过滤操作。其语法格式如下：

```
filter(function,iter)
```

其中，第一个参数 function 是用于过滤的函数名称，该函数只能接收一个参数，而且该函数的返回值为布尔值；第二个参数是列表、元组或字符串等序列类型。

filter()函数的作用是对序列参数中的每个元素分别调用 function()函数，返回运行结果为 True 的元素。

【示例 5-27】filter()函数的应用。

```
   #filter()函数的第一个参数是 lambda 函数，用于筛选奇数
>>>f1=filter(lambda x:x%2,[1,2,3,4,5])
>>>print(list(f1))
   [1,3,5]
   #filter()函数的第一个参数是 vowel()函数，用于筛选含有元音字符的单词
>>>def vowel(word):
```

```
            if word.find('a')>=0 or word.find('e')>=0 or word.find('i')>=0\
                or word.find('o')>=0 or word.find('u')>=0:
                    return word
>>>f2=filter(vowel,["python","php","java","c++","html"])
>>>print(list(f2))
   ['python','java']
```

5. reduce()函数

reduce()函数用于将指定序列中的所有元素作为参数，并按一定的规则调用指定函数。其语法格式如下：

```
reduce(function,iter)
```

其中，function 是映射函数，必须有两个参数。reduce()函数首先以序列的第 1 和 2 个元素为参数调用映射函数，然后将返回结果与序列的第 3 个元素作为参数调用映射函数，依此类推，直至应用到序列的最后一个元素，将计算结果作为 reduce()函数的返回结果。

需要说明的是，在 Python 3 以上版本中，reduce()函数不属于 Python 的内置函数，需要从 functools 模块导入后才能调用。

【示例 5-28】reduce()函数的应用。

```
>>>from functools import reduce
>>>r1=reduce(lambda x,y:x+y,(1,2,3,4,5))
>>>print(r1)
   15
   #reduced()函数的第 3 个参数设置初值 10000
>>>r2=reduce(lambda x,y:x+y,(1,2,3,4,5),10000)
>>>print(r2)
   10015
   #基于整数列表生成整数数值
>>>r3=reduce(lambda x,y:x*10+y,[1,2,3,4,5])
>>>print(r3)
   12345
```

6. zip()函数

zip()函数以序列作为参数，将序列中的元素打包成多个元组，并返回由这些元组组成的列表。其语法格式如下：

```
zip(iter1[,iter2,···])
```

【示例 5-29】zip()函数的应用。

```
   #由 1 个列表生成的元组
>>>z1=zip([1,3,5])
>>>print(list(z1))
```

```
    [(1,),(3,),(5,)]
    #由 2 个列表生成的元组，参数是列表
>>>z2=zip([1,3,5],[2,4,6])
>>>print(list(z2))
    [(1,2),(3,4),(5,6)]
    #由 3 个列表生成的元组，参数是元组
>>>z3=zip((1,3,5),(2,4,6),('a','b','c'))
>>>print(list(z3))
    [(1,2,'a'),(3,4,'b'),(5,6,'c')]
    #由不同长度序列生成的元组，返回的列表长度与最短列表相同
>>>z4=zip([1,3,5,7],[2,4,6],['a','b','c'])
>>>print(list(z4))
    [(1,2,'a'),(3,4,'b'),(5,6,'c')]
>>>type(z1)
    <class 'zip'>
```

7. reversed()函数和 sorted()函数

（1）reversed()函数

reversed()函数用于反转序列，生成新的可迭代对象。

【示例 5-30】reversed()函数的应用。

```
>>>r1=range(10)
>>>r2=reversed(r1)              #r2 是反转的可迭代对象
>>>type(r2)
    <class 'range_iterator'>
>>>list(r2)
    [9,8,7,6,5,4,3,2,1,0]
```

（2）sorted()函数

sorted()函数用于对可迭代对象进行排序，返回一个新的列表。sorted()函数接收 3 个参数，返回一个排序后的列表。第 1 个参数接收一个可迭代的对象；第 2 个参数 reverse 是一个布尔值，选择是否反转排序结果；第 3 个参数 key 接收一个回调函数，该回调函数只能有一个参数，将该函数的返回值作为排序依据。

【示例 5-31】sorted()函数的应用。

```
>>>str1=['a','b','d','c','B','A']
    #默认按字符 ASCII 排序
>>>sorted(str1)
    ['A','B','a','b','c','d']
    #转换成小写字母后再排序
>>>sorted(str1,key=str.lower)
    ['a','A','b','B','c','d']
>>>sorted(str1,reverse=True,key=str.lower)
    ['d','c','b','B','a','A']
```

5.5.5 Python 操作相关函数

Python 操作相关函数包括 help()、dir()、type()、id()、hash()等，用于查询对象或方法的信息。

1. help()函数

help()函数用于输出指定参数的帮助信息。其语法格式如下：

```
help(parameters)
```

如果参数是一个字符串，则会自动搜索以参数命名的模块、方法等；如果参数是一个对象，则会输出该对象的类型的帮助信息。

【示例 5-32】help()函数的应用。

```
#输出 reduce()方法的相关信息
>>>help(reduce)
  Help on built-in function reduce in module _functools:

  reduce(...)
      reduce(function, iterable[, initial]) -> value

      Apply a function of two arguments cumulatively to the items
      of a sequence or iterable, from left to right, so as to reduce
      the iterable to a single value.  For example, reduce(lambda x,
      y: x+y, [1, 2, 3, 4, 5]) calculates ((((1+2)+3)+4)+5).  If
      initial is present, it is placed before the items of the iterable
      in the calculation, and serves as a default when the iterable
      is empty.
  #输出列表对象相关信息
>>>help([])
  Help on list object:
  class list(object)
      list(iterable=(), /)
      ...
```

2. dir()函数

dir()函数返回对象或者当前作用域内的属性和方法列表。其语法格式如下：

```
dir(parameters)
```

【示例 5-33】dir()函数的应用。

```
>>>dir(zip)
    ['__class__', '__delattr__', '__dir__', '__doc__', '__eq__',
    '__format__', '__ge__', '__getattribute__', '__getstate__',
    '__gt__', '__hash__', '__init__', '__init_subclass__', '__iter__',
    '__le__', '__lt__', '__ne__', '__new__', '__next__', '__reduce__',
    '__reduce_ex__', '__repr__', '__setattr__', '__setstate__',
    '__sizeof__', '__str__', '__subclasshook__']
>>>import math
>>>dir(math)
    ['__doc__', '__loader__', '__name__', '__package__', '__spec__',
    'acos', 'acosh', 'asin', 'asinh', 'atan', 'atan2', 'atanh', 'cbrt',
    'ceil', 'comb', 'copysign', 'cos', 'cosh', 'degrees', 'dist', 'e',
    'erf', 'erfc', 'exp', 'exp2', 'expm1', 'fabs', 'factorial',
    'floor', 'fmod', 'frexp', 'fsum', 'gamma', 'gcd', 'hypot', 'inf',
    'isclose', 'isfinite', 'isinf', 'isnan', 'isqrt', 'lcm', 'ldexp',
    'lgamma', 'log', 'log10', 'log1p', 'log2', 'modf', 'nan',
    'nextafter', 'perm', 'pi', 'pow', 'prod', 'radians', 'remainder',
    'sin', 'sinh', 'sqrt', 'sumprod', 'tan', 'tanh', 'tau', 'trunc',
    'ulp']
```

3. type()函数和 id()函数

type()函数用于返回对象的类型，可调试程序或查看操作结果；id()函数用于返回对象的唯一标识符。

【示例 5-34】type()函数和 id()函数的应用。

```
>>>lst1=[1,2,3]
>>>lst2=lst1
>>>lst3=lst1.copy()
>>>id(lst1),id(lst2),id(lst3)
    (1932766014336, 1932766014336, 1932809369984)
>>>type([])
    <class 'list'>
```

4. hash()函数

hash()函数用于获取对象的哈希值。

本章小结

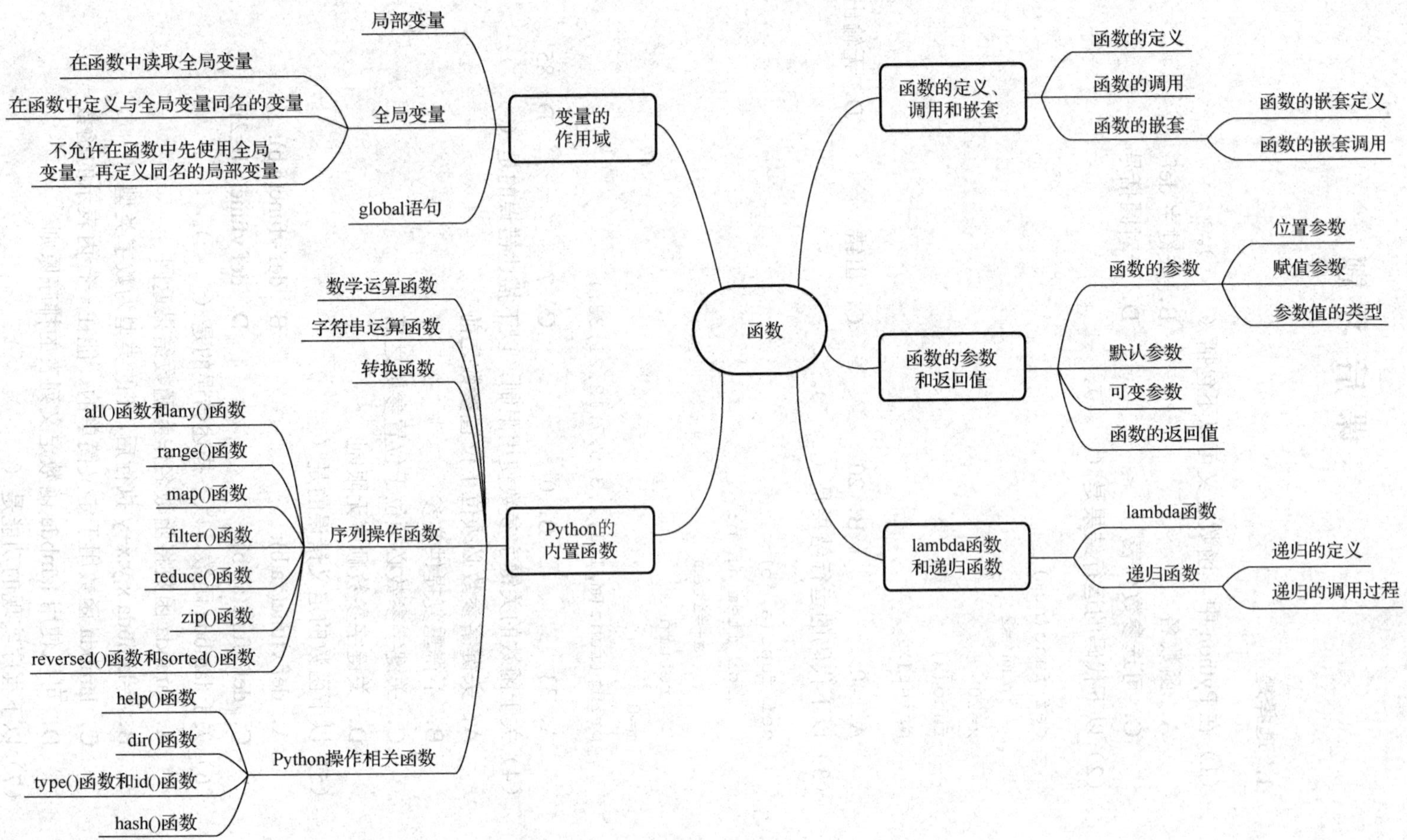
函数
变量的作用域
局部变量
全局变量
在函数中读取全局变量
在函数中定义与全局变量同名的变量
不允许在函数中先使用全局变量，再定义同名的局部变量
global语句
Python的内置函数
数学运算函数
字符串运算函数
转换函数
序列操作函数
all()函数和any()函数
range()函数
map()函数
filter()函数
reduce()函数
zip()函数
reversed()函数和sorted()函数
Python操作相关函数
help()函数
dir()函数
type()函数和id()函数
hash()函数
函数的定义、调用和嵌套
函数的定义
函数的调用
函数的嵌套
函数的嵌套定义
函数的嵌套调用
函数的参数和返回值
函数的参数
位置参数
赋值参数
参数值的类型
默认参数
可变参数
函数的返回值
lambda函数和递归函数
lambda函数
递归函数
递归的定义
递归的调用过程

课 后 习 题

1. 选择题

（1）在 Python 中，函数定义可以不包括（　　）。

A．函数名　　B．关键字 def

C．可选参数列表　　D．一对圆括号

（2）以下代码的运行结果是（　　）。

```
def func(num):
    num*=2
x=20
func(x)
print(x)
```

A．40　　B．20　　C．出错　　D．无输出

（3）以下代码的运行结果是（　　）。

```
def func(a,*b):
    for item in b:
        a+=item
    return a
m=0
print(func(m,1,1,2,3,5,7,12,21,33))
```

A．33　　B．0　　C．7　　D．85

（4）关于函数的关键字参数使用限制，以下描述错误的是（　　）。

A．关键字参数必须位于位置参数之前

B．不得重复提供实参

C．关键字参数必须位于位置参数之后

D．关键字参数顺序无限制

（5）以下函数的定义错误的是（　　）。

A．def vfunc(*a,b):　　B．def vfunc(a,b):

C．def vfunc(a,*b):　　D．def vfunc(a,b=2):

（6）关于 lambda 函数，以下描述错误的是（　　）。

A．lambda 函数将函数名作为函数结果返回

B．f=lambda x,y:x+y 执行后，f 的类型为数字类型

C．lambda 函数用于定义简单的、能在一行内表示的函数

D．可以使用 lambda 函数定义列表的排序原则

（7）以下程序实现的功能是（　　）。

```
def fact(n):
    if n==0:
        return 1
    else:
        return n*fact(n-1)
num=eval(input("请输入一个整数："))
print(fact(abs(int(num))))
```

A．接收用户输入的整数 n，输出 n 的阶乘值

B．接收用户输入的整数 n，判断 n 是否是素数并输出结论

C．接收用户输入的整数 n，判断 n 是否是水仙花数

D．接收用户输入的整数 n，判断 n 是否是完数并输出结论

（8）以下代码的运行结果是（　　）。

```
ab=4
def myab(ab, xy):
    ab=pow(ab,xy)
    print(ab,end=" ")
myab(ab,2)
print(ab)
```

A．4 4　　B．16 16　　C．16 4　　D．4 16

（9）以下代码的运行结果是（　　）。

```
print(round(0.1 + 0.2,1)==0.3)
```

A．True　　B．0　　C．1　　D．False

（10）以下代码的运行结果是（　　）。

```
d={}
for i in range(26):
    d[chr(i+ord("a"))]=chr((i+13)%26+ord("a"))
for c in "Python":
    print(d.get(c, c),end="")
```

A．Plguba　　B．Cabugl　　C．Python　　D．Pabugl

（11）函数表达式 all([1,True,True])的运行结果是（　　）。

A．无输出　　B．False　　C．出错　　D．True

（12）运行以下代码，从键盘输入 1+2 和 4j，则运行结果是（　　）。

```
x=eval(input())
y=eval(input())
print(abs(x+y))
```

A．5　　B．5.0　　C．<class 'complex'>　　D．<class 'float'>

（13）以下关于 Python 内置函数的描述中错误的是（　　）。

A．hash()函数返回一个可计算哈希类型数据的哈希值

B．type()函数返回一个数据对应的类型

C．sorted()函数对一个序列类型数据进行排序

D．id()函数返回一个数据的编号，与其在内存中的地址无关

（14）以下代码段中不会输出“A，B，C，”的是（　　）。

A.

```
for i in range(3):
    print(chr(65+i),end=",")
```

B.

```
for i in [0,1,2]:
    print(chr(65+i),end=",")
```

C.

```
i=0
while i<3:
    print(chr(i+65),end=",")
    i+=1
    continue
```

D.

```
i=0
while i<3:
    print(chr(i+65),end=",")
    break
    i+=1
```

（15）Python 中的函数不包括（　　）。

A．标准函数　　B．第三方库函数

C．参数函数　　D．内置函数

2．简答题

（1）简述函数的定义与调用。

（2）简述函数的参数和返回值。

（3）什么是 lambda 函数？

（4）变量的作用域是什么？简述局部变量和全局变量的使用规则。

（5）简述递归函数的要素。

（6）Python 的内置函数是什么？

上 机 实 践

1．编写程序 demo0501.py，通过函数计算某班级学生考试的平均分。该班级共 10 人，计算平均分时可以根据班级人数或者实际参加考试人数计算。

提示：

（1）定义函数求平均值。

（2）函数参数利用默认参数（默认值为 10）或根据实际人数进行计算。

2．编写程序 demo0502.py，编写函数，利用可变参数计算一组数的最大值。

提示：

（1）定义函数求最大值。

（2）函数参数利用可变参数（带*参数），根据数的实际个数进行计算。

3．编写程序 demo0503.py，定义一个保证输入为整数的函数。程序中经常会有要求用户输入整数的需求，但用户未必一定输入整数。为了保证输入数据的准确性，编写函数对输入数据进行如下处理：如果用户输入整数，则直接输出整数并退出；如果用户输入的不是整数，则要求用户重新输入，直至用户输入整数为止。

提示：

（1）定义函数判断输入的是否为整数。

（2）如果输入为整数则返回该整数，否则重新输入。

4．编写程序 demo0504.py，通过定义函数，模拟 Python 内置函数 sorted()的功能。函数接收一个包含若干数值的列表作为参数，返回升序排序后的结果。与内置函数 sorted(ls)功能相同，函数的返回值为排序后的列表，但作为实参的列表 ls 不发生变化。

提示：

（1）定义函数，将实参列表传递给函数。

（2）为了不改变实参列表，在函数中需要将实参列表复制给一个临时列表。

（3）排序方法：可以先从临时列表中提取最小值添加到新列表中，并将该值从临时列表中删除；然后提取临时列表中剩余数的最小值到新列表中并删除临时列表中的该数，依次将临时列表中的元素取完，并依次添加到新列表中；最终新列表中存放的就是排序后的结果。

5．编写程序 demo0505.py，从键盘输入两个数，调用 gcd()函数得到两个数的最大公约数，并输出函数调用结果。

提示：

（1）利用辗转相除法求最大公约数。

（2）函数返回最大公约数。

6．编写程序 demo0506.py，给定两个非负整数 m 和 n，通过函数计算组合数。

提示：

（1）分别用递归法和累乘法定义求阶乘的函数。

（2）组合数的计算公式为 n!/[m!*(n−m)!]。

7．编写程序 demo0507.py，判断输入的整数是否为质数。在程序中定义两个函数，其中 getIntInput()函数用于输入整数，返回正确的输入数据；isPrime()函数的参数为 getIntInput()函数中输入的整数，判断参数是否为质数，如果是质数，返回 True，否则返回 False。

提示：

（1）分别定义输入整数的函数和判断质数的函数。

（2）如果一个数只能被 1 和它本身整除，则该数为质数。

8．编写程序 demo0508.py，通过定义函数，解答题目：有 5 个人，其中第 5 个人比第 4 个人多 20 元，第 4 个人比第 3 个人多 20 元，第 3 个人比第 2 个人多 20 元，第 2 个人比第 1 个人多 20 元，已知第 1 个人有 100 元。请问第 5 个人有多少元？

提示：

（1）利用递归法定义函数。

（2）主程序调用函数求解。

第 6 章　模块与 Python 的库

Python 作为高级通用的编程语言，适用于开发各类应用程序。Python 程序可以使用内置的标准库、第三方库，也可以使用用户自己开发的函数库，从而更方便地实现代码复用。Python 的编程思想注重运用各种函数库完成应用系统开发。

可使用库、模块、包、类、函数等从不同角度来构建 Python 程序，为方便描述，本书将其统称为函数库或模块。模块可以将函数按功能划分到一起，方便使用或共享。本章内容包括模块与包的概念、Python 的标准库和第三方库等内容。

学习目标：

✧　理解模块与包的概念。

✧　掌握 Python 标准库的使用。

✧　熟悉 Python 的第三方库。

✧　掌握 jieba 库的应用。

6.1　模 块 与 包

6.1.1　模块

1. 模块的概念

模块是一个包含变量、语句、函数或类定义的程序文件，文件名就是模块名加上.py 扩展名，所以用户编写程序的过程也就是编写模块的过程。模块往往体现为多个函数或类的组合，更强调被应用程序调用。使用模块具有以下优点。

1）提高代码的可维护性。在应用系统开发过程中，合理划分程序模块，可以很好地实现程序功能的定义，有利于代码维护。

2）提高代码的可重用性。模块是按功能划分的程序，编写好的 Python 程序以模块的形式保存，方便其他程序使用。程序中使用的模块可以是用户自定义模块、Python 内置模块或来自第三方的模块。

3）有利于避免函数名和变量名冲突。相同名称的函数和变量可以分别存在于不同模块中，用户在编写模块时不需要考虑模块间的变量名冲突问题。

2. 模块的导入

应用程序要调用一个模块中的变量或函数，需要先导入该模块。导入模块使用 import 或 from 语句，语法格式可以是以下两者之一：

```
import modulename [as alias]
```

```
from modulename import fun1,fun2,…
```

其中，modulename 是模块名，alias 是模块的别名，fun1、fun2 是模块中的函数。在基本格式基础上，还可以使用文件名通配符或以别名的形式导入模块。

（1）import 语句

import 语句用于导入整个模块，可以使用 as 选项为导入的模块指定一个别名。模块导入后，在使用模块中的函数时，需要通过模块名或模块的别名来调用。

【示例 6-1】使用 import 语句导入模块。

```
>>>import math                        #math 是 Python 内置模块
>>>math.pi                            #math 模块中的常数 pi
   3.141592653589793
>>>math.fmod(10,3)                    #求余数
   1.0
>>>import math as m
>>>m.e
   2.718281828459045
>>>m.fabs(-10)
   10.0
```

在一些应用系统中，往往将系统的功能划分为多个模块来实现；有时也将常用或通用的功能集中在一个或多个模块文件中，在其他模块中导入使用。

（2）from 语句

from 语句用于导入模块中的指定对象。通过 from 语句导入的对象可以直接使用，不再需要通过模块名称来指明对象所属的模块。

【示例 6-2】使用 from 语句导入模块。

```
>>>from random import random          #random 是 Python 内置模块
>>>random()                           #返回 0～1 范围内的随机小数
   0.14879100339093143
>>>from random import *               #导入 random 模块中的所有对象
>>>randint(10,20)                     #返回两个整数之间的随机整数
   13
>>>uniform(5,10)
   5.325765304409184
>>>from random import uniform as u
>>>u(5,10)
   8.317542401252023
```

关于 random 模块的讲解，读者可以查看 6.2.2 小节相关内容。

3. 模块的执行

使用 import 语句和 from 语句执行导入操作时，导入的模块会被自动执行。模块中

的赋值语句被执行后会创建变量，def 语句被执行后会创建函数对象。总之，模块中的全部语句都会被执行，但只执行一次。如果再次使用 import 或 from 语句导入同一模块，模块代码则不会执行，而只是重新建立到已经创建对象的引用。

示例 6-3 和示例 6-4 展示了使用 import 和 from 语句导入模块时，模块中的变量变化情况，应注意这两种导入方式的区别。

【示例 6-3】使用 import 语句导入模块，观察模块中变量的变化情况。

```
#模块文件：module0603.py
x=1
def testm():
    print("This is a test,in function testm()")
print("module output test1")
print("module output test2")
```

模块文件 module0603.py 中首先定义变量 x、然后定义函数 testm()，函数中包含一条输出语句，最后有两条输出语句。下面是在交互模式下导入模块文件时代码的执行情况。

```
>>>import module0603                    #导入模块，module0603 中的语句被执行
   module output test1
   module output test2
>>>module0603.x
   1
>>>module0603.testm()
   This is a test,in function testm()
>>>module0603.x=100
>>>help(module0603)                     #查看模块信息
   Help on module module0603:
   NAME
       module0603 - #模块文件：module0603.py
   FUNCTIONS
       testm()
   DATA
       x = 100
   FILE
       d:\python\module0603.py
>>>dir(module0603)
   ['__builtins__', '__cached__', '__doc__', '__file__', '__loader__',
   '__name__', '__package__', '__spec__', 'testm', 'x']
```

可以看出，模块导入后被自动执行。在导入模块时，Python 会使用模块文件创建一个模块对象，即由 module0603 模块生成 module0603 对象，模块中各种对象的变量名称为对象的属性。help()函数用来查看模块中对象的属性信息。

观察下面代码中重新导入模块后变量 x 的变化。

```
#重新导入模块
>>>import module0603
>>>temp=module0603
>>>temp.x
   100
>>>temp.testm()
   This is a test,in function testm()
```

从上面代码的执行过程和运行结果可以看出，重新导入模块并没有改变模块中变量 x 已赋的值。另外，module0603 模块中的输出语句在重新导入时也没有执行。

Python 会为模块对象添加一些内置的属性，可使用 dir()函数列出模块的属性列表，其中以“__”开头和结尾的是 Python 的内置属性，其他为模块中的变量名。

如果使用 from 语句导入模块，则模块中的代码执行过程如示例 6-4 所示。

【示例 6-4】使用 from 语句导入模块，观察模块中变量的变化情况。

```
>>>from module0603 import*
   module output test1
   module output test2
>>>x
   1
>>>testm()
   This is a test,in function testm()
>>>x=100
   #使用 from 语句重新导入模块，查看变量 x 的值
>>>from module0603 import*
>>>x
   1
```

本示例中，模块中变量 x 的值为 1，修改当前模块中变量 x 值为 100；再次使用 from 语句导入模块后，x 的值为最初模块文件中的值 1。这是使用 import 语句导入模块和使用 from 语句导入模块的一个重要区别。

4. 模块的路径搜索

使用 import 语句导入模块时，需要查找模块程序的位置，即模块的文件路径，这是调用或执行模块的关键。导入模块时，不能在 import 或 from 语句中指定模块文件的路径，只能使用 Python 设置的搜索路径。标准模块 sys 的 path 属性可以用来查看当前搜索路径设置。下面是查看、设置 Python 搜索路径及查看当前目录的代码。

```
>>>import sys
>>>sys.path
```

```
    ['', 'C:\\Users\\Admin\\AppData\\Local\\Programs\\Python\\Python312
    \\Lib\\idlelib', 'C:\\Users\\Admin\\AppData\\Local\\Programs
    \\Python\\ Python312 \\python312.zip', 'C:\\Users\\Admin\\AppData
    \\Local\\Programs\\Python\\Python312\\DLLs', 'C:\\Users\\Admin
    \\AppData\\Local\\Programs\\Python\\Python312\\Lib', 'C:\\Users
    \\Admin\\AppData\\Local\\Programs\\Python\\Python312', 'C:\\Users
    \\Admin\\AppData\\Local\\Programs\\Python\\Python312\\Lib
    \\site-packages']
>>>sys.path.append("d:/python/")
>>>import os
>>>os.getcwd()
    'C:\\Users\\Admin\\AppData\\Local\\Programs\\Python\\Python312'
```

Python 搜索路径列表中，第一个字符串表示 Python 当前工作目录。Python 按照先后顺序依次在 path 列表中搜索需要导入的模块。如果要导入的模块不在这些目录中，则导入操作失败。

通常，sys.path（搜索路径）由以下 4 部分设置组成。

1）程序的当前目录（可用 os 模块中的 getcwd()函数查看）。

2）操作系统的环境变量 PYTHONPATH 中包含的目录（如果存在）。

3）Python 标准库目录。

4）任何.pth 文件包含的目录（如果存在）。

从 sys.path 的组成可以看出，系统环境变量 PYTHONPATH 或.pth 文件可以用来配置搜索路径，这也是通常的方法。在 Windows 操作系统中，配置环境变量 PYTHONPATH 与配置 path 环境变量的方法相同，这里不再赘述。

在搜索路径中找到模块并成功导入后，Python 还会完成如下功能。

1）必要时编译模块。找到模块文件后，Python 会检查文件的时间戳，如果字节码文件比源代码文件旧（源代码文件做了修改），Python 就会执行编译操作，生成最新的字节码文件；如果字节码文件是最新的，则跳过编译环节。如果在搜索路径中只发现了字节码文件而没有源代码文件，则直接加载字节码文件；如果只有源代码文件，Python 会直接执行编译操作，生成字节码文件。

2）执行模块。执行模块的字节码文件，文件中所有的可执行语句都会被执行，所有变量在第一次赋值时被创建，函数对象也在执行 def 语句时被创建。如果有输出也会直接显示。这就是示例 6-3 的执行原理。

5. __name__属性

前面已经说过，Python 在导入文件时，每个文件都可以作为一个模块，文件名就是模块名。例如，文件名为 module0603.py，则模块名为 module0603。

可以认为，Python 的文件有两种使用方法：一是直接作为独立代码（模块）执行，二是在执行导入操作时执行。有时，想要控制 Python 模块中的某些代码在导入时不执行，而在模块独立运行时才执行，可以使用__name__属性实现。

__name__是 Python 的内置属性，用于表示当前模块名，也能反映一个包的结构。如果.py 文件作为模块被调用，则__name__的属性值为模块文件的主名；如果模块独立运行，则__name__属性值为__main__。

语句“if __name__=="main"”的作用就是控制这两种不同情况执行代码的过程，当__name__值为__main__时，文件作为脚本直接执行；而使用 import 或 from 语句导入其他程序中时，模块中的代码则不会被执行。

【示例 6-5】__name__属性的测试。

```
#fibonacci.py
def fibo1(x):                            #返回小于 x 的斐波那契数列的所有项
    a,b=0,1
    while b<=x:
        print(b,end=" ")
        a,b=b,a+b
def fibo2(x):                            #返回小于 x 的斐波那契数列的最大项
    a,b=0,1
    while b<x:
        a,b=b,a+b
    print(a)
if __name__=="__main__":
    print("please use me as a module.")
```

当示例 6-5 中的模块文件 fibonacci.py 独立运行时，其__name__值为__main__，输出运行结果“please use me as a module.”。当使用 from 或 import 语句导入模块后，可以调用模块中的 fibo1()或 fibo2()函数。

程序运行结果如下：

```
  please use me as a module.
>>>from fibonacci import*
>>>fibo1(15)
  1 1 2 3 5 8 13
>>>fibo2(10)
  8
```

6.1.2 包

Python 程序由包、模块和函数等组成。包是模块文件所在的目录，模块是实现某一特定功能的函数和类的文件，它们之间的关系如图 6-1 所示。

包的外层目录必须包含在 Python 的搜索路径中。在包的下级目录中，每个目录一般包含一个__init__.py 文件，但包的外层目录不需要__init__.py 文件。__init__.py 文件可以为空，也可以在其中定义__all__列表指定包中可以导入的模块。一个典型的包结构如图 6-2 所示。

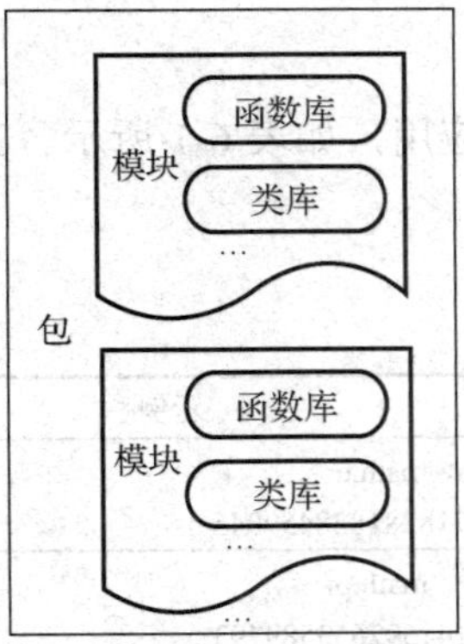

图 6-1 包、模块与函数之间的关系

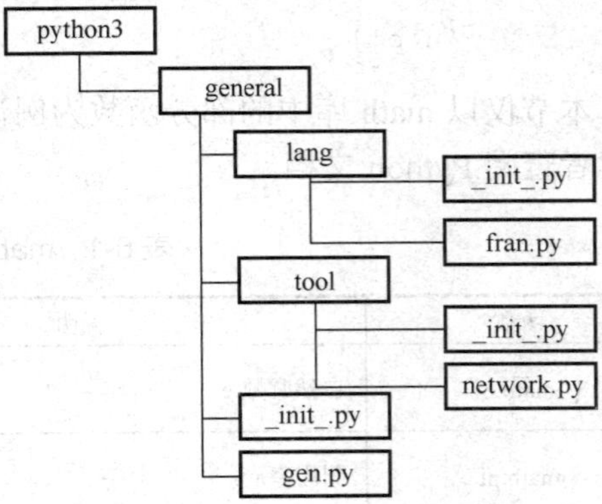

图 6-2 一个典型的包结构

图 6-2 中，python3 是一个用户文件夹，如果 python3 文件夹中的源文件想要引用 tool 文件夹中的 network.py 模块，可以使用下列两条语句之一：

```
from general.tool import network
import general.tool.network
```

之后，即可调用 network 模块中的类或函数。

6.2 Python 的标准库

Python 的标准库也称内置库或内置模块，是 Python 的组成部分，随 Python 解释器一起安装在系统中。本节介绍一些常用标准库的应用。

6.2.1 math 库

math 库是 Python 内置的数学函数库，提供支持整数和浮点数运算的函数。math 库提供了 π、e 等常数，以及数值运算函数、幂函数、三角函数、对数函数、指数函数和高等特殊函数等类型。执行 dir(math)命令，可以查看 math 库中的所有函数。

【示例 6-6】查看 math 库中的函数。

```
>>>import math
>>>dir(math)
   ['__doc__', '__loader__', '__name__', '__package__', '__spec__',
   'acos', 'acosh', 'asin', 'asinh', 'atan', 'atan2', 'atanh', 'cbrt',
   'ceil', 'comb', 'copysign', 'cos', 'cosh', 'degrees', 'dist', 'e',
   'erf', 'erfc', 'exp', 'exp2', 'expm1', 'fabs', 'factorial',
   'floor', 'fmod', 'frexp', 'fsum', 'gamma', 'gcd', 'hypot', 'inf',
   'isclose', 'isfinite', 'isinf', 'isnan', 'isqrt', 'lcm', 'ldexp',
   'lgamma', 'log', 'log10', 'log1p', 'log2', 'modf', 'nan',
   'nextafter', 'perm', 'pi', 'pow', 'prod', 'radians', 'remainder',
```

```
'sin', 'sinh', 'sqrt', 'sumprod', 'tan', 'tanh', 'tau', 'trunc',
'ulp']
```

本节仅以 math 库中的部分函数为例说明 math 库的应用，如表 6-1 所示。其他函数请读者查阅 Python 文档。

表 6-1　math 库中的部分函数

函数	说明	示例
math.e	自然常数 e	>>> math.e 2.718281828459045
math.pi	圆周率π	>>> math.pi 3.141592653589793
math.degrees(x)	弧度转换为度	>>> math.degrees(math.pi) 180.0
math.radians(x)	度转换为弧度	>>> math.radians(45) 0.7853981633974483
math.exp(x)	返回 e 的 x 次方	>>> math.exp(2) 7.38905609893065
math.log10(x)	返回 x 的以 10 为底的对数	>>> math.log10(2) 0.30102999566398114
math.pow(x,y)	返回 x 的 y 次方	>>> math.pow(5,3) 125.0
math.sqrt(x)	返回 x 的平方根	>>> math.sqrt(3) 1.7320508075688772
math.ceil(x)	返回不小于 x 的整数	>>> math.ceil(5.2) 6.0
math.floor(x)	返回不大于 x 的整数	>>> math.floor(5.8) 5.0
math.trunc(x)	返回 x 的整数部分	>>> math.trunc(5.8) 5
math.fabs(x)	返回 x 的绝对值	>>> math.fabs(−5) 5.0
math.fmod(x,y)	返回 x%y（取余）	>>> math.fmod(5,2) 1.0
math.fsum([x,y,…])	返回无损精度的和	>>> math.fsum([0.1,0.2,0.3]) 0.6
math.factorial(x)	返回 x 的阶乘	>>> math.factorial(5) 120
math.isinf(x)	若 x 为无穷大，则返回 True，否则返回 False	>>> math.isinf(1.0e+308) False
math.isnan(x)	若 x 不是数字，则返回 True，否则返回 False	>>> math.isnan(1.2e3) False

math 库中的函数数量较多，读者在学习过程中只需要掌握常用函数即可。实际编程中，如果需要使用 math 库，可以查看 Python 的帮助文档。

math 库中的函数不能直接使用，需要使用 import 语句或 from 语句导入。

6.2.2　random 库

random 库中的函数主要用于产生各种分布的伪随机数序列。random 库中的随机函数是按照一定算法模拟产生的，其概率是确定、可见的，因此被称为伪随机数。真正意义上的随机数是按照实验过程中表现的分布概率随机产生的，其结果是不可预测的。

random 库可以生成不同类型的随机数函数，所有函数都是基于最基本的 random.random()函数扩展实现的，读者只需要查阅该库中的随机数生成函数，根据需求使用即可。

示例 6-7 给出了 random 库中的函数。表 6-2 列出了部分常用的 random 库的函数。random 库也需要先导入后使用。

【示例 6-7】查看 random 库中的函数。

```
>>>import random
>>>dir(random)
    ['BPF', 'LOG4', 'NV_MAGICCONST', 'RECIP_BPF', 'Random',
    'SG_MAGICCONST', 'SystemRandom', 'TWOPI', '_ONE', '_Sequence',
    '__all__', '__builtins__', '__cached__', '__doc__', '__file__',
    '__loader__', '__name__', '__package__', '__spec__',
    '_accumulate', '_acos', '_bisect', '_ceil', '_cos', '_e', '_exp',
    '_fabs', '_floor', '_index', '_inst', '_isfinite', '_lgamma',
    '_log', '_log2', '_os', '_pi', '_random', '_repeat', '_sha512',
    '_sin', '_sqrt', '_test', '_test_generator', '_urandom', '_warn',
    'betavariate', 'binomialvariate', 'choice', 'choices',
    'expovariate', 'gammavariate', 'gauss', 'getrandbits', 'getstate',
    'lognormvariate', 'normalvariate', 'paretovariate', 'randbytes',
    'randint', 'random', 'randrange', 'sample', 'seed', 'setstate',
    'shuffle', 'triangular', 'uniform', 'vonmisesvariate',
    'weibullvariate']
```

表 6-2　random 库中的常用函数

函数	说明	示例
random.random()	返回一个[0.0,1.0)区间的浮点数	>>> random.random() 0.8880685743559004
random.randint(a,b)	返回[a,b]区间的一个随机整数	>>> random.randint(10,20) 19
random.randrange(stop)	返回(0,stop)区间的一个整数	>>> random.randrange(10) 8
random.choice(seq)	从非空序列 seq 中随机选取一个元素。如果 seq 为空，则报告 IndexError 异常	>>> random.choice(['a','b','c','d','e']) 'c'
random.uniform(a,b)	返回[a,b]区间的浮点数。如果 a>b，则返回 b 到 a 之间的浮点数。其结果可能包含 a 和 b	>>> random.uniform(10,20) 17.27824882833889

续表

函数	说明	示例
random.randrange (start, stop[,step])	返回[start,stop)区间的一个整数，参数 step 为步长，与 range(0,10,2)类似	>>> random.randrange(1,20,3) 16

random.shuffle(x[,random])	随机打乱可变序列 x 内元素的排列顺序	>>> lst=['a','b','c','d','e']
		>>> random.shuffle(lst)
		>>> lst
		['e','c','b','a','d']

random.seed(a=None)	初始化伪随机数生成器	

6.2.3 datetime 库

Python 处理日期和时间的函数主要集中在 time 和 datetime 两个库中，其中 datetime 库基于 time 库进行了封装，提供了更多实用的对象或函数。用户通过 datetime 库可以获得或设置系统时间，并以选择的格式输出。

datetime 库以类的方式提供多种日期和时间的表达方式。表 6-3 给出了 datetime 库中的类。

表 6-3 datetime 库中的类

类名称	功能描述
datetime.date	表示日期，常用的属性包括 year、month、day
datetime.time	表示时间，常用的属性包括 hour、minute、second、microsecond
datetime.datetime	表示日期时间
datetime.timedelta	表示两个 date、time、datetime 实例之间的时间间隔
datetime.tzinfo	时区相关信息对象的类，由 datetime 和 time 类使用
datetime.timezone	Python 3.2 之后增加的功能，是 tzinfo 的子类，表示与协调世界时（coordinated universal time，UTC）的固定偏移量

需要说明的是，这些类的对象都是不可变的。在实际编程中常用的是 datetime.datetime 类，datetime.date 和 datetime.time 在应用上与 datetime.datetime 类差别不大。下面重点介绍 datetime 类的应用。

1. datetime 类的定义

datetime 类原型如下：

```
class datetime.datetime(year,month,day,hour=0,minute=0,second=0,
microsecond=0,tzinfo=None)
```

其中，year、month 和 day 是必须要传递的参数，各参数的取值范围如表 6-4 所示。如果有参数超出取值范围，则会引发 ValueError 异常。

表 6-4　datetime 类参数的取值范围

参数名称	取值范围
year	[MINYEAR,MAXYEAR]
month	[1,12]
day	[1,指定年份的月份中的天数]
hour	[0,23]
minute	[0,59]
second	[0,59]
microsecond	[0,1000000]
tzinfo	tzinfo 的子类对象，如 timezone 类的实例

2. datetime 类的方法

datetime 库中的 datetime 类的常用方法如表 6-5 所示。

表 6-5　datetime 类的常用方法

方法	功能描述
datetime.today()	返回表示当前日期时间的 datetime 对象
datetime.now([tz])	返回指定时区日期时间的 datetime 对象。如果不指定 tz 参数，则结果同上
datetime.utcnow()	返回当前 UTC 日期时间的 datetime 对象
datetime.fromtimestamp(timestamp[,tz])	根据指定的时间戳创建 datetime 对象
datetime.utcfromtimestamp(timestamp)	根据指定的 UTC 时间戳创建 datetime 对象
datetime.combine(date,time)	将指定的 date 和 time 对象整合成 datetime 对象
datetime.strptime(date_str,format)	将时间字符串转换为 datetime 对象

【示例 6-8】datetime 类的应用。

```
>>>from datetime import datetime
>>>aday=datetime.now()
>>>aday
   datetime.datetime(2024, 5, 4, 12, 44, 14, 343042)
>>>print(aday)
   2024-05-04 12:44:14.343042
>>>dt1=datetime(2020,2,10,13,50)
>>>dt1
   datetime.datetime(2020, 2, 10, 13, 50)
>>>type(dt1)                    #测试 dt1 类型
   <class 'datetime.datetime'>
>>>t1=dt1.time()
>>>type(t1)                     #测试 t1 类型
   <class 'datetime.time'>
```

```
>>>print("当前时间是{}:{}:{}".format(dt1.hour,dt1.minute,dt1.second))
   当前时间是 13:50:0
```

示例 6-8 中，dt1、aday 是 datetime 类型的对象，使用 t1=dt1.time()语句得到 time 类型的对象；通过 type()函数测试了 dt1 和 t1 的类型，继续使用这两个对象的 hour、minute、second 等属性，可以得到描述时间的具体数据。

3. datetime 类中对象的方法/属性

datetime 库中 datetime 类的对象常用的方法/属性如表 6-6 所示（dt 表示 datetime 类的对象）。

表 6-6 datetime 类中对象常用的方法/属性

方法/属性	功能描述
dt.year,dt.month,dt.day	返回对象的年、月、日
dt.hour,dt.minute,dt.second	返回对象的时、分、秒
dt.microsecond,dt.tzinfo	返回对象的微秒、时区信息
dt.date()	获取 datetime 对象对应的 date 对象
dt.time()	获取 datetime 对象对应的 time 对象，tzinfo 为 None
dt.timetz()	获取 datetime 对象对应的 time 对象，tzinfo 与 datetime 对象的 tzinfo 相同
dt.replace()	返回一个新的 datetime 对象，如果所有参数都为空，则返回一个与原 datetime 对象相同的对象
dt.timetuple()	返回 datetime 对象对应的元组（不包括 tzinfo）
dt.utctimetuple()	返回 datetime 对象对应的 UTC 时间的元组（不包括 tzinfo）
dt.toordinal()	返回日期是自 0001-01-01 开始的第多少天
dt.weekday()	返回日期是星期几，取值为[0,6]，0 表示星期一
dt.isocalendar()	返回一个元组，格式为(ISO year(格林尼治年份), ISO week number(格林尼治周数), ISO weekday(格林尼治周几))
dt.isoformat([sep])	返回表示日期和时间的字符串
dt.ctime()	返回 24 字符长度的时间字符串，如"Fri Aug 19 11:14:16 2016"
dt.strftime(format)	返回指定格式的时间字符串

【示例 6-9】datetime 类中对象的方法/属性的应用。

```
>>>from datetime import*
>>>dt=datetime.today()
>>>print("当前日期是{}年{}月{}日".format(dt.year,dt.month,dt.day))
   当前日期是 2024 年 5 月 4 日
>>>print(dt.time())
   12:51:15.674436
>>>tup1=dt.timetuple()
>>>tup1
   time.struct_time(tm_year=2024, tm_mon=5, tm_mday=4, tm_hour=12,
   tm_min=51, tm_sec=15, tm_wday=5, tm_yday=125, tm_isdst=-1)
```

```
>>>print("当前日期是：{}年{}月{}日
   ".format(tup1.tm_year,tup1.tm_mon,tup1. tm_mday))
   当前日期是：2024 年 5 月 4 日
>>>dt.ctime()
   'Sat May  4 12:51:15 2024'
>>>dt.replace(month=12)
   datetime.datetime(2024, 12, 4, 12, 51, 15, 674436)
```

示例 6-9 中，dt.timetuple()返回的是一个时间元组。时间元组是一种日期型数据的表示形式，与用 datetime 对象、time 对象等表示日期的形式类似。元组中的 tm_year、tm_mon、tm_mday、tm_hour、tm_min、tm_sec 等字段用于描述年、月、日、时、分、秒。

4. strftime()方法

strftime()方法可以按用户需要来格式化输出日期和时间。其语法格式如下：

```
dt.strftime(format[,t])
```

其中，dt 是一个 datetime（或 time）对象；参数 format 是格式字符串，格式化控制符如表 6-7 所示；可选的参数 t 是一个 struct_time 对象。

表 6-7　strftime()方法的格式化控制符

格式化控制符	说明
%y	2 位数的年份表示（00～99）
%Y	4 位数的年份表示（0000～9999）
%m	月份（01～12）
%d	月中的某天（0～31）
%H	24 小时制小时数（0～23）
%M	分钟数（00～59）
%S	秒数（00～59）
%a	本地简化的星期名称
%A	本地完整的星期名称
%b	本地简化的月份名称
%B	本地完整的月份名称
%p	本地 A.M.或 P.M.的等价符

【示例 6-10】strftime()方法的应用。

```
>>>from datetime import datetime
>>>dt1=datetime(2019,12,10,13,50)
>>>dt2=datetime.today()
>>>dt1.strftime("%Y-%m-%d")
   '2019-12-10'
```

```
>>>dt2.strftime("当前日期：%Y 年%m 月%d 日,%A")
    '当前日期：2024 年 05 月 04 日,Saturday'
>>>"当前日期：{0:%Y}年 {0:%m}月 {0:%d}日".format(dt2)
    '当前日期：2024 年 05 月 04 日'
```

6.2.4 turtle 库

turtle 库是用于绘制图形的函数库。turtle 是海龟的意思，turtle 绘图可以描述为海龟爬行轨迹形成了图形，所以图形绘制的过程十分直观。turtle 库保存在 Python 安装目录的 Lib 文件夹下，需要导入后才能使用。

下面首先介绍 turtle 库的绘图坐标系，然后介绍用于画笔控制、形状绘制的 turtle 库的常用函数。

1. turtle 库的绘图坐标系

turtle 的绘图画布默认的坐标原点(0,0)是画布中心，坐标原点上有一只面朝 x 轴正方向的小海龟，即画笔。海龟在坐标系中爬行，有“前进”“后退”“旋转”等动作，对坐标系的探索小海龟通过“前进方向”“后退方向”“左转方向”“右转方向”等，调整自身角度方位来完成。

结合下面的代码，分析 turtle 库的绘图坐标系，如图 6-3 所示。

```
from turtle import*
turtle.setup(500,300,200,200)
```

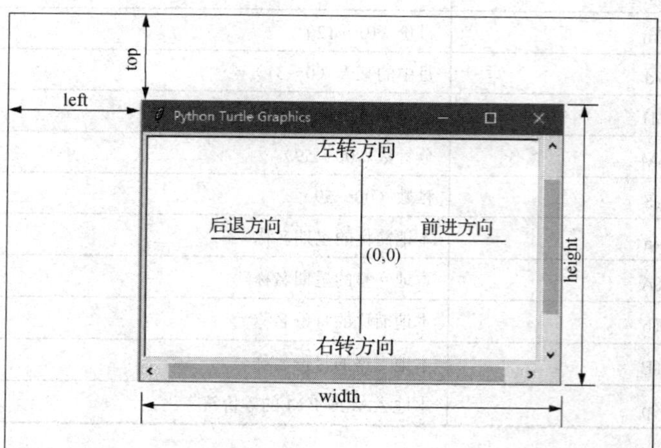

图 6-3　turtle 库的绘图坐标系

turtle.setup()函数用于设置绘图窗口的大小和位置。其语法格式如下：

```
turtle.setup(width,height,top,left)
```

其中，width 和 height 表示绘图窗口的宽度和高度。如果参数是整数，则单位是像素；如果参数是小数，则表示与屏幕的比例。top 和 left 表示窗口上边界和左边界与屏幕边界的距离，如果值是 None，则表示窗口位于屏幕中央。

2. turtle 库的画笔控制函数

turtle 库的画笔控制函数主要用于设置画笔的状态，包括画笔的提起和落下状态；还可以设置画笔的宽度、颜色等。turtle 库的画笔控制函数如表 6-8 所示。

表 6-8　turtle 库的画笔控制函数

函数	功能
turtle.penup()/turtle.pu()/turtle.up()	提起画笔，用于移动画笔位置，与 pendown()函数配合使用
turtle.pendown()/turtle.pd()/turtle.down()	放下画笔，移动画笔将绘制图形
turtle.pensize()/turtle.width()	设置画笔线条宽度，若为空，则返回当前画笔宽度
turtle.pencolor(colorstring)/turtle.pencolor((r,g,b))	设置画笔颜色，若无参数，则返回当前画笔颜色

turtle.pencolor(colorstring)函数中的 colorstring 参数是表示颜色的字符串，如"purple" "red" "blue"等；也可以用(r,g,b)元组形式表示颜色值，(r,g,b)每个分量的取值范围均为[0,255]。

3. turtle 库的图形绘制函数

turtle 库通过一组函数完成图形绘制，这种绘制是通过控制画笔的行进动作完成的，所以 turtle 库的形状绘制函数也称为运动控制函数。这些函数可以实现画笔的前进、后退、方向控制等，如表 6-9 所示。

表 6-9　turtle 库的图形绘制函数

函数	功能
turtle.fd(distance)/turtle.foward(distance)	控制画笔沿当前行进方向前进 distance（单位为像素）距离，当值为负数时，表示向相反方向行进
turtle.seth(angle)/turtle.setheading(angle)	改变画笔绘制方向，angle 是绝对方向的角度值
turtle.circle(radius,extent)	根据半径 radius 绘制 extent 角度的弧形
turtle.left(angle)	向左旋转 angle 角度
turtle.right(angle)	向右旋转 angle 角度
turtle.setx(x)	将当前 x 轴移动到指定位置，x 的单位是像素
turtle.sety(y)	将当前 y 轴移动到指定位置，y 的单位是像素

图 6-4 所示为 turtle 库绘图的角度坐标系。该坐标系中，以正东向为绝对 0°，这是海龟默认方向；正西向为绝对 180°。该坐标系是 turtle 库的绝对坐标体系，与海龟当前爬行方向无关。因此，可以利用绝对坐标体系随时更改海龟的前进方向。

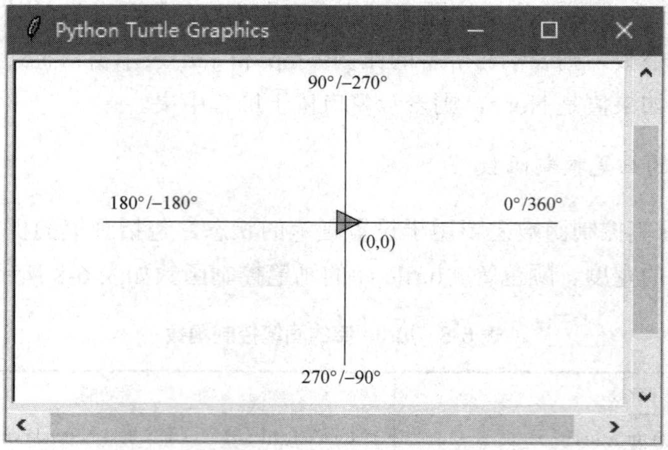

图 6-4 turtle 库绘图的角度坐标系

turtle.circle()是 turtle 图形绘制的重要函数，该函数根据半径 radius 绘制 extent 角度的弧形。其语法格式如下：

```
turtle.circle(radius,extent)
```

其中，radius 是弧形半径，当值为正数时，半径在海龟左侧；当值为负数时，半径在海龟右侧。extent 是绘制弧形的角度，当不设置参数或设置为 None 时，绘制整个圆形。

【示例 6-11】绘制紫色正方形螺旋图案。

```
#program0611.py
'''绘制紫色正方形螺旋图案'''
import turtle
turtle.setup(400,360)
turtle.pensize(2)                    #设置画笔宽度为 2 像素
turtle.pencolor("purple")            #设置画笔颜色为紫色
turtle.shape("turtle")               #设置画笔形状为“海龟”
turtle.speed(10)                     #设置绘图速度为 10
a=5                                  #起始移动长度 a 为 5 单位
for i in range(40):                  #循环 40 次
    a=a+6                            #移动长度 a 每次增加 6 单位
    turtle.left(90)                  #画笔每次移动旋转 90°
    turtle.fd(a)                     #画笔向前移动 a 单位
turtle.hideturtle()                  #隐藏画笔
turtle.done()                        #结束绘制
```

示例 6-11 中，第 3～8 行完成绘图的初始化工作，设置窗口的大小、画笔的宽度、画笔的颜色等；第 10～13 行使用 for 循环绘制正方形，每笔绘制完成，笔的方向左转 90°。程序运行结果如图 6-5 所示。

【示例 6-12】绘制心形图标。

```
#program0612.py
import turtle
def gxy():                              #绘制 200 个点，每点 turtle 方向右转 1°
    for i in range (200):
        turtle.right(1)                 #调整 turtle 前进方向右转 1°
        turtle.forward(1)
turtle.setup(400,300)
turtle.color('red','pink')
turtle.pensize(2)
turtle.speed(30)
turtle.goto(0,-100)
turtle.begin_fill()
turtle.left(140)                        #调整 turtle 前进方向左转 140°
turtle.forward(112)
gxy()
turtle.left(120)
gxy()
turtle.forward(112)
turtle.end_fill()
#绘制文字
turtle.up()
turtle.seth(180)                        #调整 turtle 方向左向 180°
turtle.fd(100)
turtle.write("I Love Python")
turtle.hideturtle()                     #隐藏 turtle
```

示例 6-12 的程序用于绘制一个心形。其中，第 3～6 行是绘制心形圆弧的函数，心形由每次右转 1° 的 200 个点组成；第 7～10 行完成画笔的初始化工作；第 11 行重置画笔的起始点；第 12～19 行是心形的绘制过程，心形由两条旋转一定角度的线段和两个圆弧组成；最后，在心形的左下方输出文字“I Love Python”。程序运行结果如图 6-6 所示。

图 6-5　示例 6-11 程序运行结果

图 6-6　示例 6-12 程序运行结果

6.3 Python 的第三方库

Python 标准库提供了大量的函数，可以用来实现一些基本的功能。随着 Python 的发展，涉及更多领域、功能更强的应用以函数库形式被开发出来，并通过开源形式发布，这些函数库称为第三方库。

6.3.1 第三方库简介

Python 第三方库包括包、模块、函数库、类库等元素，一般将这些可重用元素统称为库。Python 官方网站提供了第三方库索引功能（the Python package index，PyPI），网址为 https://pypi.org。该站点列出了 Python 语言超过 14 万个第三方库的基本信息，这些库可覆盖信息技术领域所有技术方向。

当前流行的编程思想是模块编程。用户开发的程序通常包括标准库、第三方库、用户程序、程序运行所需要的资源，将各类资源通过少量代码，用类似搭积木的方法组建程序，这就是模块编程。模块编程思想强调充分利用第三方库，编写程序的起点不再是探究每个程序的算法或功能设计，而是尽可能探究运用库编程的方法。这种新的程序设计思想在开发中已得到广泛应用。

6.3.2 第三方库的安装

对于 math 库、random 库、datetime 库等 Python 的标准库，用户可以随时使用，而第三方库则需要安装后才能使用。用户下载 Python 的第三方库以后，可以根据帮助文档安装或使用 pip 工具安装。pip 工具由 Python 官方提供并维护，是常用且高效的在线第三方库安装工具。pip3 是 Python 的内置命令，用于在 Python 3 版本中安装第三方库，需要在命令行下执行。下面介绍常用的 pip 命令。

1. pip3-help 命令

pip3-help 命令用于列出 pip 系列子命令，这些命令用于实现下载、安装、卸载第三方库等功能，如图 6-7 所示。

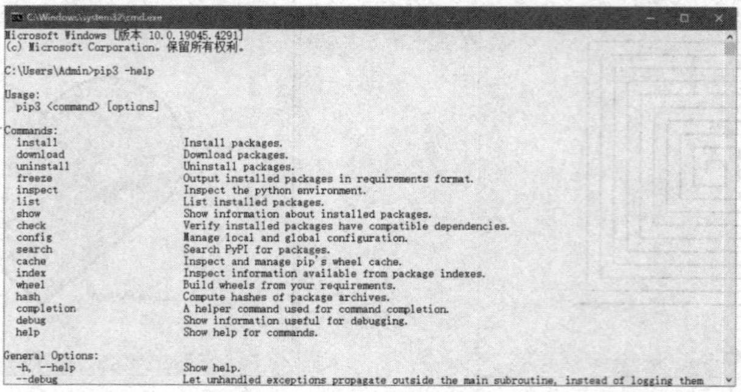

图 6-7 pip3-help 命令

2. pip3 install 命令

pip3 install 命令用于安装第三方库，该工具从网络上下载库文件并自动安装到系统中。图 6-8 所示为第三方库 pillow 10.3.0 的安装过程，pillow 是 Python 的图像处理库。

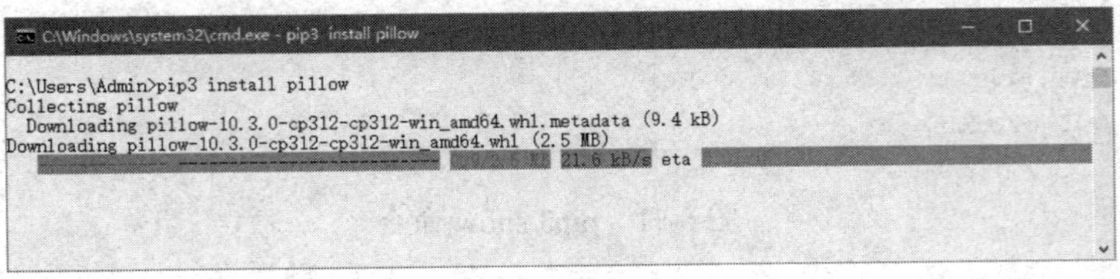

图 6-8　pip3 install 命令

3. pip3 list 命令

pip3 list 命令用于列出当前系统中已安装的第三方库，如图 6-9 所示。

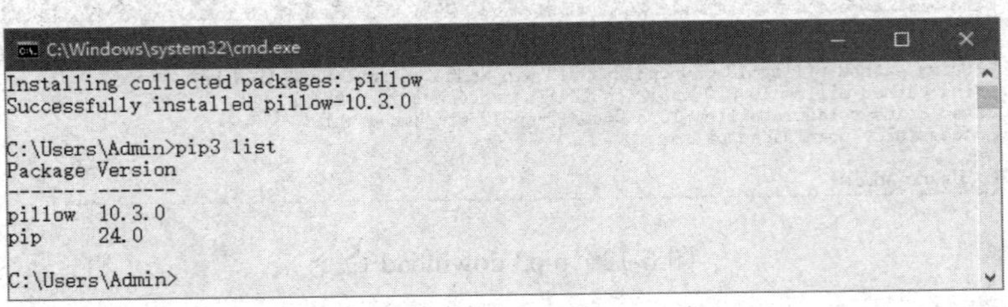

图 6-9　pip3 list 命令

4. pip3 uninstall 命令

pip3 uninstall 命令用于卸载已安装的第三方库，卸载过程中需要用户进行确认。图 6-10 所示为卸载第三方库 pillow 的过程。

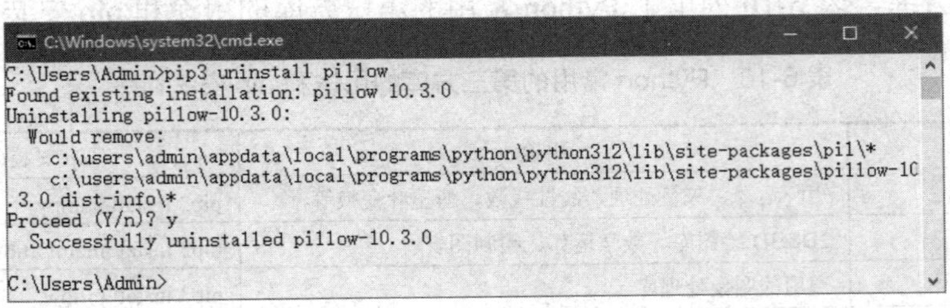

图 6-10　pip3 uninstall 命令

5. pip3 show 命令

pip3 show 命令用于列出已安装库的详细信息，包括库的名称、版本号、功能说明等，如图 6-11 所示。

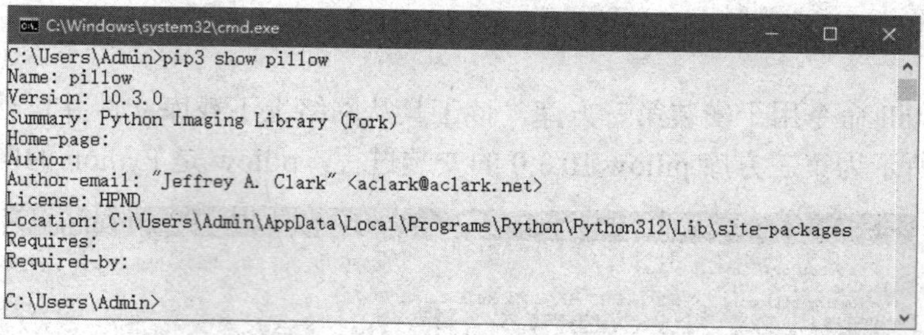

图 6-11 pip3 show 命令

6. pip3 download 命令

pip3 download 命令用于下载第三方库的安装包文件，但并不安装，用户可以以后安装，如图 6-12 所示。

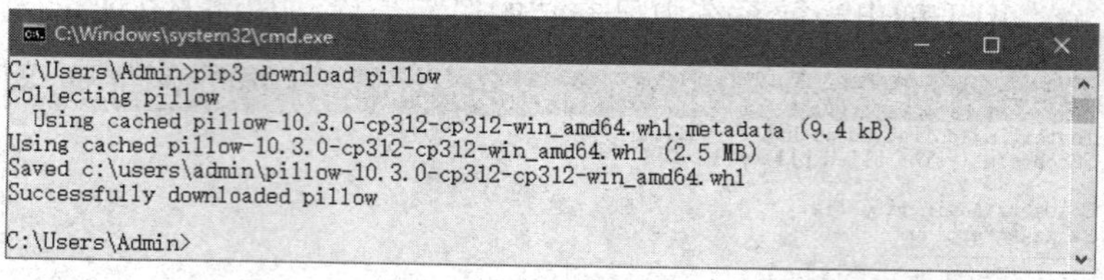

图 6-12 pip3 download 命令

除了使用 pip 工具安装第三方库外，也可以从第三方库网站自定义安装，或者从网站下载文件后再安装，具体步骤请读者查阅第三方库的相关文档。

6.3.3 Python 常用的第三方库

Python 安装包自带工具 pip（或 pip3）是安装第三方库最重要的方法。本节介绍 Python 常用的第三方库，表 6-10 列出了 Python 常用的第三方库的用途和 pip 安装命令。

表 6-10 Python 常用的第三方库的用途和 pip 安装命令

库名	用途	pip 安装命令
numpy	矩阵运算、矢量处理、线性代数、傅里叶变换等	pip3 install numpy
matplotlib	2D&3D 绘图库、数学运算、绘制图表	pip3 install matplotlib
PIL	通用的图像处理库	pip3 install pillow
requests	网页内容抓取	pip3 install requests
jieba	中文分词	pip3 install jieba
BeauifullSoup 或 bs4	HTML 和 XML 解析	pip3 install beauifullsoup4
Wheel	Python 文件打包	pip3 install wheel
sklearn	机器学习和数据挖掘	pip3 install sklearn
PyInstaller	Python 源文件打包	pip3 install pyinstaller
Django	Python 最流行的，支持快速开发的开源 Web 框架	pip3 install django
Scrapy	网页爬虫框架	pip3 install scrapy
Flask	轻量级 Web 开发框架	pip3 install flask

续表

库名	用途	pip 安装命令
WeRoBot	微信机器人开发框架	pip3 install werobot
scipy	numpy 库之上的科学计算库	pip3 install scipy
pandas	高效数据分析	pip3 install pandas
PyQt5	专业级 GUI 开发框架	pip3 install pyqt5
PyOpenGL	多平台 OpenGL 开发接口	pip3 install pyopengl
PyPDF2	PDF 文件内容提取及处理	pip3 install pypdf
Pygame	多媒体开发和游戏软件开发	pip3 install pygame

使用 pip 安装第三方库，需要注意以下几个问题。

1）在 Python 3.x 下，通常使用 pip3 命令安装，也可以使用 pip 命令安装。

2）库名是第三方库常用的名字，pip 安装用的文件名和库名不一定完全相同，通常采用小写字符。

3）安装过程应在命令行下进行，而不是在 IDLE 中。部分库会依赖其他函数库，pip 会自动安装；部分库下载后需要一个安装过程，pip 也会自动执行。

6.3.4 PyInstaller 库

PyInstaller 是用于源文件打包的第三方库，其能够在 Windows、Linux、MacOS X 等操作系统下将 Python 源文件打包。打包后的 Python 文件可以在没有安装 Python 的环境中运行，也可以作为一个独立文件以方便传递和管理。

1. PyInstaller 库的安装

PyInstaller 库的官方网址是 http://www.pyinstaller.org。用户需要在命令提示符下用 pip3 工具安装 PyInstaller 库，具体命令如下：

```
C:\Users\Administrator>pip3 install pyinstaller
```

pip3 命令自动将 PyInstaller 库安装到 Python 解释器所在目录，该目录的位置与 pip.exe 文件的位置相同，可以直接使用。Python 安装后，pip 或 pip3 命令默认的目录如下：

```
C:\Users\Administrator\AppData\Local\Programs\Python\Python312-64
\Scripts
```

2. 用 PyInstaller 库打包文件

使用 PyInstaller 库命令打包文件十分简单。假设 Python 源文件 computing.py 位于 d:\ python312\文件夹中，打包命令如下：

```
d:\python>pyinstaller d:\python312\computing.py
```

该命令执行完毕后，d:\python 下将生成 dist 和 build 两个文件夹。其中，build 文件夹用于存放 PyInstaller 库的临时文件，可以安全删除；最终的打包程序在 dist 内的

computing 文件夹中，可执行文件 computing.exe 是生成的打包文件，其他文件是动态链接库。

如果在 PyInstaller 库命令中使用参数-F，则可将 Python 源文件编译成一个独立的可执行文件，命令如下：

```
d:\python>pyinstaller d:\python312\computing.py -F
```

该命令将在 d:\python 下的 dist 文件夹中生成 computing.exe 文件。

使用 PyInstaller 库命令打包文件需要注意以下问题。

1）文件路径中不能出现空格和英文句号（.），如果存在，则需要修改 Python 源文件名。

2）源文件必须采用 UTF-8 编码。采用 IDLE 编写的源文件均保存为 UTF-8 格式，可以直接使用。

3）上面的示例中，命令提示符前的路径提示符是 d:\python，生成的打包文件的位置与“>”前的路径是一致的。

3. PyInstaller 库的参数

合理使用 PyInstaller 库的参数可以实现更强大的打包功能。PyInstaller 库的常用参数如表 6-11 所示。

表 6-11 PyInstaller 库的常用参数

参数	功能
-h，--help	查看帮助信息
-v，--version	查看 PyInstaller 的版本号
--clean	清理打包过程中的临时文件
-D，--onedir	默认值，生成 dist 目录
-F，--onefile	在 dist 文件夹中只生成独立的打包文件
-p DIR，--paths DIR	添加 Python 文件使用的第三方库路径，其中 DIR 是第三方库路径
-i <.ico or .exe,ID or .icns> --icon <.ico or.exe,ID or .icns>	指定打包程序使用的图标（icon）文件

使用 PyInstaller 命令打包 Python 源文件时，不需要在文件中添加任何代码，只使用打包命令即可。-F 参数经常使用，用于生成独立的打包文件。如果 Python 源文件引用了第三方库，可以使用-p 命令添加第三方库所在路径。如果第三方库由 pip 工具安装且在 Python 的安装目录中，则不需要使用-p 参数。

6.4 jieba 库的应用

jieba 是应用于中文单词拆分的第三方库，具有分词、添加用户词典、提取关键词和词性标注等功能。

6.4.1　jieba 库简介

使用 split()方法可以拆分英文文本中的单词，借助列表和字典等组合数据类型，可进一步完成词频统计等功能。

【示例 6-13】用 split()方法拆分英文文本单词。

```
>>>str1="the Zen of Python"
>>>str1.split()
    ['the', 'Zen', 'of', 'Python']
```

如果是一段中文文本（可以包括英文单词），如“Python 是一种优美简洁的计算机程序设计语言”，那么获得其中的中文单词将十分困难。因为英文文本可以通过空格或者标点符号分隔，而中文之间缺少分隔符，这是中文及类似语言独有的分词问题。使用 jieba 库中的 lcut()函数可以实现汉字单词的拆分。

【示例 6-14】用 jieba 库中的 lcut()函数实现汉字单词的拆分。

```
>>>import jieba
>>>str2="Python 是一种优美简洁的计算机程序设计语言"
>>>jieba.lcut(str2)
    Building prefix dict from the default dictionary ...
    Dumping model to file cache C:\Users\Admin\AppData\Local\Temp\
    jieba.cache
    Loading model cost 0.660 seconds.
    Prefix dict has been built successfully.
    ['Python', '是', '一种', '优美', '简洁', '的', '计算机', '程序设计',
    '语言']
```

jieba 库是第三方库，不是 Python 安装包自带的，因此需要通过 pip 工具安装。使用 pip 工具安装 jieba 库的命令如下：

```
C:\Users\Administrator>pip3 install jieba
```

其中，“C:\Users\Administrator>”是命令提示符，不同计算机的命令提示符可能略有不同。

jieba 库的分词原理是利用一个中文词库，将待分词的文本与分词词库进行比对，通过图结构和动态规划方法找到最大概率的词组。

jieba 库支持 3 种分词模式，具体如下。

1）精确模式：试图将句子最精确地切开，适合文本分析。

2）全模式：句子中所有可以成词的词语都扫描出来，速度快，但是不能解决歧义问题。

3）搜索引擎模式：在精确模式的基础上，对长词再次切分，提高召回率，适用于搜索引擎分词。

6.4.2 jieba 库的分词函数

jieba 库主要提供分词功能，可以辅助自定义分词词典。jieba 库常用的分词函数如表 6-12 所示。示例 6-15 是 jieba 库的分词应用。

表 6-12 jieba 库常用的分词函数

函数	功能描述
jieba.cut(s)	精确模式，返回一个可迭代的数据类型
jieba.cut(s,cut_all=True)	全模式，输出文本 s 中所有可能的单词
jieba. cut_for_search (s)	搜索引擎模式，适合搜索引擎建立索引的分词结果
jieba.lcut(s)	精确模式，返回一个列表类型
jieba.lcut(s,cut_all=True)	全模式，返回一个列表类型
jieba. lcut_for_search (s)	搜索引擎模式，返回一个列表类型

【示例 6-15】jieba 库的分词应用。

```
>>>import jieba
>>>str3="Python 是一种优美简洁的计算机程序设计语言"
>>>seg_list=jieba.cut(str3)
>>>seg_list
   <generator object Tokenizer.cut at 0x0000027AAFAAE6C0>
>>>for s in seg_list:print(s,end=',')
   Python,是,一种,优美,简洁,的,计算机,程序设计,语言,
>>>jieba.lcut(str3)
   ['Python', '是', '一种', '优美', '简洁', '的', '计算机', '程序设计',
   '语言']
>>>jieba.lcut(str3,cut_all=True)
   ['Python', '是', '一种', '优美', '简洁', '的', '计算', '计算机', '
   计算机程序', '算机', '程序', '程序设计', '设计', '语言']
>>>jieba.lcut_for_search(str3)
   ['Python', '是', '一种', '优美', '简洁', '的', '计算', '算机', '计
   算机', '程序', '设计', '程序设计', '语言']
```

从运行结果可以看出：

1）jieba.lcut(s)函数按精确模式拆分单词，输出的分词能够完整且不多余地组成原始文本。

2）jieba.lcut(s,True)函数按全模式拆分单词，输出原始文本中可能产生的所有分词，冗余性大。

3）jieba.lcut_for_search(s)函数按搜索引擎模式拆分单词，该模式首先执行精确模式，然后对其中的长词进行进一步切分以获得结果。

由于列表类型通用且灵活，因此建议读者使用上述 3 个能够返回列表类型的分词函数。

6.4.3　中文文本的词频统计

本小节的程序可完成汉字高频词的统计功能，程序思路如下：

1）使用 open()函数读取文件到变量 article 中，再使用 jieba.lcut()函数实现汉字分词功能，解析后的词语保存在列表 words 中。

2）定义一个内容为空的字典 word_fred，逐个读取列表 words 中的词语，重复下面的操作。

① 如果字典 word_freq 的 key 值中没有该单词，则向字典中添加元素，关键字是该单词，值为 1；如果字典的 key 值中有该单词，则字典的值加 1。

② 当列表中的单词全部读取结束后，每个单词出现的次数被放在字典 word_freq 中。word_freq 的 key 是单词，value 是单词出现的次数。

3）为了得到比较好的运行结果，将字典转换为列表后排序、输出。

【示例 6-16】《三国演义》前 60 回中的高频词统计。

```
#program0616.py
'''
使用 jieba 库分解中文文本，并使用字典实现词频统计
'''
#encoding=utf-8
import jieba
#读文件
article=open("d:/Python/sanguo60.txt",encoding='utf-8').read()
words=jieba.lcut(article)
#统计词频
word_freq={}
for word in words:
    if len(word)==1:
        continue
    else:
        word_freq[word]=word_freq.get(word,0)+1
#排序
freq_word=[]
for word,freq in word_freq.items():
    freq_word.append((word,freq))
freq_word.sort(key=lambda x:x[1],reverse=True)
max_number=eval(input("显示前多少位高频词？"))
#输出
for word,freq in freq_word[:max_number]:
    print(word,freq)
```

程序的第 13～14 行排除了单个汉字的分词结果，解析的文件 sanguo60.txt 内容是《三

国演义》的前 60 回。适当缩小文件的大小，可以提高分词的效率。

程序运行结果如下：

```
显示前多少位高频词？15
曹操 752
玄德 501
将军 383
玄德曰 335
关公 326
吕布 299
却说 270
孔明 248
荆州 226
二人 220
不可 220
主公 218
丞相 216
周瑜 216
刘备 209
```

观察运行结果，如果需要统计高频词中的人物出现次数，可以采用排除非人物单词的策略。为提高程序的可扩展性，将需要排除的单词存入文本文件中，将来如果需要增加排除的单词，只要修改文本文件即可。将用于排除单词的文本文件命名为 stopwords.txt，文件中被排除的每个单词占一行。基于示例 6-17 的结果，排除的单词包括“却说”“荆州”“二人”“不可”等。

【示例 6-17】引用了排除单词文件的高频词统计。

```
#program0617.py
'''
使用 jieba 库分解中文文本，并使用字典实现词频统计，统计结果中排除
部分单词，被排除单词保存在文件 stopwords.txt 中
'''
import jieba
stopwords=[line.strip() for line in open('d:/python/stopwords.txt',
'r',encoding='utf-8').readlines()]
#添加排除单词
stopwords.append('')
#读文件
article=open("d:/python/sanguo60.txt",encoding='utf-8').read()
words=jieba.cut(article,cut_all=False)
#统计词频
word_freq={}
for word in words:
```

```
        if (word in stopwords) or len(word)==1:
            continue
        if word in word_freq:
            word_freq[word]+=1
        else:
            word_freq[word]=1
    #排序
    freq_word=[]
    for word,freq in word_freq.items():
        freq_word.append((word,freq))
    freq_word.sort(key=lambda x:x[1],reverse=True)
    max_number=eval(input("需要前多少位高频词？ "))
    #输出
    for word,freq in freq_word[:max_number]:
        print(word,freq)
```

程序运行结果如下：

```
需要前多少位高频词？ 15
曹操 752
玄德 501
将军 383
玄德曰 335
关公 326
吕布 299
孔明 248
主公 218
丞相 216
周瑜 216
刘备 209
张飞 196
袁绍 189
云长 177
```

观察运行结果可以看出，文本文件 stopwords.txt 中的单词被排除，但又增加了一些词频高的非人物单词，这时就需要继续调整 stopwords.txt 中的排除单词，直到结果符合要求。

可以看出，运行结果中的刘备、玄德、玄德曰是同一个人，关公、云长是同一个人，曹操、丞相是同一个人。为更好地统计人物次数，这些数据均需要进行整合处理。进一步完善的程序如示例 6-18 所示。

【示例 6-18】同类单词合并后的高频词统计。

```
#program0618.py
```

```
'''
使用 jieba 库分解中文文本，并使用字典实现词频统计,统计结果中排除
部分单词，被排除单词保存在文件 stopwords.txt 中，合并了部分同义词
'''
import jieba
stopwords=[line.strip() for line in open('d:/python/stopwords.txt',
encoding='utf-8').readlines()]
#添加排除单词
stopwords.append('')
#读文件
article=open("d:/python/sanguo60.txt",encoding='utf-8').read()
words=jieba.lcut(article)
#统计词频
word_freq={}
for word in words:
    if (word in stopwords) or len(word)==1:
        continue
    elif word=='玄德' or word=='玄德曰':
        newword='刘备'
    elif word=='关公' or word=='云长':
        newword='关羽'
    elif word=='丞相':
        newword='曹操'
    elif word=='孔明' or word=='孔明曰':
        newword='诸葛亮'
    else:
        newword=word
    if newword in word_freq:
        word_freq[newword]+=1
    else:
        word_freq[newword]=1
#排序
freq_word=[]
for word,freq in word_freq.items():
    freq_word.append((word,freq))
freq_word.sort(key=lambda x:x[1],reverse=True)
max_number=eval(input("需要前多少位高频词？ "))
#显示
for word,freq in freq_word[:max_number]:
    print(word,freq)
```

程序运行结果如下：

```
需要前多少位高频词？ 10
刘备 1045
曹操 968
关羽 510
诸葛亮 470
将军 383
吕布 299
主公 218
周瑜 216
张飞 196
袁绍 189
```

示例 6-18 的运行结果尚需进一步完善，如需要排除查询结果“将军”，将查询结果“主公”与单词“刘备”合并等，这些请读者在调试程序过程中自行完成。

6.4.4　打包词频统计程序

6.4.3 小节的词频统计程序使用了第三方的 jieba 库，用户也可能需要使用其他的第三方库。使用了第三方库的 Python 源文件打包时可分两种情况处理。

1. 第三方库安装在 Python 的安装目录中

通常，默认的 Python 安装路径如下：

```
C:\Users\Administrator\AppData\Local\Programs\Python\Python312-64
```

第三方库 jieba 使用 pip3 工具安装的默认路径如下：

```
C:\Users\Administrator\AppData\Local\Programs\Python\
Python312-64\Lib\site-packages
```

这种情况下可以直接打包文件。

示例 6-18 的程序 program0618.py 使用了 jieba 库，打包命令可以描述如下：

```
D:\Python>pyinstaller -F d:\python\program0618.py
```

执行命令后，D:\python 的 dist 目录中将生成打包文件 program0618.exe，将 sanguo60.txt 文件和 stopwords.txt 文件复制到 D:\python 目录中，即可运行该程序。

2. 第三方库安装在特定目录中

使用 PyInataller 命令打包时，需要使用-p 参数指明第三方库的路径。

本 章 小 结

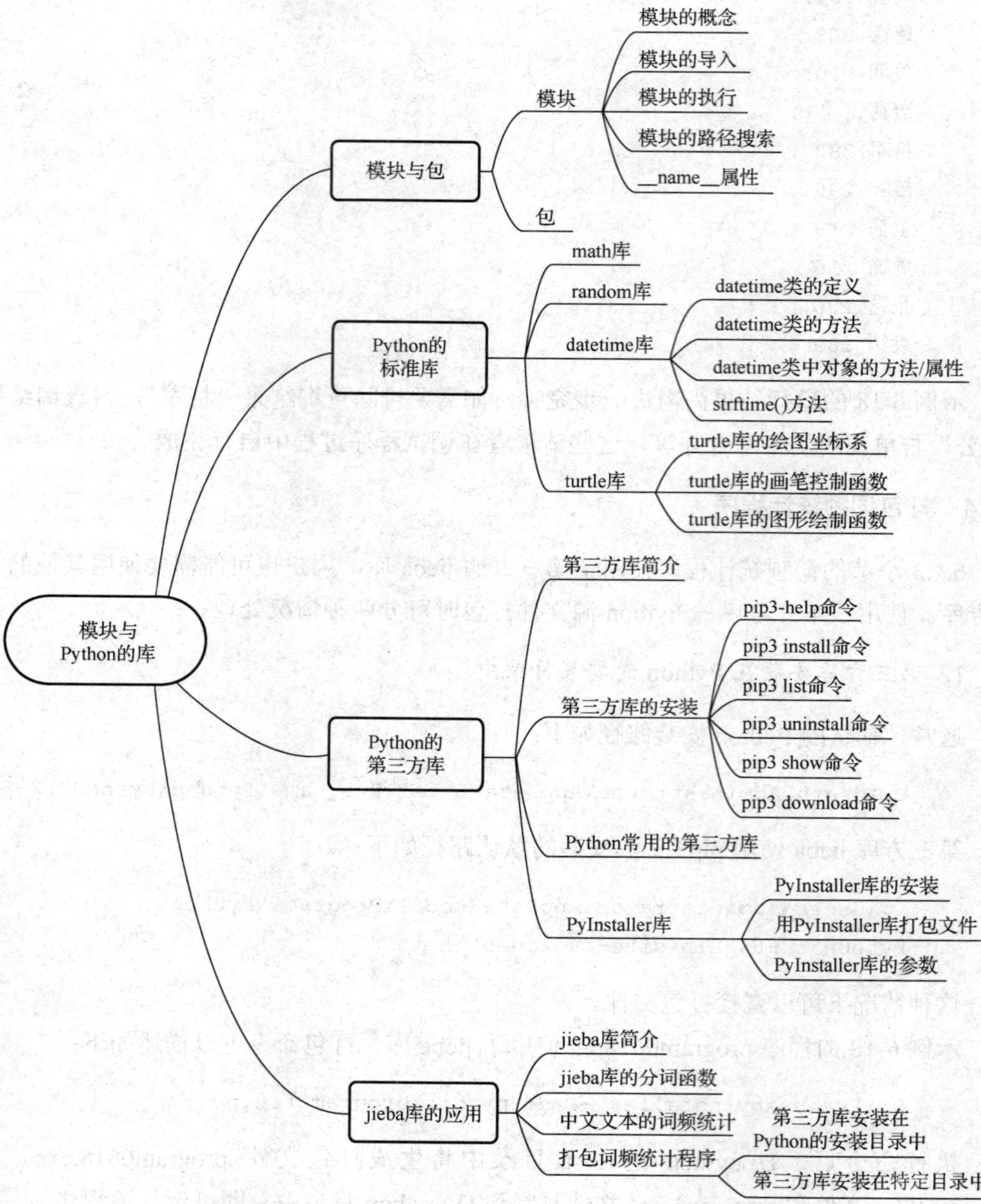
模块与
Python的库
模块与包
模块
模块的概念
模块的导入
模块的执行
模块的路径搜索
__name__属性
包
Python的
标准库
math库
random库
datetime库
datetime类的定义
datetime类的方法
datetime类中对象的方法/属性
strftime()方法
turtle库
turtle库的绘图坐标系
turtle库的画笔控制函数
turtle库的图形绘制函数
Python的
第三方库
第三方库简介
第三方库的安装
pip3-help命令
pip3 install命令
pip3 list命令
pip3 uninstall命令
pip3 show命令
pip3 download命令
Python常用的第三方库
PyInstaller库
PyInstaller库的安装
用PyInstaller库打包文件
PyInstaller库的参数
jieba库的应用
jieba库简介
jieba库的分词函数
中文文本的词频统计
打包词频统计程序
第三方库安装在
Python的安装目录中
第三方库安装在特定目录中

课 后 习 题

1. 选择题

（1）下列选项中，不属于 Python 标准库的是（　　）。

A．turtle 库　　B．random 库　　C．math 库　　D．PIL

（2）下列导入模块的语句中，错误的是（　　）。

A．import numpy as npy　　B．from numpy import * as npy

C．from numpy import *　　D．import matplotlib.pyplot

（3）以下关于模块的__name__属性的描述中，错误的是（　　）。

A．__name__用于表示当前模块的名字

B．模块独立运行时，__name__属性值为__main__

C．__name__属性是模块的私有属性

D．所有模块均有__name__属性

（4）Python 图形用户界面方向的第三方库是（　　）。

A．pillow 库　　B．scipy 库　　C．turtle 库　　D．wxPython 库

（5）turtle 库的绘图代码如下，其绘制的图形是（　　）。

```
import turtle as t
t.circle(40)
t.circle(60)
t.circle(80)
t.done()
```

A．笛卡儿心形　　B．内切圆　　C．同心圆　　D．外切圆

（6）关于 turtle 库画笔控制的方法，以下描述中错误的是（　　）。

A．turtle.colormode()的作用是设置画笔颜色模式

B．turtle.penup()的别名有 turtle.pu()、turtle.up()

C．turtle.width()用来设置绘图窗口的宽度

D．turtle.pendown()的功能是落下画笔之后，移动画笔将绘制形状

（7）关于 turtle 库形状绘制的方法，以下描述中错误的是（　　）。

A．turtle.circle(60,80)绘制的是半径为 80 的弧形

B．turtle.color("red")设置的画笔颜色是红色

C．turtle.fd(80)的功能是画笔沿当前方向绘制 80 像素距离

D．turtle.seth(45)函数的功能是设置画笔与 x 轴方向呈 45°

（8）以下代码的功能是（　　）。

```
import turtle as t
def DrawCircle1(n):
```

```
    t.penup()
    t.goto(0,-n)
    t.pendown()
    t.circle(n)
for i in range(12,72,12):
    DrawCircle1(i)
```

A．绘制五圆环　　B．绘制六圆环
C．绘制 5 个同心圆　　D．绘制 6 个同心圆

（9）time.ctime()函数的功能是（　　）。
A．返回系统当前时间戳对应的 struct_time 对象
B．与 datetime.ctime()函数的功能类似
C．返回系统当前时间戳对应的易读字符串表示
D．返回系统当前时间戳对应的本地时间的 struct_time 对象，本地时间经过时区转换

（10）下列关于 random 库的 seed(a)函数的说法中，正确的是（　　）。
A．生成一个随机整数　　B．设置初始化随机数种子 a
C．a 的取值只能是整数　　D．生成一个[0.0, 1.0)的随机小数

（11）以下关于 datetime 库的 time()函数的说法中，正确的是（　　）。
A．datetime.time()返回浮点型数据
B．datetime.time()返回系统当前的时间戳
C．datetime.time()具有 hour、minute、second 等属性
D．datetime.time()返回系统当前时间戳对应的易读字符串表示

（12）关于 Python 的内置函数 chr(i)的说法中，正确的是（　　）。
A．返回参数 i 的 Unicode 编码值
B．将整数 i 转换为二进制数
C．参数 i 必须是十进制整数
D．返回 Unicode 编码值为 i 的字符

（13）关于 Python 的内置函数 sorted(x)的说法中，正确的是（　　）。
A．对组合数据类型 x 进行排序，默认从小到大
B．参数 x 不可以是字符串
C．组合数据类型的元素只有是数值型时，才能使用 sorted(x)排序
D．不支持 sorted(x,reverse=True)这种函数调用格式

（14）以下关于 pip3 工具的说法中，错误的是（　　）。
A．pip3 本身即第三方库，需要安装后使用
B．pip3 可以用来安装第三方库
C．pip3 可以用来卸载一个已经安装的第三方库
D．pip3 可以用来列出当前系统已经安装的第三方库

（15）以下关于使用 pyinstaller 命令对 Python 源文件打包的描述中，错误的是（　　）。

A．pyinstaller 需要在命令行运行

B．生成的打包文件与源文件不一定在一个文件夹中

C．使用-F 参数，可以生成独立的打包文件

D．打包文件时，如果使用-i 参数指定图标文件，则图标文件的扩展名可以是.ico 或.png

（16）以下函数中，不是 jieba 库函数的是（　　）。

A．jieba.lcut()　　B．jieba.delete_word(x)

C．jieba.add_word()　　D．jieba.lcut_for_search()

（17）以下关于 jieba 库的函数 jieba.lcut(x)的描述中，正确的是（　　）。

A．向分词词典中增加新词 x

B．精确模式，返回中文文本 x 分词后的列表

C．全模式，返回中文文本 x 分词后的列表

D．搜索引擎模式，返回中文文本 x 分词后的列表

（18）使用 pip3 命令列出某个已经安装库详细信息的命令格式是（　　）。

A．pip3 install<安装库名>　　B．pip3 download<下载库名>

C．pip3 list<查询库名>　　D．pip3 show<查询库名>

（19）random.uniform(a, b)的功能是（　　）。

A．生成一个[0.0, 1.0)的随机小数

B．生成一个[a, b)的随机小数

C．生成一个[a, b]的随机小数

D．生成一个[a,b)的随机整数

（20）以下关于 str(x)函数的描述中，正确的是（　　）。

A．将 x 转换为字符串类型

B．x 只能是数值类型和布尔类型，不可以是组合数据类型

C．x=10，执行 y=len(str(x))转换后，y 的值是 10

D．str(x)除了将 x 转换为字符串外，还兼有排序功能

（21）关于下面代码的描述中，错误的是（　　）。

```
import random
random.seed(-9)
print(random.randrange(9,99))
```

A．seed()函数用于初始化随机数种子

B．import random 用于导入 random 库

C．random.randrange(9,99)用于生成一个 9～99（含 99）的随机整数

D．在同一台机器（同一操作系统）上，每次执行输出相同的随机整数

（22）Python 网络爬虫方向的第三方库是（　　）。

A．turtle 库　　B．jieba 库　　C．requests 库　　D．PyInstaller 库

（23）以下选项中，（　　）不是 Python 数据分析方向的第三方库。

A．scipy 库　　B．numpy 库　　C．pandas 库　　D．scrapy 库

（24）以下选项中，属于 PIL 库的应用方向的是（　　）。

A．机器学习　　B．图像处理　　C．Web 开发　　D．游戏开发

（25）给出字符串 s，下面用于中文分词并输出精确模式的中文分词结果的是（　　）。

A．jieba.lcut(s)　　B．jieba.cut(s,cut_all=True)

C．jieba.cut_for_search(s)　　D．jieba.lcut_for_search(s)

2．简答题

（1）简要叙述模块与包。

（2）举例说明 Python 中的标准库都有哪些。

（3）什么是第三方库？举例说明。

（4）简述 jieba 库及分词模式。

上机实践

1．阅读下面程序的代码，上机运行程序，观察运行结果，解析 turtle 库程序。

```
#demo0601.py
import turtle as t
def move(x,y):
    t.penup()
    t.goto(x,y)
t.pendown()

t.setup(800,300)
move(-300,0)
for x in range(1,5):
    t.forward(100)
    t.left(90)

move(-100,0)
for x in range(8):
    t.forward(50)
    t.left(45)

move(50,40)
for x in range(8):
    t.forward(120)
    t.right(225)
```

```
move(300,60)
for x in range(18):
    t.forward(60)
    if x%2==0:
        t.left(175)
    else:
        t.left(225)
t.done()
```

2．阅读下面的程序，上机运行程序，观察运行结果，解析 turtle 库程序。

```
#demo0602.py
import turtle
turtle.setup(500,300,400,400)

turtle.penup()
turtle.goto(-150,-100)
turtle.pendown()

turtle.fd(100)
turtle.circle(50,180)
turtle.fd(100)
turtle.circle(-50,-180)

turtle.penup()
turtle.goto(50,0)
turtle.pendown()

turtle.seth(45)
turtle.fd(150)
turtle.seth(-90)
turtle.fd(150)
turtle.hideturtle()
turtle.done()
```

3．编写程序 demo0603.py，统计中国古典名著《红楼梦》中各人物出现的频率。

提示：

（1）在网络上搜索并下载《红楼梦》的电子文件（.txt 文本格式）。

（2）利用 jieba 库的中文分词功能进行词频统计。

第 7 章　Python 的文件操作

Python 程序可以从文件中读取数据，也可以向文件中写入数据。文件被广泛应用于用户和计算机的数据交换。用户在文件处理过程中可以操作文件内容，也可以管理文件目录。本章介绍 Python 的文件操作，重点包括文件的相关概念、文件的读/写操作、文件的目录管理等内容。

学习目标：

✧　熟悉文件的相关概念。
✧　掌握文件的读/写操作。
✧　了解文件与目录的操作。
✧　掌握 CSV 格式文件的读/写。

7.1　文件的相关概念

文件是数据的集合，以文本、图像、音频、视频等形式存储在计算机的外部介质上。存储文件的介质可以是本地存储、移动存储或网络存储等形式，最典型的存储介质是磁盘。根据存储格式不同，文件可以分为文本文件和二进制文件两种形式。

7.1.1　文件的类型和编码方式

1. 文本文件和二进制文件

文本文件由字符组成，这些字符按 ASCII（American Standard Code for Information Interchange，美国信息交换标准代码）、UTF-8 或 Unicode 等格式编码，文件内容方便查看和编辑。Windows 记事本创建的.txt 格式的文件就是典型的文本文件，以.py 为扩展名的 Python 源文件、以.html 为扩展名的网页文件等都是文本文件。文本文件可以由多种编辑软件创建、修改和阅读，常见的软件有记事本、UltraEdit 等。

二进制文件存储的是由 0 和 1 组成的二进制编码。二进制文件内部数据的组织形式与文件用途有关。典型的二进制文件包括 BMP 格式的图片文件、AVI 格式的视频文件、各种计算机语言程序编译后生成的文件等。

二进制文件和文本文件最主要的区别在于编码格式，二进制文件只能按字节处理，文件读/写的是 bytes 字符串。无论是文本文件还是二进制文件，都可以用文本文件方式和二进制文件方式打开，但打开后的操作是不同的。

2. 文本文件的编码

编码是用数字表示符号和文字的方法，是符号、文字存储和显示的基础。我们经常看到的用密码对文件加密，之后传输和破译，就是一种编码和解码的过程。

计算机有很多种编码方式。最早的编码方式是 ASCII，其仅对 10 个数字、26 个大写英文字母、26 个小写英文字母及一些常用符号进行了编码。基本 ASCII 值采用 7 位编码，因此最多只能表示 128 个字符。

随着信息技术的发展，汉语、日语、阿拉伯语等不同语系的文字均需要进行编码，于是又有了 UTF-8、Unicode、GB2312、GBK 等格式的编码。特别强调，采用不同的编码方式意味着将同一字符存入文件时写入的内容可能不同。Python 程序读取文件时，一般需要指定读取文件的编码方式，否则程序运行时可能出现异常。

UTF-8 编码是国际通用的编码方式，用 8 位（1 字节）表示英语（兼容 ASCII 值），用 24 位（3 字节）表示中文及其他语言。UTF-8 对全世界所有国家使用的字符进行了编码。UTF-8 编码格式在任何语言平台下（如中文操作系统、英文操作系统、日文操作系统等）都可以正常显示，Python 语言源代码默认的编码方式即 UTF-8。

GB2312 编码是中国制定的中文编码，用 1 字节表示英文字符，用 2 字节表示汉字字符。GBK 是对 GB2312 的扩充。Unicode 是国际标准化组织（International Organization for Standardization，ISO）制定的可以容纳世界上所有文字和符号的字符编码方案，是编码转换的基础。编码转换时，先把一种编码的字符串转换成 Unicode 编码的字符串，然后将其转换成其他编码的字符串。

就汉字编码而言，GBK 编码的 1 个汉字占 2 字节，UTF-8 编码的 1 个汉字占 3 字节。

3. 文件指针

文件指针是文件操作的重要概念，Python 用指针表示文件当前读/写位置。在文件读/写过程中，文件指针的位置是自动移动的，可以使用 tell()方法测试文件指针的位置，用 seek()方法移动指针。

以只读方式打开文件时，文件指针指向文件开头；向文件中写数据或追加数据时，文件指针指向文件末尾。通过设置文件指针的位置，可以实现文件的定位读/写。

7.1.2 打开与关闭文件

无论是文本文件还是二进制文件，当进行文件的读/写操作时，都需要先打开文件，使用结束后再关闭文件。打开文件是指将文件从外部介质读取到内存中，文件被当前程序占用，其他程序不能操作该文件。在某些写文件模式下，打开不存在的文件时可以创建文件。

文件操作之后需要关闭文件，释放程序对文件的控制，将文件内容存储到外部介质，其他程序将能够操作该文件。

1. 打开文件

Python 用内置的 open()函数打开文件，并创建一个文件对象。open()函数的语法格式如下：

```
myfile=open(filename[,mode])
```

其中，myfile 为引用文件的变量；filename 为用字符串描述的文件名，可以包含文件的存储路径；mode 为文件读/写模式，指明将要对文件采取的操作。文件读/写模式如表 7-1 所示。

表 7-1 文件读/写模式

读/写模式	说明
r	以只读模式打开文件，默认值。以该模式打开的文件必须存在，如果不存在，将报告异常
r+	以读/写模式打开文件。以该模式打开的文件必须存在，如果不存在，将报告异常
w	以写模式打开文件。如果文件已存在，则清空内容后重新创建文件
w+	以读/写模式打开文件。如果文件已存在，则清空内容后重新创建文件
a	以追加模式打开文件，写入的内容追加到文件结尾。如果以该模式打开的文件已经存在，则不会清空，否则新建一个文件
rb	以二进制读模式打开文件，文件指针将指向文件开头
wb	以二进制写模式打开文件
ab	以二进制追加模式打开文件
rb+	以二进制读/写模式打开文件，文件指针将指向文件开头
wb+	以二进制读/写模式打开文件。如果该文件已存在，则将其覆盖；如果该文件不存在，则创建新文件
ab+	以二进制读/写模式打开文件。如果该文件已存在，则文件指针将指向文件结尾；如果该文件不存在，则创建新文件用于读/写

【示例 7-1】以各种模式打开文件。

```
    #默认以只读模式打开，文件不存在时报告异常
>>>file1=open("d:/python/readme.txt")
    Traceback (most recent call last):
      File "<pyshell#3>", line 1, in <module>
        file1=open("d:/python/readme.txt")
    FileNotFoundError: [Errno 2] No such file or directory: '
    d:/python/readme.txt'
    #以只读模式打开
>>>file2=open("d:/python/s1.py",'r')
    #以读/写模式打开，指明文件路径
>>>file3=open("d:/python/test.txt","w+")
    #以读/写模式打开二进制文件
>>>file4=open("d:/python/tu3.jpg","ab+")
```

2. 关闭文件

close()方法用于关闭文件。通常情况下，Python 操作文件时，使用内存缓冲区缓存文件数据。关闭文件时，Python 将缓存的数据写入文件后关闭文件，释放对文件的引用。close()方法的语法格式如下：

```
file.close()
```

flush()方法可将缓冲区内容写入文件，但不关闭文件。flush()方法的语法格式如下：

```
file.flush()
```

此外，文件对象支持使用 with 语句，确保打开的文件自动关闭。其语法格式如下：

```
with open(file,mode) as f:
    #操作打开的文件
```

7.2　文件的读/写操作

当文件被打开后，根据文件的访问模式可以对文件进行读/写操作。如果文件是以文本文件方式打开的，默认情况下，程序按照当前操作系统的编码方式读/写文件，也可以指定编码方式读/写文件；如果文件是以二进制文件方式打开的，则按字节流方式读/写文件。表 7-2 所示为文件读/写常用方法。

表 7-2　文件读/写常用方法

方法	说明
read([size])	读取文件全部内容，如果给出参数 size，则读取 size 长度的字符或字节
readline([size])	读取文件一行内容，如果给出参数 size，则读取当前行 size 长度的字符或字节
readlines([hint])	读取文件的所有行，返回行所组成的列表。如果给出参数 hint，则读取 hint 行
write(str)	将字符串 str 写入文件
writelines(seq_of_str)	写多行到文件，参数 seq_of_str 为可迭代的对象

7.2.1　读文件数据

Python 提供了一组读取文件内容的方法。本小节代码访问的文件是当前文件夹下的文本文件 test.txt，文件内容如下：

```
Hello Python!
Python 提供了一组读取文件内容的方法。访问当前文件夹下的文本文件 test.txt;
本文件是文本文件，默认编码格式 ANSI
```

1. read()方法

【示例 7-2】使用 read()方法读取文本文件内容。

```
#program0702.py
f=open("d:/python/test.txt","r")
str1=f.read(13)
print(str1)
str2=f.read()
```

```
print(str2)
f.close()
```

程序运行结果如下：

```
Hello Python!

Python 提供了一组读取文件内容的方法。访问当前文件夹下的文本文件 test.txt;
本文件是文本文件，默认编码格式 ANSI
```

程序以只读方式打开文件，先读取 13 个字符到变量 str1 中，输出 str1 值“Hello Python!”；第 5 行的 f.read()命令读取从文件当前指针处开始的全部内容。可以看出，随着文件的读取，文件指针在变化。下面的代码也将输出文件的全部内容，文件读取从开始到结束：

```
f=open("d:/python/test.txt","r")
str2=f.read()
print(str2)
f.close()
```

2. readlines()方法和 readline()方法

（1）readlines()方法

readlines()方法一次性读取所有行，如果文件很大，会占用大量的内存空间，读取时间也会较长。

【示例 7-3】使用 readlines()方法读取文本文件内容。

```
#program0703.py
f=open("d:/python/test.txt","r")
flist=f.readlines()      #flist 是包含文件内容的列表
print(flist)
for line in flist:
    print(line)          #使用 print(line,end="")将不输出文件中的空行
f.close()
```

第 4 行代码运行结果如下：

```
['Hello Python!\n', 'Python 提供了一组读取文件内容的方法。访问当前文件夹下
的文本文件 test.txt;\n', '本文件是文本文件，默认编码格式 ANSI\n']
```

第 5 行和第 6 行代码运行结果如下：

```
Hello Python!

Python 提供了一组读取文件内容的方法。访问当前文件夹下的文本文件 test.txt;
本文件是文本文件，默认编码格式 ANSI
```

程序将文本文件 test.txt 的全部内容读取到列表 flist 中，这是第一部分的运行结果；为了更清晰地输出文件内容，用 for 循环遍历列表 flist，这是第二部分运行结果。因为原来文本文件每行都有换行符"\n"，用 print()语句输出时也包含了换行，所以第二部分代码运行时，行和行之间增加了空行。

（2）readline()方法

readline()方法可以逐行读取文件内容，在读取过程中，文件指针后移。

【示例 7-4】使用 readline()方法读取文本文件内容。

```
#program0704.py
f=open("d:/python/test.txt","r")
str1=f.readline()
while str1!="":            #判断文件是否结束
    print(str1)
    str1=f.readline()
f.close()
```

3. 遍历文件

Python 将文件看作由行组成的序列，可以通过迭代的方式逐行读取文件。

【示例 7-5】以迭代方式读取文本文件内容。

```
#program0705.py
f=open("d:/python/test.txt","r")
for line in f:
    print(line,end="")
f.close()
```

上面所有示例中访问的 test.txt 是一个文本文件，默认为 ANSI 编码方式。如果读取一个 Python 源文件，程序运行时将报告异常，原因是 Python 源文件的编码方式是 UTF-8。例如，打开文件 program0702.py，应指定文件的编码方式，相应的代码应修改如下：

```
open("program0702.py","r",encoding="utf-8")
```

7.2.2　向文件写数据

write()方法用于向文件中写入字符串，同时文件指针后移；writelines()方法用于向文件中写入字符串序列，该序列可以是列表、元组或集合等。使用该方法写入序列时，不会自动增加换行符。

【示例 7-6】使用 write()方法向文件中写入字符串。

```
#program0706.py
fname=input("请输入追加数据的文件名：")
f1=open(fname,"w+")
f1.write("向文件中写入字符串\n")
```

```
f1.write("继续写入")
f1.close()
```

程序运行后，根据提示输入文件名，向文件中写入两行数据，如果文件不存在，则自动建立文件并写入内容。

【示例 7-7】使用 writelines()方法向文件中写入序列。

```
#program0707.py
f1=open("D:\\python\\data7.dat","a")
lst=["HTML5","CSS3","JavaScript"]
tup1=('2012','2010','1990')
m1={"name":"John","City":"SH"}
f1.writelines(lst)
f1.writelines('\n')
f1.writelines(tup1)
f1.writelines('\n')
f1.writelines(m1)
f1.close()
```

程序运行后，在 D:\python\文件夹下生成文件 data7.dat。此文件可以用记事本打开，内容如下：

```
HTML5CSS3JavaScript
201220101990
nameCity
```

7.2.3 文件指针定位读/写

前面各节中介绍的文件读/写是按顺序逐行进行的。在实际应用中，如果需要读取某个位置的数据，或向某个位置写入数据，需要获取文件的当前位置或移动文件的读/写位置。下面介绍这两种定位方式。

1. 获取文件当前的读/写位置

文件的当前位置就是文件指针的位置。tell()方法可以获取文件指针的位置并返回结果。本小节示例使用的 test.txt 文件内容如下，该文件存放在当前文件夹（D:\python）下：

```
Hello Python!
Python 提供了一组读取文件内容的方法。
本文件是文本文件，默认编码格式 ANSI
```

【示例 7-8】使用 tell()方法获取文件当前的读/写位置。

```
>>>file=open("D:\\python\\test.txt","r+")
>>>str1=file.read(6)                #读取 6 个字符
>>>str1
```

```
    'Hello '
>>>file.tell()                #文件当前位置
    6
>>>file.readline()            #从当前位置读取本行信息
    'Python!\n'
>>>file.tell()                #文件当前位置
    15
>>>file.readlines()
    ['Python 提供了一组读取文件内容的方法。\n', '本文件是文本文件，默认编码
    格式 ANSI\n']
>>>file.tell()                #文件长度为 89 字节
    89
>>>file.close()
```

2. 移动文件的读/写位置

文件在读/写过程中，指针会自动移动。调用 seek()方法可以手动移动指针，其语法格式如下：

```
file.seek(offset[,whence])
```

其中，offset 是移动的偏移量，单位为字节，值为正数时向文件尾方向移动文件指针，值为负数时向文件头方向移动文件指针；whence 指定文件指针从何处开始移动，值为 0 时从起始位置移动，值为 1 时从当前位置移动，值为 2 时从结束位置移动。

【示例 7-9】使用 seek()方法移动文件指针位置。

```
>>>file=open("D:\\python\\test.txt","r+")
>>>file.seek(6)                      #移动指针至第 6 个位置
   6
>>>str1=file.read(8)
>>>str1
   'Python!\n'
>>>file.tell()                       #移动指针至第 15 个位置
   15
>>>file.seek(6)                      #重新移动指针至第 6 个位置
   6
>>>file.write("@@@@@@@")             #写入 7 个字符，覆盖原来的数据
   7
>>>file.seek(0)                      #指针移至第 0 个位置
   0
>>>file.readline()
   'Hello @@@@@@@\n'
```

7.2.4 二进制文件的读/写

读/写文件的 read()和 write()方法也适用于二进制文件，但二进制文件只能读/写 bytes 字符串。默认情况下，二进制文件是顺序读/写的，可以使用 seek()方法和 tell()方法移动和查看文件当前位置。

1. 读/写 bytes 字符串

传统字符串加前缀 b 构成了 bytes 对象，即 bytes 字符串，其可以写入二进制文件。整型、浮点型、序列等数据类型如果要写入二进制文件，需要先转换为字符串，再使用 bytes()方法转换为 bytes 字符串，最后写入二进制文件。

【示例 7-10】向二进制文件读/写 bytes 字符串。

```
>>>fileb=open(r"D:\python\\mydata.dat",'wb') #以'wb'方式打开二进制文件
>>>fileb.write(b"Hello Python")              #写 bytes 字符串
   12
>>>n=123
>>>fileb.write(bytes(str(n),encoding='utf-8')) #将整数转换为 bytes 字
   符串写入文件
   3
>>>fileb.write(b"\n3.14")
   5
>>>fileb.close()
   #以'rb'方式打开二进制文件
>>>file=open(r"D:\python\\mydata.dat",'rb')
>>>print(file.read())
   b'Hello Python123\n3.14'
>>>file.close()
   #以'r'方式打开二进制文件
>>>filec=open(r"D:\python\\mydata.dat",'r')
>>>print(filec.read())
   Hello Python123
   3.14
>>>filec.close()
```

2. 读/写 Python 对象

如果直接用文本文件格式或二进制文件格式存储 Python 中的各种对象，通常需要进行烦琐的转换，此时可以使用 Python 标准模块 pickle 处理文件中对象的读/写。

用文件存储程序中的对象称为对象的序列化。pickle 是 Python 的一个标准模块，可

以实现 Python 基本的数据序列化和反序列化。pickle 模块的 dump()方法用于序列化操作，能够将程序中运行的对象信息保存到文件中，永久存储；而 pickle 模块的 load()方法用于反序列化操作，能够从文件中读取对象。

【示例 7-11】使用 pickle 模块的 dump()函数和 load()函数读/写 Python 对象。

```
>>>lst1=["read","write","tell","seek"]                          #列表对象
>>>dict1={"type1":"TextFile","type2":"BinaryFile"}              #字典对象
>>>fileb=open(r"D:\python\\mydata.dat",'wb')                    #写入数据
>>>import pickle
>>>pickle.dump(lst1,fileb)
>>>pickle.dump(dict1,fileb)
>>>fileb.close()
>>>fileb=open(r"D:\python\\mydata.dat",'rb')                    #读取数据
>>>fileb.read()
   b'\x80\x04\x95"\x00\x00\x00\x00\x00\x00\x00]\x94(\x8c\x04read
   \x94\x8c\x05write\x94\x8c\x04tell\x94\x8c\x04seek\x94e.\x80
   \x04\x95-\x00\x00\x00\x00\x00\x00\x00}\x94(\x8c\x05type1\x94
   \x8c\x08TextFile\x94\x8c\x05type2\x94\x8c\nBinaryFile\x94u.'
>>>fileb.seek(0)                                       #文件指针移动到开始位置
   0
>>>x=pickle.load(fileb)
>>>y=pickle.load(fileb)
>>>x,y
    (['read', 'write', 'tell', 'seek'], {'type1': 'TextFile', 'type2':
'BinaryFile'})
```

7.3 文件与目录操作

前面介绍的文件读/写操作主要是对文件内容的操作，而查看文件属性、复制和删除文件、创建和删除目录等属于文件和目录操作范畴。

7.3.1 常用的文件操作函数

os.path 模块和 os 模块提供了大量的操作文件名、文件属性、文件路径的函数。

1. os.path 模块常用的文件处理函数

表 7-3 所示为 os.path 模块常用的文件处理函数，其中参数 path 是文件名或目录名，文件保存位置是 D:\python\test.txt。

表 7-3 os.path 模块常用的文件处理函数

函数	说明	示例
abspath(path)	返回 path 的绝对路径	>>>os.path.abspath('test.txt') 'D:\\python\\test.txt'
dirname(path)	返回 path 的目录。与 os.path.split(path)的第一个元素相同	>>>os.path.dirname('D:\\python\\test.txt') 'D:\\ python'
exists(path)	如果 path 存在，则返回 True，否则返回 False	>>>os.path.exists('D:\\python') True
getatime(path)	返回 path 所指向的文件或者目录的最后存取时间	>>>os.path.getatime('D:\\python') 1714964767.3203797
getmtime(path)	返回 path 所指向的文件或者目录的最后修改时间	>>>os.path.getmtime('D:\\python\\test.txt') 1714964035.2956486
getsize(path)	返回 path 的文件大小（字节）	>>>os.path.getsize('D:\\python\\test.txt') 89
isabs(path)	如果 path 是绝对路径，则返回 True	>>>os.path.isabs('D:\\python') True
isdir(path)	如果 path 是一个存在的目录，则返回 True，否则返回 False	>>>os.path.isdir('D:\\python') True
isfile(path)	如果 path 是一个存在的文件，则返回 True，否则返回 False	>>>os.path.isfile('D:\\python') False
split(path)	将 path 分割成目录和文件名二元组并返回	>>>os.path.split('D:\\python\\test.txt') ('D:\\python', 'test.txt')
splitext(path)	分离文件名与扩展名，默认返回(fname,fextension)元组，可用于分片操作	>>>os.path.splitext('D:\\python\\test.txt') ('D:\\python\\test', '.txt')

2. os 模块常用的文件处理函数

表 7-4 所示为 os 模块常用的文件处理函数，其中参数 path 是文件名或目录名，文件保存位置是 D:\python\test.txt。os 模块常用的文件处理功能在 7.3.2 小节中介绍。

表 7-4 os 模块常用的文件处理函数

函数	说明
os.getcwd()	当前 Python 脚本的工作路径
os.listdir(path)	返回指定目录下的所有文件和目录名
os.remove(file)	删除参数 file 指定的文件
os.removedirs(path)	删除指定目录
os.rename(old,new)	文件 old 重命名为 new
os.mkdir(path)	创建单个目录
os.stat(path)	获取文件属性

7.3.2 复制、删除及重命名文件

1. 复制文件

无论是二进制文件还是文本文件，文件读/写都以字节为单位进行。在 Python 中，

复制文件可以使用 read()与 write()方法编程实现，还可以使用 shutil 模块的函数实现。shutil 模块是一个文件、目录的管理接口，该模块的 copyfile()函数可以实现文件的复制。

【示例 7-12】使用 shutil.copyfile()函数复制文件。

```
>>>import shutil
>>>shutil.copyfile("d:/python/test.txt",'testb.py')
   'testb.py'
```

以上代码执行时，如果源文件不存在，将报告异常。

2. 删除文件

文件的删除可以使用 os 模块中的 remove()函数实现，编程时可以使用 os.path.exists()函数来判断删除的文件是否存在。

【示例 7-13】删除文件。

```
#program0713.py
import os,os.path
fname=input("请输入需要删除的文件名:")
if os.path.exists(fname):
    os.remove(fname)
else:
    print("{}文件不存在".format(fname))
```

3. 重命名文件

文件的重命名可以通过 os 模块中的 rename()函数实现。示例 7-14 提示用户输入要更名的文件名，如果文件不存在，将退出程序；还需要输入更名后的文件名，如果该文件名已存在，也将退出程序。

【示例 7-14】重命名文件。

```
#program0714.py
import os,os.path,sys
fname=input("请输入需要更名的文件:")
gname=input("请输入更名后的文件名:")
if not os.path.exists(fname):
    print("{}文件不存在".format(fname))
    sys.exit(0)
elif os.path.exists(gname):
    print("{}文件已存在".format(gname))
    sys.exit(0)
else:
    os.rename(fname,gname)
print("rename success")
```

7.3.3 文件目录操作

目录即文件夹，是操作系统用于组织和管理文件的逻辑对象。在 Python 程序中，常见的目录操作包括创建目录、重命名目录、删除目录和查看目录中的文件等内容。

【示例 7-15】目录操作的命令。

```
>>>import os
>>>os.chdir("d:/python")                    #更改当前目录
>>>os.getcwd()                              #查看当前目录
   'd:\\python'
>>>os.listdir()                             #查看当前目录中的文件
   ['0.py', '1.py', '11.py', '2.py', '3.py', '4.py', '5.py', 'build',
   'data7.dat', 'dist', 'fibonacci.py', 'mydata.dat', 'program0618.py',
   'program0618.spec', 'program1.py', 's1.py', 'sanguo60.txt',
   'stopwords.txt', 'testa.txt', 'tp1.png', 'tu1.jpg', 'tu3.jpg']
>>>os.mkdir('myforder')                     #创建目录
>>>os.makedirs('yourforder/f1/f2')          #创建多级目录
>>>os.rmdir('myforder')                     #删除目录（目录必须为空）
>>>os.removedirs('yourforder/f1/f2')        #直接删除多级目录
>>>os.makedirs('aforder/ff1/ff2')           #创建多级目录
>>>import shutil
>>>shutil.rmtree('yourforder')              #删除存在内容的目录
```

7.4 CSV 格式文件的读/写

逗号分隔值（comma-separated values，CSV）格式是一种通用的、相对简单的文本文件格式，主要用于在程序之间交换数据，被广泛应用于商业和科学领域。

7.4.1 CSV 文件简介

1. CSV 文件的概念和特点

CSV 文件是一种文本文件，由任意数目的行组成，一行称为一条记录。记录间以换行符分隔；每条记录由若干数据项组成，这些数据项称为字段。字段间用逗号分隔，也可以使用制表符或其他符号。通常，所有记录都有完全相同的字段序列。

CSV 格式的文件一般使用.csv 作为扩展名，可以通过 Windows 操作系统平台上的记事本或 Excel 软件打开，也可以在其他操作系统平台上用文本编辑工具打开。常用的表格数据处理工具（如 Excel）可以将数据另存或导出为 CSV 格式，用于不同工具间的数据交换。

CSV 文件的特点如下：

1）读取出的数据一般为字符类型，如果要获得数值类型，需要用户完成转换。

2）以行为单位读取数据。

3）列之间以半角逗号或制表符为分隔符，一般为半角逗号。

4）每行开头无空格，第一行是属性列，数据列之间用分隔符分开，无空格，行之间无空行。

2. 建立CSV文件

CSV文件是纯文本文件，可以使用记事本按照CSV文件的规则来建立。更方便地建立CSV文件的方法是使用Excel软件录入数据，另存为CSV文件即可，该文件保存在用户的工作文件夹下。本节示例使用的score.csv文件内容如下：

```
Name,DEP,Eng,Math,Chinese
Rose,法学,89,78,65
Mike,历史,56,44
John,数学,45,65,67
```

3. csv库

Python提供了一个读/写CSV文件的标准库csv，可以通过import csv语句导入该库。csv库包含操作CSV文件最基本的功能，典型的函数是csv.reader()和csv.writer()，分别用于读和写CSV文件。

因为CSV文件格式相对简单，所以请读者尝试自行编写操作CSV文件的函数。

7.4.2 CSV文件的读/写

1. 数据的维度描述

CSV文件主要用于数据的组织和处理。根据数据表示的复杂程度和数据间关系的不同，可以将数据划分为一维数据、二维数据、多维数据和高维数据等类型。

一维数据即线性结构的数据，也称线性表，表现为n个数据项组成的有限序列。这些数据项之间体现为线性关系，即除了序列中第一个元素和最后一个元素之外，序列中的其他元素都有一个前驱和一个后继。在Python中，可以用列表、元组等描述一维数据。下面是对一维数据的描述：

```
lst1=['a','b','1',100]
tup1=(1,3,5,7,9)
```

二维数据也称关系，与数学中的二维矩阵类似，用表格方式组织。用列表和元组描述一维数据时，如果一维数据中的每个数据项又是序列，就构成了二维数据。下面是用列表描述的二维数据：

```
lst2=[[1,2,3,4],['a','b','c'],[-9,-37,100]]
```

更典型的二维数据用表描述，如表7-5所示。

表 7-5 二维数据

Name	DEP	Eng	Math	Chinese
Rose	法学	89	78	65
Mike	历史	56		44
John	数学	45	65	67

二维数据可以理解为特殊的一维数据，其更适合用 CSV 文件存储。多维数据是二维数据的扩展。高维数据由键值对类型的数据构成，采用对象方式组织，属于维度更高的数据组织方式。

下面是用元组组织的多维数据：

```
tup2=(((1,2,3),(-1,-2,-3),('a','b','c')),((-100,-200),('ab','bc')))
```

用键值对组织的高维数据如下：

```
"成绩单":[
          {"姓名":"Rose",
          "专业":"法学",
          "score":"78"
          }
          {"姓名":"Mike",
          "专业":"历史",
          "score":"78"
          }
          {"姓名":"John"
          "专业":"数学",
          "score":"90"
          }
]
```

其中，数据项 score 可以进一步用键值对形式描述，形成复杂的高维数据。

2. 写入和读取一维数据

用列表变量保存一维数据时，可以将列表项转换为字符串的逗号分隔形式（使用字符串的 join()方法），再通过文件的 write()方法保存到 CSV 文件中。读取 CSV 文件中的一维数据，即读取一行数据，使用文件的 read()方法即可，也可以将文件的内容读取到列表中。

【示例 7-16】将一维数据写入 CSV 文件并读取。

```
#program0716.py
#向 CSV 文件中写入一维数据并读取
lst1=["name","age","school","address"]
filew=open('d:/python/asheet.csv','w')
```

```
filew.write(",".join(lst1))
filew.close()
filer=open('d:/python/asheet.csv','r')
line=filer.read()
print(line)
filer.close()
```

3. 写入和读取二维数据

csv 库中的 reader()和 writer()函数提供了读/写 CSV 文件的功能。需要注意的是，在写入 CSV 文件的函数中，指定“newline=""”选项可以防止向文件中写入空行。在示例 7-17 的代码中，在文件操作时使用 with 上下文管理语句，当文件处理完毕后，将会自动关闭。

【示例 7-17】写入和读取二维数据。

```
#program0717.py
#使用 csv 库写入和读取二维数据
datas=[['Name','DEP','Eng','Math','Chinese'],
['Rose','法学',89,78,65],
['Mike','历史',56,'',44],
['John,数学',45,65,67]
]
import csv
filename='bsheet.csv'
with open(filename,'w',newline="") as f:
    writer=csv.writer(f)
    for row in datas:
        writer.writerow(row)
ls=[]
with open(filename,'r') as f:
    reader=csv.reader(f)
    #print(reader)
    for row in reader:
        print(reader.line_num,row)    #行号从 1 开始
        ls.append(row)
    print(ls)
```

程序运行结果如下：第一部分是逐行输出二维数据，并输出行号；第二部分输出的是列表。

```
1 ['Name', 'DEP', 'Eng', 'Math', 'Chinese']
2 ['Rose', '法学', '89', '78', '65']
3 ['Mike', '历史', '56', '', '44']
```

```
4 ['John,数学', '45', '65', '67']
[['Name', 'DEP', 'Eng', 'Math', 'Chinese'], ['Rose', '法学', '89', '78',
'65'], ['Mike', '历史', '56', '', '44'], ['John,数学', '45', '65',
'67']]
```

上面的运行结果中包括列表的符号，也包括数据项外面的引号，下面进一步处理。

【示例 7-18】处理 CSV 文件的数据，输出整齐的二维数据。

```
#program0718.py
#使用内置 csv 模块写入和读取二维数据
datas=[['Name','DEP','Eng','Math','Chinese'],
['Rose','法学',89,78,65],
['Mike','历史',56,'',44],
['John','数学',45,65,67]
]
import csv
filename='bsheet.csv'
str1=''
with open(filename,'r') as f:
    reader=csv.reader(f)
    #print(reader)
    for row in reader:
        for item in row:
            str1+=item+'\t'                      #增加数据项间距
        str1+='\n'                               #增加换行
        print(reader.line_num,row)               #行号从 1 开始
    print(str1)
```

程序运行结果如下：

```
1 ['Name', 'DEP', 'Eng', 'Math', 'Chinese']
2 ['Rose', '法学', '89', '78', '65']
3 ['Mike', '历史', '56', '', '44']
4 ['John', '数学', '45', '65', '67']
Name    DEP Eng Math    Chinese
Rose    法学 89  78      65
Mike    历史 56          44
John    数学 45  65      67
```

7.5 文件操作的应用

1. 为文本文件添加行号

为文本添加行号的基本思路是先遍历文件的每行，然后使用 enumerate()函数读取一行并添加行号后，再写入新文件中。enumerate()函数的功能是为一个可遍历的数据对象

（如列表、元组或字符串）构建一个索引序列，同时列出数据和索引，通常用在 for 循环中。

【示例 7-19】使用 enumerate()函数遍历文本文件并添加行号。

```
#program0719.py
filename=input("请输入要添加行号的文件名：")
filename2=input("请输入新生成的文件名：")
sourceFile=open(filename,'r',encoding="utf-8")
targetFile=open(filename2,'w',encoding="utf-8")
linenumber=""
for (num,value) in enumerate(sourcefile):
    if num<9:
        linenumber='0'+str(num+1)
    else:
        linenumber=str(num+1)
    str1=linenumber+"   "+value
    print(str1)
    targetFile.write(str1)
sourceFile.close()
targetFile.close()
```

2. 输入日志程序

【示例 7-20】使用交互方式建立日志文件。

```
#program0720.py
from datetime import datetime
filename=input("请输入日志文件名：")
file=open(filename,'a')
print("请输入日志，exit 结束")
s=input("log:")
while s.lower()!="exit":
    file.write("\n"+s)
    file.write("\n----------------------\n")
    file.flush()
    s=input("log:")
file.write("\n====="+str(datetime.now())+"=====\n")
file.close()
```

运行程序，提示用户输入日志文件名，之后输出输入日志提示，当输入 exit 后，结束本次日志输入，退出 while 循环，在日志末尾添加本次日志输入的日期和时间。为使日志输出清晰，向文件中写入数据时加入了换行符"\n"。

某一次的运行结果如下：

```
请输入日志文件名：d:\python\mylog.txt
请输入日志，exit 结束
log:继续输入新的日志
log:程序运行正常，日志内容追加
log:测试完毕
log:exit
```

生成的日志文件用记事本打开，如图 7-1 所示。

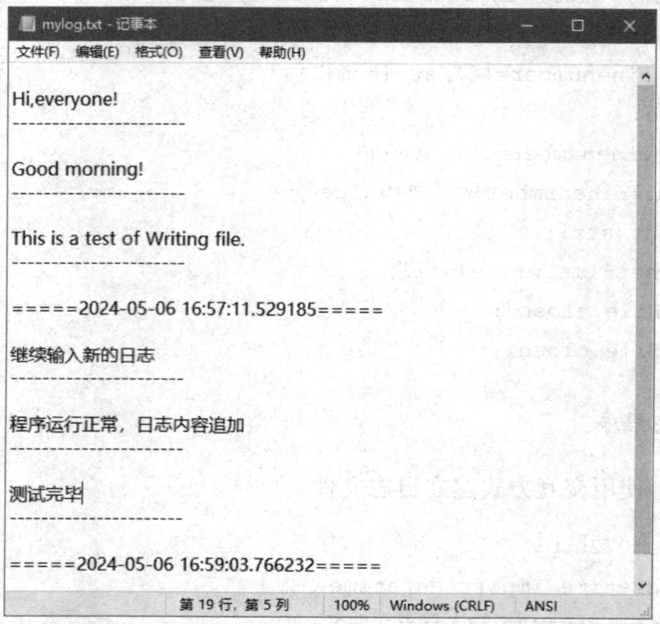

图 7-1　生成的日志文件

3. 数据序列化的实现

序列化操作可以保存程序运行中的对象，方便恢复对象状态。示例 7-21 中，首先，使用字典对象保存模块名称、创建时间、模块功能等数据项，将字典添加到列表中；之后，使用 pickle 模块的 dump()函数将列表写入文件；最后，读取文件，并输出列表和字典等信息。

为了能在文件中写入日期，示例 7-21 导入了 date 和 datetime 模块；为简化程序，未处理日期格式。

【示例 7-21】使用序列化操作保存列表和字典中的对象。

```
#program0721.py
from datetime import date,datetime
```

```
import pickle
def saveData():
    '''
    使用字典保存模块名称、创建时间和模块功能等信息
    使用列表保存多个模块信息
    '''
    modules=[]
    m1={"name":"登录注册","描述":'使用字典保存模块名称、创建时间和模块功能信息'}
    m2={"name":"订单管理","日期":date(2017,10,12),"描述":'订单管理模块
    实现的是订单数据的输入、追加、修改和删除等功能'}
    m3={"name":"客户管理","日期":datetime.now(),"描述":'使用字典保存模
    块名称、创建时间和模块功能信息'}
    modules.append(m1)
    modules.append(m2)
    modules.append(m3)
    file=open("minfo.data","ab")
    pickle.dump(modules,file)
    file.close()
    print("数据写入成功\n")
    file=open("minfo.data","rb")
    lst1=pickle.load(file)
    for item in lst1:
        print(item)
    file.close()
    print("\n 数据读取结束")
saveData()    #调用函数
```

程序运行结果如下：

```
数据写入成功
{'name': '登录注册', '描述': '使用字典保存模块名称、创建时间和模块功能信息'}
{'name': '订单管理', '日期': datetime.date(2017, 10, 12), '描述': '订
单管理模块实现的是订单数据的输入、追加、修改和删除等功能'}
{'name': '客户管理', '日期': datetime.datetime(2024, 5, 6, 17, 1, 58,
79506), '描述': '使用字典保存模块名称、创建时间和模块功能信息'}

数据读取结束
```

本章小结

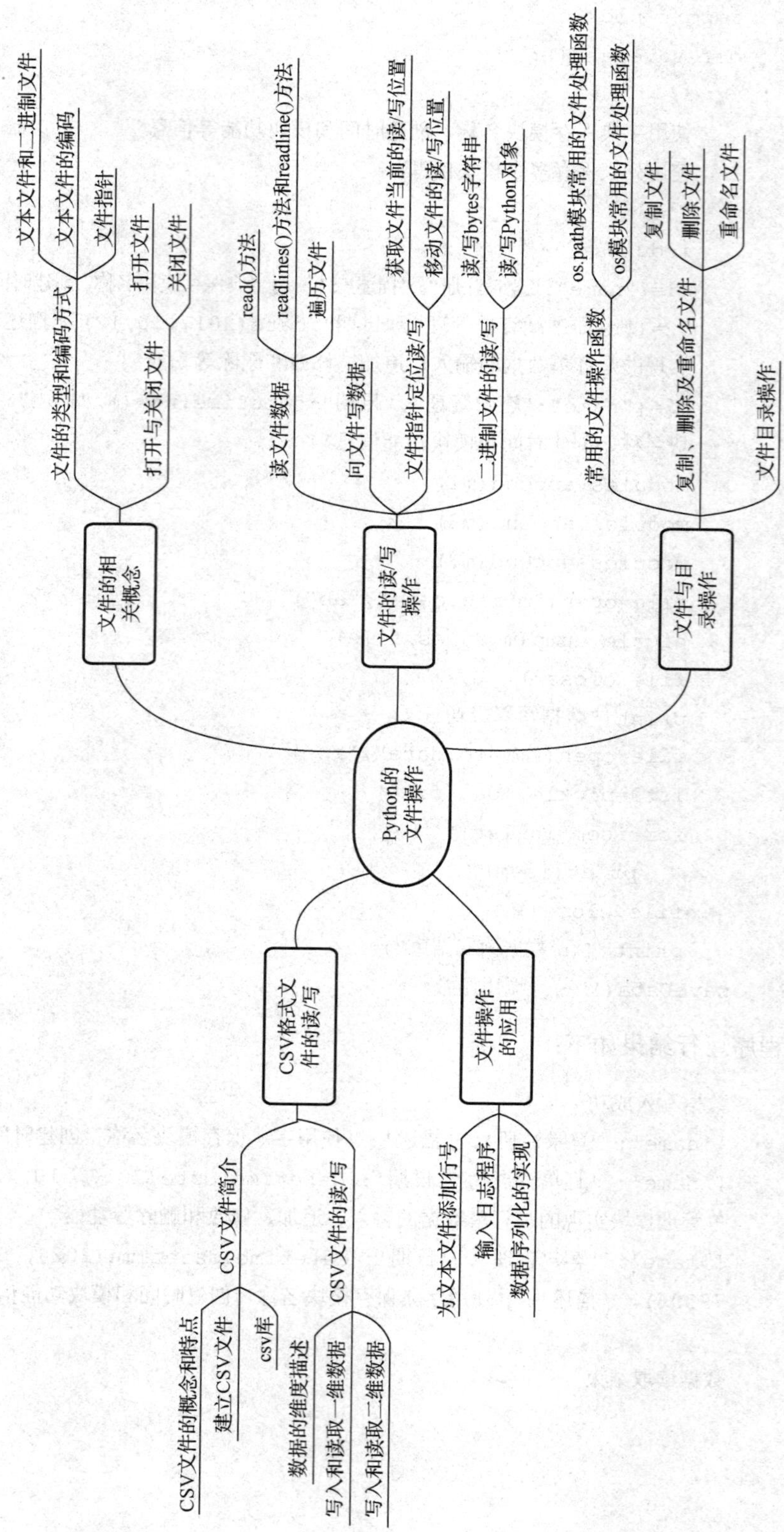
Python的文件操作
文件的相关概念
文件的类型和编码方式
文本文件和二进制文件
文本文件的编码
文件指针
打开与关闭文件
打开文件
关闭文件
文件的读/写操作
读文件数据
read()方法
readlines()方法和readline()方法
遍历文件
向文件写数据
文件指针定位读/写
获取文件当前的读/写位置
移动文件的读/写位置
二进制文件的读/写
读/写bytes字符串
读/写Python对象
文件与目录操作
常用的文件操作函数
os.path模块常用的文件处理函数
os模块常用的文件处理函数
复制、删除及重命名文件
复制文件
删除文件
重命名文件
文件目录操作
CSV格式文件的读/写
CSV文件简介
CSV文件的概念和特点
建立CSV文件
csv库
CSV文件的读/写
数据的维度描述
写入和读取一维数据
写入和读取二维数据
文件操作的应用
为文本文件添加行号
输入日志程序
数据序列化的实现

课 后 习 题

1．选择题

（1）以下关于 Python 文件打开模式的描述中，错误的是（　　）。

A．追加写模式 a　　B．创建写模式 c

C．只读模式 r　　D．覆盖写模式 w

（2）关于 open()函数中的 '+' 打开模式，以下选项中描述正确的是（　　）。

A．一种写文件的模式

B．一种读文件的模式

C．追加写模式

D．与 r、w、a、x 一同使用，在原功能的基础上增加读/写功能

（3）以下选项中，不是 Python 文件打开模式的是（　　）。

A．"bw+"　　B．"br+"

C．打开模式选项省略　　D．"wr"

（4）以下选项中，不是 Python 文件二进制打开模式的是（　　）。

A．"bt"　　B．"br"　　C．"bx"　　D．"bw"

（5）关于 open()函数的文件名参数，以下选项中描述错误的是（　　）。

A．参数对应的文件如果不存在，打开时会报错

B．参数对应的文件名不可以是一个目录

C．参数对应的文件名可以是相对路径

D．参数对应的文件名可以是绝对路径

（6）使用 open()函数打开 Windows 操作系统 D 盘 pfile 目录下的文件，以下选项中，路径描述错误的是（　　）。

A．D:\ pfile\a.txt　　B．D:// pfile//a.txt

C．D:\\ pfile\\a.txt　　D．D:/ pfile/a.txt

（7）以下选项中，不是 Python 文件的读操作方法的是（　　）。

A．readlines()　　B．read()　　C．readchar()　　D．readline()

（8）关于 Python 对文件的处理，描述错误的是（　　）。

A．Python 能够以文本和二进制两种方式处理文件

B．文件使用结束后要用 close()方法关闭，释放文件的使用权

C．Python 使用 open()函数打开一个文件

D．Python 源文件默认的编码方式为 Unicode

（9）关于以下代码，以下选项中描述错误的是（　　）。

```
name=input("请输入要打开的文件：")
fi=open(name)
```

```
for line in fi.readlines():
    print(line)
fi.close()
```

A．fi.readlines()的内容是一个序列，可以使用 type(fi.readlines())查看其类型
B．用户输入文件名称，以文本文件方式读入文件内容并逐行输出
C．通过 fi.readlines()方法将文件的全部内容读入一个字典 fi
D．代码 for line in fi.readlines()可以写为 for line in fi

（10）关于数据组织的维度，以下选项中描述错误的是（　　）。
A．一维数据可以使用列表或元组组织
B．二维数据可以通过表格方式组织
C．高维数据由键值对类型的数据构成，采用对象方式组织
D．多维数据可以使用树状结构组织

（11）关于 CSV 文件的描述，以下选项错误的是（　　）。
A．CSV 文件格式是一种通用的文件格式，可用于程序之间交换数据
B．CSV 文件每行的数据项必须由逗号分隔
C．CSV 文件的每行是一维数据
D．整个 CSV 文件是一个二维数据

（12）关于高维数据的重要特征，以下选项正确的是（　　）。
A．用列表组织　　B．用集合组织
C．用多重列表组织　　D．用键值对组织

（13）关于表格类型数据的组织维度，以下选项正确的是（　　）。
A．高维数据　　B．一维数据　　C．二维数据　　D．多维数据

（14）已知列表 lst=[3, -3, 2, "ab", "ac", "ad"]，其中的元素包含两种数据类型。关于 lst 的数据组织维度，以下选项正确的是（　　）。
A．多维数据　　B．高维数据　　C．二维数据　　D．一维数据

（15）给定字典 dicts={"id":101, "address":"PKU", "pcode": "111000"}，关于字典 dicts 的数据组织维度，以下选项正确的是（　　）。
A．多维数据　　B．高维数据　　C．二维数据　　D．一维数据

（16）下面的函数中，不是文件操作函数的是（　　）。
A．writeline()　　B．writelines()　　C．open()　　D．close()

（17）关于二维数据 CSV 的存储，以下选项中描述错误的是（　　）。
A．CSV 文件的每一行表示一个具体的一维数据
B．CSV 文件不能包含二维数据的表头信息
C．CSV 文件不是存储二维数据的唯一方式
D．CSV 文件的每行通常采用逗号分隔多个数据项

（18）表达式“",".join(lst)”中，lst 是列表类型，以下选项中描述正确的是（　　）。
A．将逗号增加到列表 lst 中，作为列表的最后一个元素
B．将逗号增加到列表 lst 中，作为列表的第一个元素

C．将列表 lst 中的所有元素连接成一个字符串，元素之间增加一个逗号

D．在列表 lst 每个元素后增加一个逗号

（19）给出二维列表 lst=[[1,2,3], [4,5,6],[7,8,9]]，以下选项中能获取其中元素 6 的是（　　）。

A．lst[2][3]　　B．lst[−2][2]　　C．lst[5]　　D．lst[−2][−2]

（20）给出二维列表 lst=[['a','b','c'], ['a','b','c'],1]，以下选项中能获取其中一个维度的数据是（　　）。

A．lst[1][1]　　B．lst[−2]　　C．lst[−2][−1]　　D．lst[−1][−1]

（21）给出列表 lst=['1','2',[3, 4,5],6,[7,8,9]]，以下选项中描述正确的是（　　）。

A．lst 可能是多维列表　　B．lst 可能是一维列表

C．lst 可能是二维列表　　D．lst 可能是高维列表

（22）以下方法中，不能用于从文件中读取数据的是（　　）。

A．readlines()　　B．readtext()　　C．readline()　　D．read()

（23）关于下面代码中的变量 c，以下选项中描述正确的是（　　）。

```
fname="D:/ pfile/a.txt"
file=open(fname)
for c in file:
   print(c)
file.close()
```

A．变量 c 表示文件中的一行字符　　B．变量 c 表示文件中的一个单词

C．变量 c 表示文件中的所有字符　　D．变量 c 表示文件中的一个字符

（24）以下方法中，可以用于从 CSV 文件中解析出一维数据或二维数据的是（　　）。

A．exists()　　B．split()　　C．format()　　D．join()

（25）关于 CSV 文件的扩展名，以下选项中描述正确的是（　　）。

A．可以为任意扩展名　　B．扩展名只能是.txt

C．扩展名只能是.csv　　D．扩展名只能是.xls

（26）下列方法中，用于获取当前目录的是（　　）。

A．os.mkdir()　　B．os.listdir()　　C．os.getcwd()　　D．os.mkdir(path)

（27）当打开一个不存在的文件时，以下选项中描述正确的是（　　）。

A．一定会报错　　B．不存在文件，无法被打开

C．文件不存在则创建文件　　D．根据打开类型不同，可能不报错

（28）打开并能读取 CSV 格式文件的选项是（　　）。

A．fo=open("123.csv","w")　　B．fo=open("123.csv","r")

C．fo=open("123.csv","a")　　D．fo=open("123.csv","x")

（29）下面语句中，myfile.data 文件的目录是（　　）。

```
open("myfile.data","ab")
```

A．C 盘根目录下　　B．由 path 路径指明

C. Python 安装目录下　　　　　　D. 与程序文件在相同的目录下

（30）执行以下程序段，以下选项中描述错误的是（　　）。

```
fout=open('yourfile.txt','w+')
with open("yourfile.py","r+") as f:
    lines=f.readlines()
    for item in lines:
        fout.write(item)
        print(item,end="")
fout.close()
```

A. lines 是列表类型

B. 将文件 yourfile.py 输出

C. 将文件 yourfile.py 复制到 yourfile.txt 文件

D. 程序执行后，yourfile.py 文件未关闭，需要使用 close()方法关闭

2. 简答题

（1）什么是文件指针？Python 中操作文件指针使用什么方法？

（2）文本文件有不同的编码方式，UTF-8、Unicode、GBK 编码方式中，一个汉字各占几字节的存储空间？

（3）在 Python 中采用什么方法处理 CSV 格式文件？

（4）通常使用什么方法将一维数据写入文件或从文件中读取并处理？

上机实践

1. 编写程序 demo0701.py，逐一处理文本文件 demo0701.py 中的大写字母、小写字母和数字出现的次数。

提示：

（1）打开 demo0701.py 文件（自行创建）。

（2）读取文件中的每个字符，一直到文件末，分别计数大写字符、小写字符和数字字符。

2. 给出一篇文档“论文.txt”，其中包括批注文字、注释文字（用【】标记）、引用标注（①②等）。文档“论文.txt”部分内容如下：

> 本文提出的 DNPELM 算法在 ORL 数据集上的识别率达到了最大值 93.25%，比同属于一个数据上的 ELM 算法提高了 33.5%。在 UMIST 数据集上，DNPELM 算法比 ELM 算法提高了 26.43%，在 USPS 数据集上，DNPELM 算法比 ELM 算法提高了 18.71%，在 2K2K 数据集上，DNPELM 算法比 ELM 算法提高了 29.43%。
> 批注：请提供更翔实的数据
> 由表 4.3 可以看出，DNPELM 算法在各个数据集上的平均识别率均达到了 80%以上，且同其他算法相比①，DNPELM 算法的相对误差较小。而 RAFELM 算法却与此相反，表现出了

较大的相对误差②，达到了 13.89%，
【由此说明，虽然 RAFELM 和 DNPELM 算法的平均识别率比原始的 ELM 算法】
【有所提高，虽然 RAFELM 和 DNPELM 算法的平均识别率比原始的 ELM 算法有所提高，】
但 RAFELM 算法相对误差偏高，图像波动大，最不稳定，而 DNPELM 算法却展现了良好的稳定性。

编写程序 demo0702.py，请对该文档进行清洗，删除批注行、带有注释的行（用【】标记）和①②等引用标注，将清洗后的文本输出为“论文 2.txt”。

提示：

（1）以读的方式打开“论文.txt”，以写的方式打开“论文 2.txt”。

（2）对读出文件的每行，如果是批注行和【】标记行，则跳过处理。

（3）将每行含有①②③标记的内容用空值替换。

（4）每处理好一行后写入“论文 2.txt”文件中。

3．编写程序 demo0703.py，将键盘输入的内容逐行写入文件中，当输入 Exit 时程序中止执行。

提示：

（1）以写的方式打开文件。

（2）可以重复输入写的内容，直到输入“Exit”停止。

4．文件名为 score.csv 的文本文件中记录了学生的姓名、成绩两项信息。编写程序 demo0704.py，输出按成绩降序排列的学生信息。

提示：

（1）打开 CSV 文件。

（2）读取文件中每行信息，存入字典中。

（3）将字典中的数据存入列表中，并按照成绩排序输出。

5．编写程序 demo0705.py，读取一个英文文件，统计文件中某单词出现的次数。

提示：

（1）读取英文文件，将文件中每行的标点符号用空格替换。

（2）将每行内容的单词作为键，对单词出现的次数进行统计，存入字典中。

（3）将字典内容转换成列表，排序输出。

6．编写程序 demo0706.py，读取一个中文文件，对文件进行中文分词，输出出现频率最高的前 10 个单词，要求运行结果中不包括单字词。

提示：

（1）用 jieba 库中的 lcut()分词函数进行分词，存入列表中。

（2）遍历列表，用字典存放每个单词及出现的次数（删除单字词）。

（3）对字典中的数据进行排序输出。

7．编写程序 demo0707.py，将当前编写的 Python 源文件中的所有小写字母转换为大写字母，大写字母转换为小写字母，并保存至文件 temp.txt。

提示：

（1）分别打开源文件（读模式）和目标文件（写模式）。

（2）遍历每个字符，对其进行相应转换，连接到新变量中，直到所有字符均处理完毕。

（3）将处理完的字符串写入目标文件中。

8．编写程序 demo0708.py，将一个文件中的指定单词删除后，复制到另一个文件中。

提示：

（1）分别打开读文件与写文件。

（2）输入指定的要删除的单词。

（3）遍历读文件中每行信息，将存在的指定单词删除后写入写文件中。

9．编写程序 demo0709.py，读取学生成绩文件 score.txt 中的考试成绩（每个成绩占用一行），统计考生人数、最高分、最低分及平均分，输出并将结果存储到 result.txt 文件中。

提示：

（1）创建文本文件 score.txt，输入若干考生成绩，每个成绩占一行且无空行。

（2）用 readlines()方法读取每行数据。

（3）将读取的每行数据转换成数值型并保存到列表中。

（4）通过列表进行成绩统计、输出并写入 result.txt 文件中。

10．编写程序 demo0710.py，读取 data.csv 文件中的数据，统计计算成绩的平均值并输出。假设 data.csv 文件的内容如下：

```
学号,姓名,成绩
102101,张三,98
102102,李四,76
102103,王二,85
102104,赵五,69
```

提示：

（1）导入 csv 模块，利用 csv.reader()方法读取文件中的内容。

（2）分别提取文件中的标题行及数据行并存储到列表中。

（3）对列表中的成绩，统计计算其平均值。

第 8 章　Python 的异常处理

程序在运行过程中发生错误是不可避免的，这种错误就是异常（exception）。用户在开发一个完整的应用系统时，应在程序中提供异常处理功能。

Python 包含丰富的异常处理措施。Python 的异常处理机制使得程序运行时出现的问题以统一的方式进行处理，增加了程序的稳定性和可读性，规范了程序的设计风格，提高了程序质量。本章将详细介绍 Python 的异常处理技术，以及用户自定义的异常。

学习目标：

✧　理解异常的概念。

✧　掌握捕获异常的方法。

✧　掌握抛出异常的方法。

✧　学会断言与上下文管理。

8.1　异常处理概述

8.1.1　异常的概念

异常是程序在运行过程中发生的，由于硬件故障、软件设计错误、运行条件不满足等原因导致的程序错误事件，如除 0 溢出、引用序列中不存在的索引、文件找不到等，这些事件的发生会阻止程序的正常运行。为了加强程序的健壮性，程序设计时，应当考虑可能发生的异常事件并做出相应的处理。

Python 通过面向对象的方法来处理异常，引入了异常处理的概念。一段代码运行时如果发生异常，则生成代表该异常的一个对象，并把它交给 Python 解释器，解释器寻找相应的代码来处理这一异常。

Python 异常处理方法有以下优点。

1）引入异常处理机制后，异常处理代码和正常执行的程序代码可以分隔开，增加了程序的清晰性、可读性，明确了程序的流程。

2）可以将产生的各种不同的异常事件分类处理，也可以把多个异常统一处理，灵活性强。

3）引入异常后，可以从 try-except 之间的代码段中快速定位异常出现的位置，提高异常处理的效率。

8.1.2　异常示例

下面给出访问列表中的元素的示例。

【示例 8-1】通过索引访问列表中的元素。

```
#program0801.py
weekday=["Mon","Tues","Wednes","Thurs","Fri","Satur","Sun"]
print(weekday[2])
print(weekday[7])
```

程序运行结果如下：

```
Wednes
Traceback (most recent call last):
  File "D:\Python\program0801.py", line 4, in <module>
    print(weekday[7])
IndexError: list index out of range
```

从运行结果可以看出，第 3 行语句正常执行，输出 Wednes；第 4 行语句执行时产生异常，报告的异常信息包括：Python 源文件的名字及路径、异常的行号、异常的类型及描述。其中，异常的类型及描述如下：

```
IndexError: list index out of range
```

提示这是列表索引越界的异常。为什么会出现这个异常呢？这是因为程序中的语句：

```
print(weekday[7])
```

要求输出列表中的 index 为 7 的元素，而该程序中 index 的最大值是 6，所以产生了异常。

为了使程序更健壮，程序需要进行异常捕获处理。修改后的程序如下：

```
#program0801.py
try:
    weekday=["Mon","Tues","Wednes","Thurs","Fri","Satur","Sun"]
    print(weekday[2])
    print(weekday[7])
except IndexError:
    print("列表索引可能超出范围")
```

程序运行结果如下：

```
Wednes
列表索引可能超出范围
```

从运行结果可以看出，系统捕获了程序中的异常 IndexError。为了准确处理异常，读者必须掌握常用的异常类，如 IndexError、NameError、ZeroDivisionError 等，8.1.3 节将详细介绍常见的异常类型。

8.1.3 常见的异常类型

Python 中常规的异常类都是 Exception 的子类。Exception 类定义在 exceptions 模块中，该模块是 Python 的内置模块，用户可以直接使用。

从前面的学习可知，程序在执行过程中遇到错误时会引发异常。如果程序没有捕获该异常对象，则 Python 解释器找不到处理异常的方法，程序就会终止执行，输出异常名称（如 IndexError）、原因和异常产生的行号等信息。

异常名称实际上就是异常类型，下面介绍 Python 中常见的异常类。

1. NameError

尝试访问一个未声明的变量会引发 NameError 异常。例如，在 Python 交互模式下运行下列代码：

```
print(sid)
Traceback (most recent call last):
  File "<pyshell#0>", line 1, in <module>
    print(sid)
NameError: name 'sid' is not defined. Did you mean: 'id'?
```

代码运行结果表明异常的类型是 NameError，Python 解释器没有找到变量 sid。

2. ZeroDivisionError

当除数为零时会引发 ZeroDivisionError 异常。在 Python 交互模式下运行下列代码：

```
a=9
print(a/0)
Traceback (most recent call last):
  File "<pyshell#2>", line 1, in <module>
    print(a/0)
ZeroDivisionError: division by zero
```

代码运行结果表明引发了名为 ZeroDivisionError 的异常，解释信息是 division by zero。任何数值被零除都会导致上述异常。

3. IndexError

当引用序列中不存在的索引时会引发 IndexError 异常。示例 8-1 已经演示了列表的索引值超出列表范围的异常处理。下列代码演示字符串索引超出范围的异常情况：

```
string="hi,Python"
for i in range(len(string)):
    print(string[i+1],end="")
#输出结果
i,PythonTraceback (most recent call last):
  File "<pyshell#8>", line 2, in <module>
    print(string[i+1],end="")
IndexError: string index out of range
```

4. KeyError

当使用映射中不存在的键时会引发 KeyError 异常，如下面的代码：

```
student={"sname":"Rose","sid":201}
student["sname"]
'Rose'
student["semail"]
Traceback (most recent call last):
  File "<pyshell#11>", line 1, in <module>
    student["semail"]
KeyError: 'semail'
```

上述代码中，student 字典中只有 sname 和 sid 两个键，获取 semail 键对应的值时，输出异常信息。该提示信息表明访问了字典中没有的键 semail。

5. AttributeError

当尝试访问未知的对象属性时会引发 AttributeError 异常。示例 8-2 访问了对象不存在的属性，运行结果显示异常。

【示例 8-2】AttributeError 异常示例。

```
#program0802.py
class Person:
    sid="01"
    def display():
        pass

p1=Person()
p1.sname="Rose"
print(p1.sid)
print(p1.sname)
print(p1.semail)
```

程序运行结果如下：

```
01
Rose
Traceback (most recent call last):
  File "D:\Python\program0802.py", line 11, in <module>
    print(p1.semail)
AttributeError: 'Person' object has no attribute 'semail'
```

上述代码中，Person 类定义了一个成员变量 sid，定义了一个方法 display()。第 7 行创建 Person 类的对象 p1 后，第 8 行动态地给 Person 对象 p1 添加了 sname 属性，然后访问它的 sid、sname、semail 属性，输出异常信息。

程序运行结果表明，因为在 Person 的对象 p1 中定义了 sid 和 sname 属性，所以可以访问；但因为没有定义 semail 属性，所以访问 semail 属性时就会出错。关于类和对象的知识，将会在后续章节中介绍。

6. SyntaxError

当解释器发现语法错误时会引发 SyntaxError 异常，如下面的代码：

```
alist=["one","two","ghree"]
for item in alist
SyntaxError: expected ':'
```

上述代码中，由于 for 循环的后面缺少冒号，导致程序出现错误信息。这种错误实际上是语法错误，在 Python 中为一类异常。SyntaxError 异常是唯一不在运行时发生的异常，该异常在编译时发生，解释器无法把脚本转换为字节代码，从而使程序无法执行。

7. FileNotFoundError

试图打开不存在的文件时会引发 FileNotFoundError 异常，如下面的代码：

```
filename="readme.txt"
open(filename)
Traceback (most recent call last):
  File "<pyshell#20>", line 1, in <module>
    open(filename)
FileNotFoundError: [Errno 2] No such file or directory: 'readme.txt'
```

上述代码中，使用 open()方法打开名为 readme.txt 的文件，因为文件不存在，所以输出异常信息，表明没有找到名称为 readme.txt 的文件。

FileNotFoundError 异常发生时，用户本身的代码没有任何错误，只是由于文件丢失而产生异常。这类异常通常应当在程序中捕获并处理，以提高程序的健壮性。IOError 与 FileNotFoundError 类似，用于捕获由 I/O 设备错误产生的异常，NameError、ZeroDivisionError、IndexError、KeyError 这些异常，通过提高编程能力通常可以避免，一般不建议处理这类异常，以保证程序代码尽可能简洁。

8.2 捕获异常

在了解异常的基本概念和类型后，本节介绍在 Python 中如何处理异常。异常处理过程可以概括为以下几个步骤。

1）程序执行过程中如果出现异常，会自动生成一个异常对象，该异常对象被提交给 Python 解释器，该过程称为抛出异常。抛出异常也可以由用户程序自行定义。

2）当 Python 解释器接收到异常对象时，会寻找处理这一异常的代码并处理，这一过程称为捕获异常。

3）如果 Python 解释器找不到可以处理异常的方法，则运行时系统终止，应用程序退出。

8.2.1 try-except 语句

Python 提供了强大的异常处理功能，使用 try-except 语句处理异常，可以准确定位异常发生的位置和原因。try-except 语句的语法格式如下：

```
try:
    语句块
except ExceptionName1:
    异常处理代码 1
except ExceptionName2:
    异常处理代码 2
...
```

示例 8-3 使用 try-except 语句实现基本的异常处理。该程序的功能是接收从键盘输入的一个整数，求 100 除以这个数的商并输出。程序对从键盘输入的数据进行异常处理。

【示例 8-3】基本的异常处理示例。

```
#program0803.py
try:
    x=int(input("请输入数据"))
    print(100/x)
except ZeroDivisionError:
    print("异常信息：除数不能为 0")
except ValueError:
    print("异常信息：输入数据必须是阿拉伯数字")
```

下面分析该程序，以了解异常处理的基本过程。

1. try 语句

捕获异常的第一步是用 try 语句指定捕获异常的范围，由 try 所限定的代码块中的语句在执行过程中可能会生成异常对象并抛出。

2. except 语句

except 语句用于处理 try 代码块中生成的异常。except 语句后的参数指明其能够捕获的异常类型。except 块中包含异常处理的代码。

示例 8-3 中使用了两条 except 语句进行异常捕获，程序运行分为以下几种情况。

1）运行程序时，如果输入非零数字 5，则程序正常运行，运行结果 20.0。

2）运行程序时，如果输入数字 0，则程序进行异常处理，输出异常信息：

```
异常信息：除数不能为 0
```

3）运行程序时，如果输入字符，则程序进行异常处理，输出异常信息：

```
异常信息：输入数据必须是阿拉伯数字
```

可以看出，进行异常处理后，程序的适应能力得到加强。关于异常，除了 8.1.3 节介绍的 7 种常见类型外，其他异常类型请查看 Python 的帮助文档。

8.2.2 else 语句和 finally 语句

try-except 语句是异常处理的基本结构，完整的异常处理结构还包括 else 语句和 finally 语句。其语法格式如下：

```
try:
    语句块
except ExceptionName:
    异常处理代码
...                                         #except 可以有多条语句
else:
    无异常发生时的语句块
finally:
    必须处理的语句块
```

下面重点介绍 else 语句和 finally 语句。

1. else 语句

异常处理中的 else 语句与循环中的 else 语句类似，若 try 语句没有捕获到任何异常信息，将不执行 except 语句块，而是执行 else 语句块。下面改进示例 8-3，当无异常发生时输出提示信息。

【示例 8-4】else 语句示例。

```
#program0804.py
'''
从键盘输入一个整数，求 100 除以它的商并输出
对从键盘输入的数进行异常处理，若无异常发生，输出提示信息
'''
try:
   x=int(input("请输入数据"))
   print(100/x)
except ZeroDivisionError:
   print("异常信息：除数不能为 0")
except ValueError:
   print("异常信息：输入数据必须是阿拉伯数字")
else:
```

```
    print("程序正常结束，未捕获到异常")
```

程序运行结果如下：

```
请输入数据 5
20.0
程序正常结束，未捕获到异常
```

在示例 8-4 中，如果 try 语句中有异常发生，则会选择一个 except 语句块执行；如果没有异常发生，则程序正常结束，执行 else 语句块。

2. finally 语句

finally 语句为异常处理提供统一的出口，使得在控制流转到程序的其他部分以前，能够对程序的状态进行统一的管理。无论 try 代码块中是否发生了异常，finally 块中的语句都会被执行。

else 语句和 finally 语句都是可选的，但 try 语句后至少要有一个 except 语句或 finally 语句。finally 语句块中的内容经常用于做一些资源的清理工作，如关闭打开的文件、断开数据库连接等。

示例 8-5 应用 finally 语句关闭打开的文件。程序第 5 行使用 UTF-8 编码方式打开自身的 Python 源文件，之后输出；第 12 行的 finally 语句块用于输出提示信息；第 14、15 行判断文件对象是否存在，如果存在，则关闭文件。

【示例 8-5】finally 语句示例。

```
#program0805.py
fname="program0805.py"
file=None
try:
    file=open(fname,"r",encoding="utf-8")
    for line in file:
        print(line,end="")
except FileNotFoundError:
    print("您要读取的文件不存在，请确认")
else:
    print("文件读取正常结束")
finally:
    print("文件正常关闭")
    if file!=None:
        file.close()
```

8.2.3 捕获所有的异常

如果用户编写的程序质量低，则一个程序中可能存在多处错误，逐个捕获这些异常会非常烦琐且没有必要。为了解决这类问题，可以在 except 语句中不指明异常类型，这样就可以处理任何类型的异常了。

为了让读者更好地理解如何捕获所有的异常，示例 8-6 中的代码运行时可能出现 IndexError、ZeroDivisonError、SyntaxError 等异常，通过在 except 语句中不指明类型来实现异常捕获。

【示例 8-6】通过 except 语句捕获所有的异常。

```
#program0806.py
x=[12,3,-4]
try:
    x[0]=int(input("请输入第 1 个数:"))
    x[1]=int(input("请输入第 2 个数:"))
    print(x[0]/x[1])
except:
    print("程序出现异常")
```

在示例 8-6 中，第 7 行的 except 语句没有指明异常的类型，而是统一处理了程序可能出现的所有错误。

运行程序，在控制台输入第 1 个数 6，第 2 个数 2，无异常产生，运行结果如下：

```
请输入第 1 个数:6
请输入第 2 个数:2
3.0
```

再次运行程序，在控制台输入第 1 个数 4，第 2 个数字符 a，产生异常，运行结果如下：

```
请输入第 1 个数:4
请输入第 2 个数:a
程序出现异常
```

再次运行程序，在控制台输入第 1 个数 4，第 2 个数 0，产生异常，运行结果如下：

```
请输入第 1 个数:4
请输入第 2 个数:0
程序出现异常
```

从上述运行结果可以看出，当有异常发生时，提示信息都相同，这就是捕获所有异常的一种情况。但这种方式不能很好地查找异常的类型和位置，只适合在程序设计初期使用，之后应不断细化异常，方便用户调试和修改程序。

为了区分来自不同语句的异常，可使用一种捕获所有异常的方法，即在 except 语句后使用 Exception 类。Exception 类是所有异常类的父类，因此可以捕获所有的异常。同时，定义一个 Exception 的对象 result（对象名是任意合法的标识符）用于接收异常处理对象，从而输出异常信息。因为程序已经捕获了异常信息，所以不会再出现因为异常而退出的情况。

【示例 8-7】使用 Exception 类的对象捕获所有的异常。

```
#program0807.py
x=[12,3,-4]
try:
    x[0]=int(input("请输入第 1 个数:"))
    x[1]=int(input("请输入第 2 个数:"))
    print(x[0]/x[1])
except Exception as result:
    print("程序出现异常",result)
```

运行程序，在控制台输入第 1 个数 6，第 2 个数 0，运行结果如下：

```
请输入第 1 个数:6
请输入第 2 个数:0
程序出现异常 division by zero
```

8.3 抛出异常

在 Python 中，除了程序运行出现错误会引发异常外，也可以使用 raise 语句主动抛出异常。抛出异常的主要应用场景是用户自定义异常。本节主要介绍程序如何抛出并处理异常。

8.3.1 raise 语句

使用 raise 语句能显式抛出异常，其语法格式如下：

```
raise 异常类            #抛出异常，并隐式地创建类对象
raise 异常类对象        #抛出异常，创建异常类的实例对象
raise                   #重新抛出刚刚发生的异常
```

上述格式中，第 1 种方式和第 2 种方式是相同的，都会触发异常并创建异常类对象。但第 1 种方式隐式地创建了异常类的对象；而第 2 种方式是最常见的，会直接创建一个异常类的实例对象。第 3 种方式用于重新抛出刚刚发生的异常。

1. 使用类名引发异常

当 raise 语句指定异常的类名时，会先创建该类的实例对象，然后引发异常。例如，下面的代码会引发 NameError 异常：

```
raise NameError
```

运行结果如下：

```
Traceback (most recent call last):
  File "<pyshell#21>", line 1, in <module>
```

```
    raise NameError
NameError
```

2. 使用异常类的对象引发异常

通过显式地创建异常类的对象，直接使用该对象来引发异常。例如，下面的代码创建了一个 NameError 类的对象 nerror，并使用 raise nerror 语句抛出异常：

```
>>>nerror=NameError()
>>>raise nerror
```

运行结果如下：

```
Traceback (most recent call last):
  File "<pyshell#23>", line 1, in <module>
    raise nerror
NameError
```

3. 传递异常

不带任何参数的 raise 语句可以再次引发刚刚发生过的异常，作用就是向外传递异常。示例 8-8 的代码实现了异常的传递。

【示例 8-8】使用 raise 语句传递异常（重新抛出异常）。

```
#program0808.py
try:
    try:
        raise IOError
    except IOError:
        print("inner exception")
        raise      #重新抛出 IOError 异常
except IOError:
    print("outter exception")
```

程序运行结果如下：

```
inner exception
outter exception
```

示例 8-8 中，第 3 行的内层 try 语句使用 raise 语句抛出 IOError 异常，程序会跳转到第 5 行 except IOError 语句中执行，输出 inner exception；第 7 行使用 raise 语句再次抛出刚刚发生的异常，将异常向外层传递。

4. 指定异常的描述信息

当使用 raise 语句抛出异常时，还可以给异常类指定描述信息。例如，下面的代码在抛出异常类时传入了自定义的描述信息：

```
>>>raise IndexError("索引超出范围")
```

运行结果如下：

```
Traceback (most recent call last):
  File "<pyshell#0>", line 1, in <module>
    raise IndexError("索引超出范围")
IndexError: 索引超出范围
```

8.3.2 抛出异常示例

用户的应用程序中也可以抛出异常，但需要生成异常对象。生成异常对象一般通过 raise 语句实现。示例 8-9 的代码模拟现金支付功能，当支付额度大于 5000 元时，抛出 ValueError 异常；当额度低于 5000 元时，按照额度的 10%扣税。

【示例 8-9】抛出异常的应用。

```
#program0809.py
def payOut(quota):
    if (quota>5000):
        raise ValueError("The quota out of bounds!")
    else:
        return quota-quota*0.1
pay=payOut(4000)
print("实际支出金额是：",pay)
pay=payOut(5200)
print("实际支出金额是：",pay)
```

程序运行结果如下：

```
实际支出金额是： 3600.0
Traceback (most recent call last):
  File "D:\Python\program0809.py", line 9, in <module>
    pay=payOut(5200)
  File "D:\Python\program0809.py", line 4, in payOut
    raise ValueError("The quota out of bounds!")
ValueError: The quota out of bounds!
```

示例 8-9 实现的仅仅是抛出异常，并没有捕获异常。如果需要捕获异常，可以修改函数代码，具体如下：

```
try:
    pay=payOut(4000)
    print("实际支出金额是：",pay)
    pay=payOut(5200)
```

```
    print("实际支出金额是：",pay)
except Exception:
    print("支出额度不符合要求")
```

8.4　断言与上下文管理

断言与上下文管理是两种特殊的异常处理方式，在形式上比异常处理结构简单，能够实现简单的异常处理和条件确认，并且可以和标准的异常处理结构结合使用。

8.4.1　断言

assert 语句又称断言语句，指的是用户期望满足指定的条件。当用户定义的约束条件不满足时，assert 语句会触发 AssertionError 异常，所以其可以当作条件式的 raise 语句。assert 语句的语法格式如下：

```
assert 逻辑表达式,description
```

其中，assert 后面是一个逻辑表达式，相当于条件；description 是可选的，通常是一个字符串。当表达式的结果为 False 时，description 作为异常的描述信息使用。下面是一个简单的断言示例：

```
>>>flag=True
>>>assert flag==False,"flag 初始值错误"
```

上述代码中定义了变量 flag 的值为 True，使用 assert 断言 flag 的值等于 False，断言错误，所以程序运行结果如下：

```
Traceback (most recent call last):
  File "<pyshell#1>", line 1, in <module>
    assert flag==False,"flag 初始值错误"
AssertionError: flag 初始值错误
```

assert 语句主要用于收集用户定义的约束条件，并不是捕获内在的程序设计错误。这是因为 Python 会自行收集程序的设计错误，并在发现错误时自动引发异常。

为了让读者更好地理解断言的应用，下面通过示例 8-10 讲解 assert 语句的使用。

【示例 8-10】assert 语句的应用。

```
#program0810.py
'''输入两个数，计算两数之间的所有质数'''
try:
    x=int(input("请输入第 1 个数:"))
    y=int(input("请输入第 2 个数:"))
    assert x>2 and y>2,"x 和 y 必须为大于 2 的正整数"
    if x>y:
```

```
            x,y=y,x
        num=[]
        i=x
        for i in range(x,y+1):
            for j in range(2,i):
                if i%j==0:
                    break
            else:
                num.append(i)
        print("{}和{}之间的质数为{}".format(x,y,num))
    except Exception as result:
        print("异常信息：",result)
```

在示例 8-10 中，通过 try-except 语句处理异常，程序具体步骤如下：

1）第 4 和 5 行从键盘获取 int 类型的两个数值 x 和 y。

2）第 6 行为断言语句，x 和 y 的值必须都大于 2。

3）第 7 和 8 行判断比较 x、y 的值，如果 x 比 y 的值大，则互换 x 和 y 的值。

4）第 11 行，外循环遍历每一个数。

5）第 12～16 行，内循环判断每一个数是否为质数，如果是，则将其添加到列表 num 中。

6）在 except 语句使用 Exception 捕获所有的异常，并获取异常对应的描述信息。

运行程序，在控制台输入第 1 个数 5，第 2 个数 23，运行结果如下：

```
请输入第 1 个数:5
请输入第 2 个数:23
5 和 23 之间的质数为[5, 7, 11, 13, 17, 19, 23]
```

在控制台输入第 1 个数-9，第 2 个数 14，运行结果如下：

```
请输入第 1 个数:-9
请输入第 2 个数:14
异常信息： x 和 y 必须为大于 2 的正整数
```

8.4.2 上下文管理

使用上下文管理语句 with 可以自动管理资源，代码块执行完毕后，自动还原进入该代码块之前的现场或上下文。无论何种原因跳出 with 块，也无论是否发生异常，with 语句总能保证资源被正确释放，简化了程序开发人员的工作，多用于打开文件、连接网络、连接数据库等场合。

with 语句的语法格式如下：

```
with 表达式 [as variable]:
    with 语句块
```

例如，下面的代码在文件操作时使用 with 上下文管理语句，当文件处理完成后，将会自动关闭：

```
fname="D:\\python312\\aaaa.txt"
with open(fname) as file:
    for line in file:
        print(line,end="")
```

上述代码使用 with 语句打开文件。如果文件存在并且可以打开，则将文件对象赋值给 file，并遍历该文件。文件操作结束后，with 语句会关闭文件。即使代码在运行过程中产生了异常，with 语句也会关闭文件。

本 章 小 结

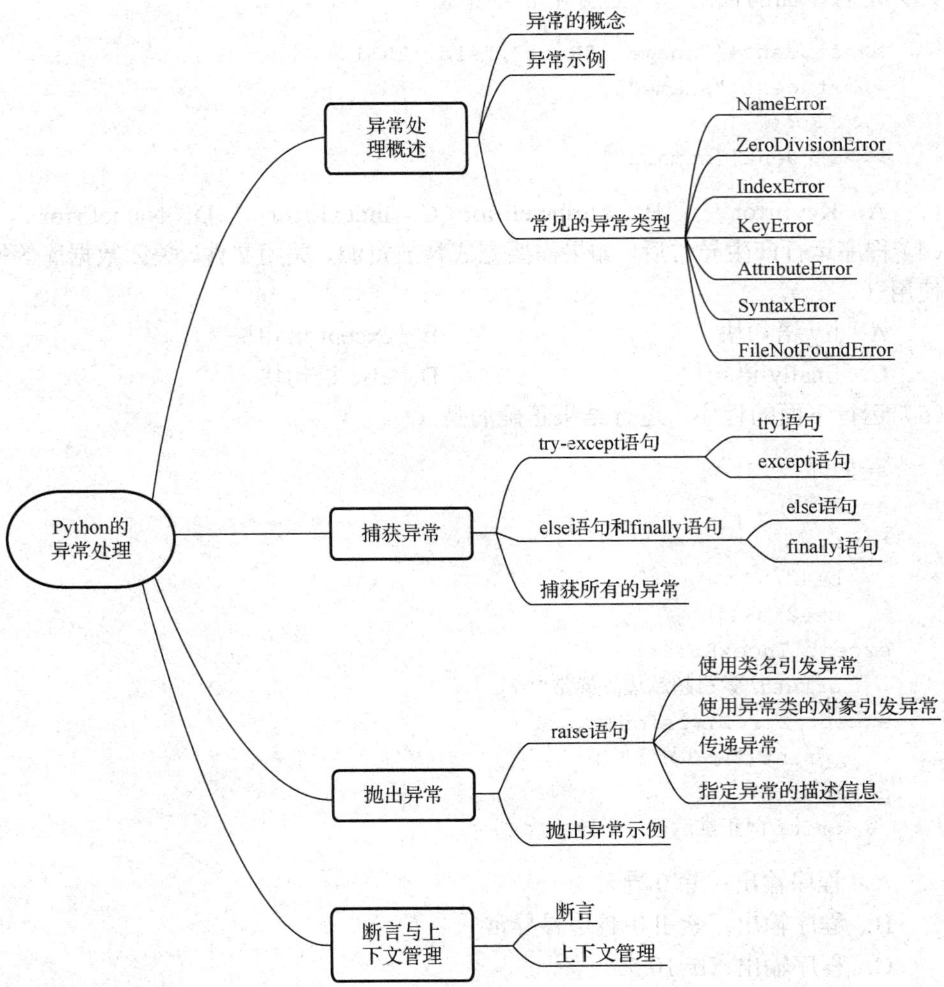

课后习题

1. 选择题

(1) Python 中用来抛出异常的关键字是（　　）。

A. try　　B. except　　C. raise　　D. finally

(2) 关于异常，下列选项正确的是（　　）。

A. 异常是一种对象

B. 一旦程序运行，异常将被创建

C. 为了保证程序的运行速度，要尽量避免异常控制

D. 所有的异常都可以被捕获

(3) 运行下面的代码，产生的异常类型是（　　）。

```
>>>student={"sname":"Rose","sid":201}
>>>student["sname"]
    'Rose'
>>>student["semail"]
```

A. KeyError　　B. AttributeError　　C. IndexError　　D. NameError

(4) 程序运行产生异常后，如果需要完成释放资源、关闭文件、关闭数据库等操作，应当使用（　　）。

A. try 语句块　　B. except 语句块

C. finally 语句块　　D. else 语句块

(5) 运行下面的程序，运行结果正确的是（　　）。

```
s=[0,1,2,3]
a=len(s)
try:
    b=42/a
    c=42/s[4]
except IndexError:
    print("索引超越边界异常" )
except ZeroDivisionError:
    print("除 0 异常" )
else:
    print("正常运行，无异常" )
```

A. 程序输出：除 0 异常

B. 程序输出：索引超越边界异常

C. 程序输出：b=10.5

D. 程序输出：正常运行，无异常

（6）下列关于 try -except -finally 语句的描述中，正确的是（   ）。

A．try 语句后面的程序段将给出处理异常的语句

B．except 语句在 try 语句后面，该语句可以不接异常名称

C．except 语句后的异常名称与异常类的含义相同

D．finally 语句后面的代码段不一定被执行，如果抛出异常，则该代码段不执行

（7）下列关于创建用户自定义异常的描述中，错误的是（   ）。

A．用户自定义异常需要继承 Exception 类或其他异常类

B．在方法中声明抛出异常的关键字是 throw 语句

C．捕捉异常通常使用 try-except-else-finally 结构

D．使用异常处理会使整个系统更加安全和稳健

（8）当 try 语句中没有任何错误信息时，一定不会执行的语句是（   ）。

A．try　　B．else　　C．finally　　D．except

（9）Python 代码“s=123+"test1"”运行时，解释器抛出的异常信息类型是（   ）。

A．NameError　　B．SyntaxError　　C．TypeError　　D．IndexError

（10）如果 Python 程序中没有导入相关的模块（如 import math），程序在执行代码 print(math.pi*5*2)时，解释器抛出的异常类型是（   ）。

A．语法异常　　B．名称错误异常

C．逻辑异常　　D．IO 异常

2. 简答题

（1）Python 的异常处理机制有哪些优点？

（2）在 Python 中，except 语句如何捕获所有的异常？

（3）Python 的标准异常与用户自定义的异常有何不同？

上 机 实 践

1．阅读程序 demo0801.py 并上机调试，分析回答以下问题。

（1）程序的功能是什么？

（2）在程序的 finally 块中，为什么要进行 if source!=None 和 if target!=None 的判断？

（3）查阅相关文献，说明 IOError 异常的功能。

```
#demo0801.py
source=target=None
try :
    source=open("temp0801.py",encoding="utf8")
    print(source.read(9))
    target=open("801.txt","w+")
    target.writelines(source.readline())
except (FileNotFoundError,IOError):
```

```
        print("没有找到文件或读写失败")
    finally:
        if source!=None:
            source.close()
        if target!=None:
            target.close()
```

2．阅读程序 demo0802-1.py 和 demo0802-2.py 并上机调试，程序使用 input()函数交互输入数字字符串，再将该数字字符串转换为整型并完成求和运算。输入的数据可能具有以下格式：

```
1234.5
123  45
123xyz456
```

对这种异常进行捕获和处理：

```
#demo0802-1.py
s=0      #求和结果
try:
    while True:
        x=eval(input("请输入数值，输入-999 退出程序："))
        if x==(-999):
            break
        s+=x
except (NameError,SyntaxError):
    print("输入数据格式有误")
print("求和结果是：",s)
```

如果使用 int()函数或 float()函数完成字符串到数值的转换，请体会不同类异常的区别。程序代码如下：

```
#demo0802-2.py
s=0
try:
    while True:
        x=input("请输入数值：")
        x=float(x)
        if x==(-999):
            break
        s+=x
except ValueError:
    print("输入数据格式有误")
print("求和结果是：",s)
```

3. 阅读并上机调试程序 demo0803.py，如果在当前文件夹中找不到文本文件 test.txt，则运行结果是什么？

```
#demo0803.py
try:
    myfile=open("test.txt")
    print("success")
except FileNotFoundError:
    print("Location 1")
finally:
    print("Location 2")
print("Location 4")
```

4．阅读并上机调试程序 demo0804.py，如果 tryThis()函数抛出 ValueError 异常，则运行结果是什么？

```
#demo0804.py
try:
    print("This is a test")
    tryThis()
#return
except IndexError:
    print("exception 1")
except:
    print("exception 2")
finally:
    print("finally")
```

5．阅读并上机调试程序 demo0805.py，分析程序的运行结果。

```
#demo0805.py
def throwit():
    raise  RuntimeError
try:
    print("Hello world ")
    throwit()
    print("Done with try block ")
except:
     print("RuntimeError ")
finally:
    print("Finally executing ")
```

6．编写程序 demo0806.py，使用 input()函数输入一行数据，其中包括用逗号分隔的5个数值型数据，放入列表 intArr 中并输出。要求：如果输入数据不是数值，则捕获 ValueError 异常，输出“请输入数值型数据”；如果输入的数据项不足5个，则抛出索引范围越界异常，输出“请输入至少5个数据”。

提示：

（1）用 split()方法将输入的数据进行处理后存储到列表 intArr 中。

（2）分别捕获 ValueError 异常和 IndexError 异常。

第 9 章　tkinter GUI 编程

开发图形用户界面（graphical user interface，GUI）应用程序是 Python 的重要应用之一。GUI 可以接收用户的输入并展示程序的运行结果，更友好地实现程序与用户的交互。Python 实现 GUI 可以使用标准模块 tkinter，还可以使用功能强大的 wxPython、PyGObject、PyQt 等扩展库。

本章将介绍使用 tkinter 模块创建 Python 的 GUI 应用程序。

学习目标：

✧　理解 tkinter 编程方法。

✧　学会 tkinter GUI 的布局管理。

✧　掌握 tkinter 常用组件的使用。

✧　掌握 tkinter 的事件处理方法。

9.1　tkinter 编程概述

tkinter 模块包含在 Python 的基本安装包中。使用 tkinter 模块编写的 GUI 程序是跨平台的，可在 Windows、UNIX、Linux 及 MacOS X 等多种操作系统中运行，具有与操作系统的布局和风格一致的外观。用户可以自行扩展 tkinter 库，也可以使用现有的 tkinter 扩展库，如 ttk（Tk 界面组件库、Python 标准库）、Tix（界面组件库、Python 标准库）、Pmw（界面组件库）等。

9.1.1　tkinter GUI 程序

学习 GUI 编程，需要掌握组件和容器两个概念。

组件是指标签、按钮、列表框等对象，需要将其放在容器中显示。容器是指可放置其他组件或容器的对象，如窗口或 Frame（框架），容器也可以称为容器组件。Python 的 GUI 程序默认有一个主窗口，在该主窗口中可以放置其他组件。

【示例 9-1】编写一个带有标签和按钮的 tkinter GUI 程序，从该简单的示例了解 tkinter GUI 程序的基本结构。

```
#progarm0901.py
import tkinter                                    #导入 tkinter 模块
win=tkinter.Tk()                                  #创建主窗口对象
label1=tkinter.Label(win,text="Hello,Python")#创建标签对象
btn1=tkinter.Button(win,text="click")             #创建按钮对象
label1.pack()                                     #打包对象，使其显示在父容器中
btn1.pack()
```

```
win.mainloop()                                          #启动事件循环
```

tkinter GUI 程序包括以下几部分。

1）导入 tkinter 模块。可以使用以下两种形式导入 tkinter 模块：

```
import tkinter
```

或

```
from tkinter import *
```

2）创建主窗口对象。该行可以省略，如果没有创建主窗口对象，tkinter 将以默认的顶层窗口作为主容器，该容器是当前组件的容器。

3）创建标签、按钮、文本框、列表框等组件对象。

4）打包组件，将组件显示在其父容器中。

5）启动事件循环，GUI 窗口启动，等待响应用户操作。

示例 9-1 的运行结果如图 9-1 所示。在 GUI 程序中，如果要实现复杂的窗口界面，还要设置窗口的布局；如果需要窗口响应用户的操作，还要实现事件处理功能。

图 9-1　示例 9-1 运行结果

另外，Python 的 GUI 程序除了可以保存为以 .py 为扩展名的文件外，还可以用 .pyw 作为扩展名。PYW 格式文件用来保存 Python 的纯图形界面程序，运行（双击）PYW 程序时不显示控制台窗口。通常建议将 Python 的 GUI 程序保存为 PY 格式，运行时显示控制台窗口，以方便查看程序运行的提示信息。

9.1.2　窗口和组件属性设置

GUI 设计中，可以设置窗口标题和窗口大小，也可以配置组件的属性，经常使用的方法有 title()方法、geometry()方法和 config()方法。

1. title()方法和 geometry()方法

在创建主窗口对象后，可以使用 title()方法设置窗口标题，使用 geometry()方法设置窗口大小。

需要说明的是，geometry()方法中的参数用于指定窗口大小，格式为“宽度 x 高度”（其中的 x 不是乘号，而是小写字母 x）。

【示例 9-2】进一步完善示例 9-1，使用 from 语句导入 tkinter 库，并设置窗口的标题和大小。

```
#progarm0902.py
from tkinter import *
win=Tk()
label=Label(win,text="Hello,Python")
btn1=Button(win,text="click")
```

```
label.pack()
btn1.pack()
win.title("progarm0902")              #title()方法
win.geometry("300x200")               #geometry()方法
win.mainloop()
```

程序运行结果如图 9-2 所示。

图 9-2　示例 9-2 运行结果

2. config()方法

config()方法用于设置组件文本、对齐方式、前景色、背景色、字体等属性。

【示例 9-3】使用 config()方法设置组件的 text、fg、bg 等属性。

```
#progarm0903.py
from tkinter import *
win=Tk()
label=Label()
label.config(text="Hello Python")          #设置文本属性
label.config(fg="white",bg="blue")         #设置前景色和背景色属性
label.pack()
btn1=Button()
btn1['text']="click"                       #设置文本属性的另一种方法
btn1.pack()
win.title("设置组件属性")                  #title()方法
win.geometry("300x200")                    #geometry()方法
win.mainloop()
```

9.2　tkinter GUI 的布局管理

开发 GUI 程序，需要将组件放入容器中，主窗口就是一种容器。向容器中放入组件非常烦琐，需要调整组件自身的大小，还要设计和其他组件的相对位置。可通过布局管理器或几何管理器实现组件布局，tkinter 使用 3 种方法来实现布局功能：pack()、grid()和 place()，下面分别介绍。

此外，Frame 也是容器，需要显示在主窗口中。Frame 作为中间层的容器组件，可

以分组管理组件，实现复杂的布局。

9.2.1 pack()方法

pack()方法以块的方式布局组件。前面的示例中已经使用了 pack()方法，该方法将组件显示在默认位置，是最简单、直接的方法。

pack()方法的常用参数如表 9-1 所示。

表 9-1 pack()方法的常用参数

参数	说明
side	表示组件在容器中的位置，取值为 TOP、BOTTOM、LEFT 和 RIGHT
expand	表示组件可拉伸，取值为 YES 或 NO。当值为 YES 时，side 参数无效，用参数 fill 指明组件的拉伸方向
fill	取值为 X、Y 或 BOTH，填充 X 或 Y 方向上的空间。当参数 side=TOP 或 BOTTOM 时，填充 X 方向；当参数 side=LEFT 或 RIGHT 时，填充 Y 方向
anchor	表示组件的定位点（锚点），取值为 N、S、W、E、SW、NE、SE、NW 和 CENTER 等。其默认值是 CENTER
padx 和 pady	组件外部的预留空白宽度
ipadx 和 ipady	组件内部的预留空白宽度

【示例 9-4】使用 pack()方法的 side 参数设置组件的布局。

```
#progarm0904.py
from tkinter import *
win=Tk()
label1=Label(win,text="Top 标签",fg="white",bg="blue")
label2=Label(win,text="Left 标签",fg="white",bg="blue")
label3=Label(win,text="Bottom 标签",fg="white",bg="blue")
label4=Label(win,text="Right 标签",fg="white",bg="blue")
label1.pack(side=TOP)
label2.pack(side=LEFT)
label3.pack(side=BOTTOM)
label4.pack(side=RIGHT)
win.title("Example9-4")                  #title()方法
win.geometry("200x150")                  #geometry()方法
win.mainloop()
```

【示例 9-5】使用 pack()方法的 expand、fill 和 anchor 参数设置组件的布局。

```
#progarm0905.py
from tkinter import *
win=Tk()
label1=Label(win,text="标签标题",fg="white",bg="blue")
label1.pack(anchor=NW,padx=5)
label2=Label(win)
label2.config(text="标签内容",fg="white",bg="grey")#设置文本属性
```

```
label2.pack(expand=YES,fill=BOTH,padx=5)
btn=Button()
btn['text']="click"                    #设置文本属性的另一种方法
btn.pack()
win.title("Example9-5")                #title()方法
win.geometry("300x200")                #geometry()方法
win.mainloop()
```

示例 9-4 和示例 9-5 分别使用 pack()方法的 side、expand、fill、anchor 等参数设置组件的布局，运行结果分别如图 9-3 和图 9-4 所示。

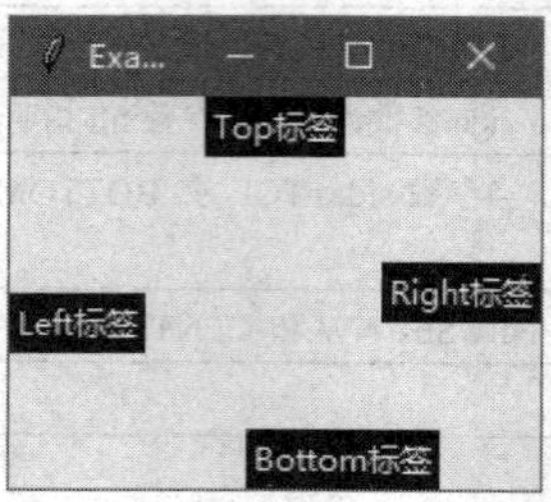

图 9-3　示例 9-4 运行结果

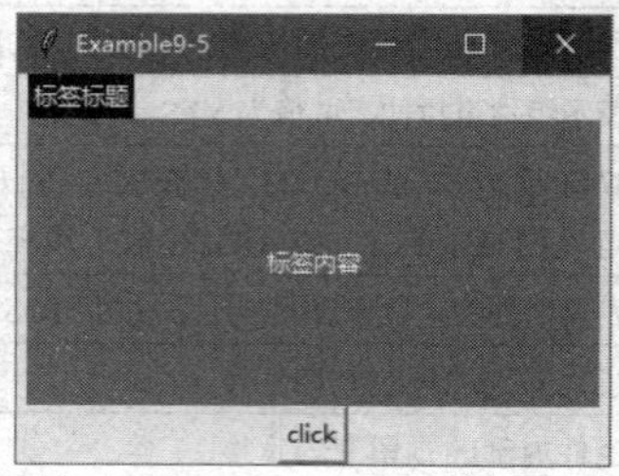

图 9-4　示例 9-5 运行结果

9.2.2　grid()方法

grid()方法的布局称为网格布局，其按照二维表格的形式将容器划分为若干行和若干列，组件的位置由行列所在位置确定。grid()方法在使用上与 pack()方法类似，表 9-2 所示为 grid()方法的常用参数。

表 9-2　grid()方法的常用参数

参数	说明
row 和 column	组件所在行和列的位置
rowspan 和 columnspan	组件从所在位置起跨的行数和列数
sticky	组件所在位置的对齐方式
padx 和 pady	组件外部的预留空白宽度
ipadx 和 ipady	组件内部的预留空白宽度

需要注意的是，在同一容器中，只能使用 pack()方法或 grid()方法中的一种布局方式。

grid()方法用参数设置组件所在的列。row 和 column 默认开始值为 0，依次递增。row 和 column 的序号大小表示相对位置，数字越小表示位置越靠前。

【示例 9-6】使用 grid()方法设置组件布局。

```
#progarm0906.py
from tkinter import *
win=Tk()
label1=Label(win,text="请选择下列操作",fg="green")
label1.grid(row=0,column=0,columnspan=4)
```

```
btn1=Button(text="copy")
btn2=Button(text="cut")
btn3=Button(text="paste")
btn4=Button(text="delete")
btn1.grid(row=2,column=0,padx=2)
btn2.grid(row=2,column=1,padx=2)
btn3.grid(row=2,column=2,padx=2)
btn4.grid(row=2,column=3,padx=2)
win.title("Example9-6")                  #title()方法
win.geometry("200x150")                  #geometry()方法
win.mainloop()
```

程序运行结果如图 9-5 所示。

图 9-5　示例 9-6 运行结果

9.2.3　place()方法

place()方法可以比 grid()方法和 pack()方法更精确地控制组件在容器中的位置，但如果容器大小调整，可能会出现布局不适应的情况，所以该方法一般较少使用。表 9-3 所示为 place()方法的常用参数。

表 9-3　place()方法的常用参数

参数	说明
x 和 y	用绝对坐标指定组件的位置，默认单位为像素
height 和 width	指定组件的高度和宽度，默认单位为像素
relx 和 rely	按容器高度和宽度的比例指定组件的位置，取值范围为 0.0～1.0
relheight 和 relwidth	按容器高度和宽度的比例指定组件的高度和宽度，取值范围为 0.0～1.0
anchor	指定组件的定位点，默认为左上角（NW）
bordermode	指定在计算位置时是否包含容器边界宽度，默认为 INSIDE，表示计算容器边界；OUTSIDE 表示不计算容器边界

【示例 9-7】使用 place ()方法设置组件布局。

```
#progarm0907.py
from tkinter import *
win=Tk()
label1=Label(win,text="place()方法测试",fg="black")
label1.place(x=140,y=50,anchor=N)                #place()方法布局
```

```
btn1=Button(text="place()按钮")
btn2=Button(text="grid()")
btn1.place(x=140,y=80,anchor=N)                    #place()方法布局
btn2.grid(row=2,column=1)                          #grid()方法布局
win.title("Example9-7")
win.geometry("300x200")
win.mainloop()
```

程序运行结果如图 9-6 所示。

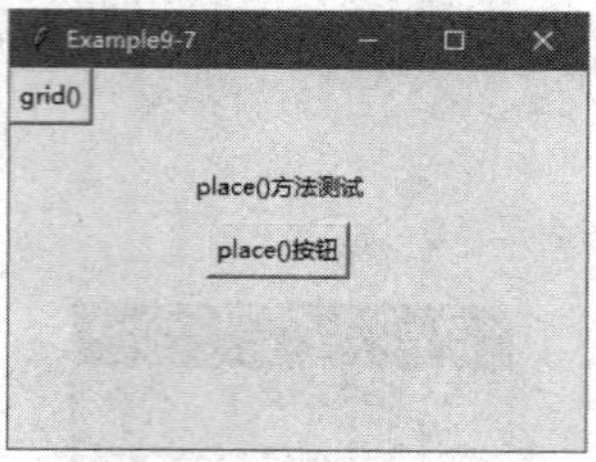

图 9-6 示例 9-7 运行结果

9.2.4 Frame 的复杂布局

Frame 是一个容器组件，通常用于对组件进行分组，从而实现复杂的布局。Frame 的常用属性如表 9-4 所示。

表 9-4 Frame 的常用属性

属性	说明
bd	指定边框宽度
relief	指定边框样式，取值为 FLAT（扁平，默认值）、RAISED（凸起）、SUNKEN（凹陷）、RIDGE（脊状）、GROOVE（凹槽）和 SOLID（实线）
width 和 height	设置宽度或高度，如果忽略，容器通常根据内容组件的大小自动调整 Frame 大小

【示例 9-8】用 Frame 组件实现复杂布局。

```
#progarm0908.py
from tkinter import *
win=Tk()
frma=Frame()                   #框架 frma
frmb=Frame()                   #框架 frmb
frma.pack()
frmb.pack()
lblUname=Label(frma,text="UserName",width=10,fg="black")
etyUname=Entry(frma,width=20)
lblUname.grid(row=1,column=1)
etyUname.grid(row=1,column=2)
lblPwd=Label(frma,text="PassWord",width=10,fg="black")
```

```
etyPwd=Entry(frma,width=20)
lblPwd.grid(row=2,column=1)
etyPwd.grid(row=2,column=2)
#用 grid()方法向容器中添加两个按钮
btnReset=Button(frmb,text="ReSet",width=10)
btnSubmit=Button(frmb,text="Submit",width=10)
btnReset.grid(row=1,column=1)
btnSubmit.grid(row=1,column=2)
win.title("Example9-8")
win.geometry ("300x200")
win.mainloop()
```

程序运行结果如图 9-7 所示，用户名和密码的两对标签和文本框置于框架 frma 中，添加的两个按钮置于框架 frmb 中。

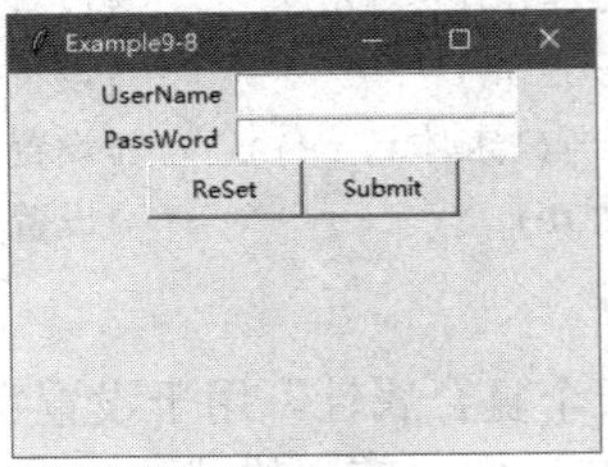

图 9-7　示例 9-8 运行结果

9.3　tkinter 的常用组件

tkinter 的各种组件构成了窗口中的对象，常用的组件包括 Label、Button、Entry、Listbox、Radiobutton、Checkbutton、Text、Spinbox。

9.3.1　Label 组件

Label 是用于创建标签的组件，主要用于显示不可修改的文本、图片或者图文混排内容。Label 组件的常用属性如表 9-5 所示。

表 9-5　Label 组件的常用属性

属性	说明
text	设置标签显示的文本
bg 和 fg	指定组件的背景色和前景色
width 和 height	指定组件的宽度和高度
padx 和 pady	组件内文本左右和上下的预留空白宽度，默认值为 1（像素）
anchor	设置文本在组件内部的位置，取值为 N、S、W、E、NW、SW、NE、SE
justify	设置文本对齐方式，取值为 LEFT（左对齐）、RIGHT（右对齐）或 CENTER（居中对齐）
font	设置字体

需要说明的是，tkinter 库中组件的大部分属性相同，Label 组件的常用属性可用于大多数组件，表 9-5 中的属性在后面章节也经常使用。

示例 9-9 测试了标签的属性。本示例并没有创建窗口对象，tkinter 将默认的窗口作为主窗口，设置了标签的 width、height、anchor、justify、font 等属性。

【示例 9-9】测试标签的属性。

```
#progarm0909.py
from tkinter import *
str='标签基本属性测试'
mylabel=Label(text=str)
mylabel.config(justify=CENTER)          #设置文本居中对齐
mylabel.config(width=20,height=4)       #设置标签的宽和高，单位为字符个数
mylabel.config(bd=2,relief=SOLID)       #设置边框宽度
mylabel.config(wraplength=160)          #设置文字回卷宽度为 160 像素
mylabel.config(anchor=W)                #设置内容在标签内部的左侧
mylabel.config(font=('宋体',18))        #设置字体
mylabel.pack(side=TOP)                  #设置标签在窗口的顶端
mainloop()
```

上述代码中，font 属性是一个复合属性，用于设置字体名称、字体大小和字体特征等。font 属性通常表示为一个三元组，基本格式为（family,size,special）。其中，family 是表示字体名称的字符串，size 是表示字体大小的整数，special 是表示字体特征的字符串。当 size 为正整数时，字体大小单位为点；当 size 为负整数时，字体大小单位为像素。在 special 字符串中，可使用关键字表示字体特征：normal（正常）、bold（粗体）、italic（斜体）、underline（下画线）、overstrike（删除线）。

图 9-8　示例 9-9 运行结果

程序运行结果如图 9-8 所示。

9.3.2 Button 组件

Button 组件用于创建按钮，通常用于响应用户的单击操作，即单击按钮时将执行指定的函数。Button 组件的 command 属性用于指定响应函数，其他大部分属性与 Label 组件的属性相同。

示例 9-10 用于测试 Button 按钮的属性，其中 activebackground、activeforeground 属性表示单击按钮时背景色和前景色的变化。

【示例 9-10】单击按钮计算 1～100 的累加和。

```
#progarm0910.py
from tkinter import *
win=Tk()
win.title("Button Test")
```

```
win.geometry("300x200")
label1=Label(win,text='此处显示计算结果')
label1.config(font=('宋体',12))
label1.pack()
def computing():
    sum=0
    for i in range(100+1):
        sum+=i
    result="累加结果是："+str(sum)
    label1.config(text=result)
str1='计算 1-100 累加和'
mybutton=Button(win,text=str1)
mybutton.config(justify=CENTER)             #设置按钮文本居中
mybutton.config(width=20,height=3)          #设置标签的宽和高
mybutton.config(bd=3,relief=RAISED)         #设置边框宽度和样式
mybutton.config(anchor=CENTER)              #设置内容在按钮内部居中
mybutton.config(font=('隶书',12,'underline'))
mybutton.config(command=computing)
mybutton.config(activebackground='yellow')
mybutton.config(activeforeground='red')
mybutton.pack()
win.mainloop()
```

程序运行结果如图 9-9 所示，单击按钮时，将调用 computing()函数，在标签上显示计算所得的数值。

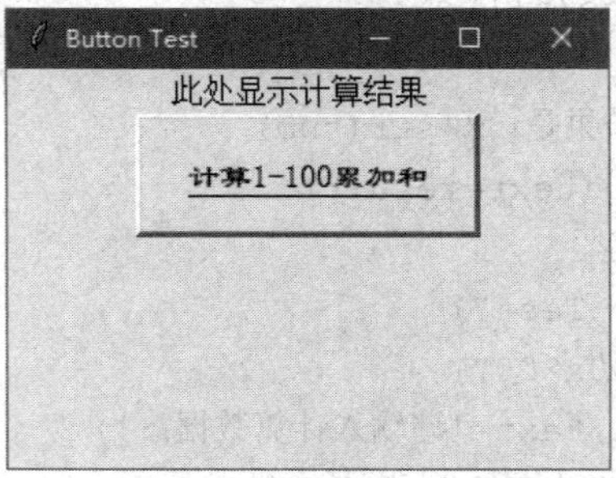

图 9-9　示例 9-10 运行结果

9.3.3　Entry 组件

Entry 组件即输入组件，用于显示和输入简单的单行文本。Entry 组件的部分属性与 Label 组件相同，其他常用属性/方法如表 9-6 所示。

表 9-6　Entry 组件的常用属性/方法

属性/方法	说明
state	设置组件状态，取值为 NORMAL、DISABLED 和 ACTIVE，也可设置为 readonly（只读）。设置为 readonly 时，组件为只读状态，不接收数据输入
validate	设置执行 validatecommand 校验函数的时间
validatecommand	设置校验函数
textvariable	获取组件内容的变量
get()	返回组件中的全部字符
delete(first,last=None)	删除从 first 开始到 last 之前的字符，如果 last 省略，则删除 first 到末尾的全部字符。组件中第一个字符位置为 0。删除全部字符可使用 delete(0,END)方法

除了表 9-6 中的方法外，Entry 组件还提供了 select 系列方法，用于选择输入组件中的字符，如 select_clear()、select_from(index)、select_range(start,end)等；还提供了 insert 系列方法，用于插入字符操作，这里不再赘述，请读者查看相关文档。

示例 9-11 使用 Entry 组件输入数据，并调用 computing()函数计算累加和。其中，代码 number=StringVar()的作用是声明 number 是字符串变量，所以在 computing()函数中执行语句 n=int(number.get())，将字符串转换为整型数据。

【示例 9-11】输入数据并计算累加和。

```
#progarm0911.py
from tkinter import *
def computing():
    sum=0
    n=int(number.get())
    for i in range(n+1):
        sum+=i
    result="累加结果是："+str(sum)
    label3.config(text=result)
win=Tk()
win.title("Entry Test")
win.geometry("300x200")
label1=Label(win,text='请输入计算数据：')
label1.config(width=16,height=3)
label1.config(font=('宋体',12))
label1.grid(row=0,column=0)
number=StringVar()
entry1=Entry(win,textvariable=number,width=16)
entry1.grid(row=0,column=1)
label2=Label(win,text='请单击确认：')
label2.config(width=14,height=3)
label2.config(font=('宋体',12))
```

```
label2.grid(row=1,column=0)
button1=Button(win,text="计算")
button1.config(justify=CENTER)                    #设置按钮文本居中
button1.config(width=14,height=2)                 #设置按钮的宽和高
button1.config(bd=3,relief=RAISED)                #设置边框的宽度和样式
button1.config(anchor=CENTER)                     #设置内容在按钮内部居中
button1.config(font=('隶书',12))
button1.config(command=computing)
button1.grid(row=1,column=1)
label3=Label(win,text='显示结果')
label3.config(width=16,height=3)
label3.config(font=('宋体',12))
label3.place(x=50,y=130)
win.mainloop()
```

类似 StringVar()这种形式的变量称为控制变量，控制变量是一种特殊对象，其和组件相关联。例如，控制变量与 Entry 组件关联时，控制变量的值和 Entry 组件中的文本会关联变化。将控制变量与 Radiobutton 组件（单选按钮组）关联时，改变单选按钮选择时，控制变量的值随之改变；反之，改变控制变量的值，对应值的单选按钮被选中。

tkinter 模块提供布尔型、字符串、整型和双精度 4 种控制变量，创建方法分别如下：

```
myvar=BooleanVar()
myvar=StringVar()
myvar=IntVar()
myvar=DoubleVar()
```

在 Entry 组件中输入数据 100，并单击“计算”按钮，运行结果如图 9-10 所示。

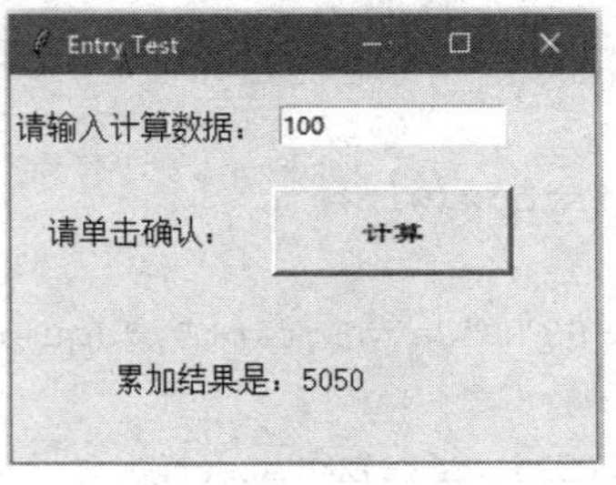

图 9-10　示例 9-11 运行结果

如果将示例 9-11 中的代码 number=StringVar()替换为 number=IntVar()，则代码 n=int(number.get())可以用 n=number.get()方法替换。请读者注意体会不同类型控制变量使用方法上的区别。

9.3.4　Listbox 组件

Listbox 组件用于创建列表框，可以显示多个列表项，每项为一个字符串。列表框

允许用户一次选择一个或多个列表项。Listbox 组件与 Label 组件的部分属性相同，其他常用属性/方法如表 9-7 所示。

表 9-7　Listbox 组件的常用属性/方法

属性/方法	说明
listvariable	关联一个 StringVar 类型的控制变量，该变量关联列表框全部选项
selectmode	设置列表项选择模式，可设置为 BROWSE（默认值，只能选中一项，可拖动）、SINGLE（只能选中一项，不能拖动）、MULTIPLE（通过单击选中多个列表项）、EXTENDED（通过拖动鼠标选中多个列表项）
xscrollcommand	关联一个水平滚动条
yscrollcommand	关联一个垂直滚动条
activate(index)	选中 index 对应的列表项
cursection()	返回包含选中项 index 的元组，无选中时返回空元组
insert(index,relements)	在 index 位置插入一个或多个列表项
get(first,last=None)	返回[first,last]范围内的列表项的文本元组，省略 last 参数时只返回 first 对应项的文本
size()	返回列表项个数
delete(first,last=None)	删除[first,last]范围内的列表项，省略 last 参数时只删除 first 的对应项

Listbox 组件的部分方法将列表项位置（index）作为参数。Listbox 组件中第一个列表项的 index 值为 0，最后一个列表项 index 可以使用常量 tkinter.END 表示，当前选中列表项的 index 值用常量 tkinter.ACTIVE 表示（选中多项时，对应最后一个选项）。

示例 9-12 中，首先将列表项内容保存在 itmes 列表中，通过 for 循环初始化列表框。然后，为两个命令按钮添加事件函数，单击“添加”按钮，向列表框中添加选项；单击“删除”按钮，删除列表框中选中的选项。

【示例 9-12】列表框操作示例。

```
#progarm0912.py
import tkinter
win=tkinter.Tk()
listbox=tkinter.Listbox(win)
#初始化列表框
items=["HTML5","CSS3","JavaScript","Jquery"]
for item in items:
    listbox.insert(tkinter.END,item)
listbox.pack(side=tkinter.LEFT,expand=1,fill=tkinter.Y)
def additem():                                  #向列表框中添加选项
    str=entry1.get()
    if not str=='':
        index=listbox.curselection()
        if len(index)>0:
            listbox.insert(index[0],str) #有选中项时，在选中项前面添加一项
        else:
```

```
            listbox.insert(END,str)        #无选中项时，添加到最后
    def removeitem():                      #从列表框中删除选项
        index=listbox.curselection()
        if len(index)>0:
            if len(index)>1:
                listbox.delete(index[0],index[-1])    #删除选中的多项
            else:
                listbox.delete(index[0])              #删除选中的一项
    entry1=tkinter.Entry(width=20)
    entry1.pack(anchor=tkinter.NW)
    bt1=tkinter.Button(text='添加',command=additem)
    bt1.pack(anchor=tkinter.NW)
    bt2=tkinter.Button(text='删除',command=removeitem)
    bt2.pack(anchor=tkinter.NW)
    tkinter.mainloop()
```

程序运行结果如图 9-11 所示。

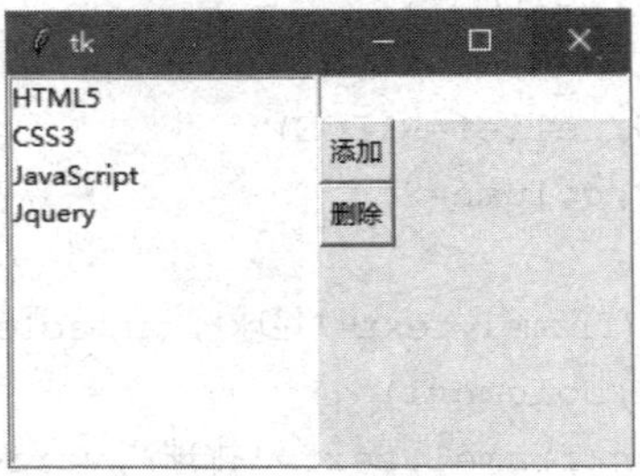

图 9-11　示例 9-12 运行结果

9.3.5　Radiobutton 组件

Radiobutton 组件用于创建单选按钮组。单选按钮组由多个单选按钮组成，选中单选按钮组中的一项时，其他选项则取消选中。Radiobutton 组件的部分属性和 Label 组件相同，其他常用属性/方法如表 9-8 所示。

表 9-8　Radiobutton 组件的常用属性/方法

属性/方法	说明
command	设置改变单选按钮状态时执行的函数
indicator	设置按钮样式。默认值为 1，单选按钮为默认样式；当值为 0 时，单选按钮外观为按钮样式
value	当 value 值与关联控制变量的值相等时，选项被选中。当关联控制变量为 IntVar 类型时，单选按钮的 value 值应为整数；当关联控制变量为 StringVar 类型时，单选按钮的 value 值应为字符串
variable	单选按钮组的关联控制变量，值可以是 IntVar 或 StringVar 类型。如果多个单选按钮关联到一个控制变量，则这些单选按钮属于一个功能组，一次只能选中一项
deselect()	取消选中选项的方法
select()	选中选项的方法

示例 9-13 用于实现体育项目投票功能，多个体育项目之间组成了单选按钮组。选中一个单选按钮后，单击“请投票”按钮，该选项的计数器加 1。为禁止用户输入投票数，设置 Entry 组件的 state 属性为 readonly。整个窗体用 grid()方法实现布局管理。

【示例 9-13】单选按钮组操作示例。

```
#progarm0913.py
from tkinter import *

win=Tk()
label1=Label(win,text='请为您最喜欢的体育项目投票')
label1.grid(row=1,column=1,columnspan=2)

s_items=IntVar()
s_items.set(2)

frame1=Frame(bd=2,relief=RIDGE)
frame1.grid(row=2,column=1)

frame2=Frame(bd=0,relief=RIDGE)
frame2.grid(row=2,column=2)

radio1=Radiobutton(frame1,text='足球',variable=s_items,value=1,width=8)
radio1.grid(row=1,column=1)
radio2=Radiobutton(frame1,text='排球',variable=s_items,value=2)
radio2.grid(row=2,column=1)
radio3=Radiobutton(frame1,text='篮球',variable=s_items,value=3)
radio3.grid(row=3,column=1)

num1=IntVar()
entry1=Entry(frame2,textvariable=num1,width=10,state='readonly')
entry1.grid(row=1,column=1,pady=4)
num2=IntVar()
entry2=Entry(frame2,textvariable=num2,width=10,state='readonly')
entry2.grid(row=2,column=1,pady=4)
num3=IntVar()
entry3=Entry(frame2,textvariable=num3,width=10,state='readonly')
entry3.grid(row=3,column=1,pady=4)

def voting():
    global num1,num2,num3
    temp=s_items.get()
    if temp==2:
```

```
        num2.set(num2.get()+1)
    elif temp==1:
        num1.set(num1.get()+1)
    else:
        num3.set(num3.get()+1)

btn1=Button(win,text="请投票",command=voting)
btn1.grid(row=3,column=1,columnspan=2,pady=5)

win.geometry("300x200")
mainloop()
```

程序运行结果如图 9-12 所示。

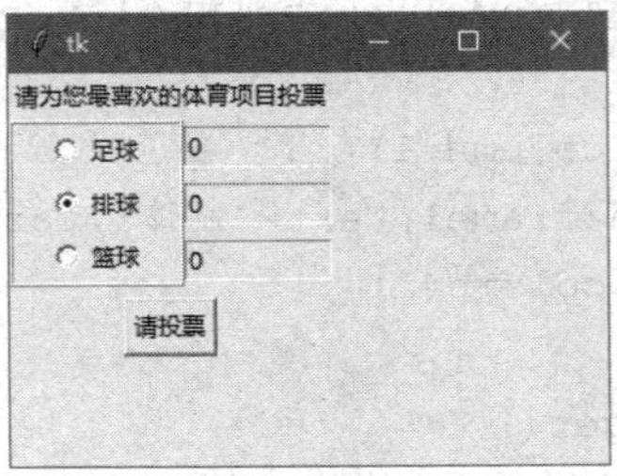

图 9-12 示例 9-13 运行结果

9.3.6 Checkbutton 组件

Checkbutton 组件用于创建复选框，用来标识是否选中某个选项。单击复选框左边的方框，当方框中出现“√”时，表示该选项被选中。Checkbutton 组件与 Radiobutton 组件的功能类似，但 Radiobutton 组件实现的是单选功能；而 Checkbutton 组件允许在系列选项中选择 0 个或多个，实现复选功能。

Checkbutton 组件与 Radiobutton 组件的常用属性/方法基本相同，如表 9-9 所示。

表 9-9 Checkbutton 组件的常用属性/方法

属性/方法	说明
command	设置改变复选框状态时执行的函数
indicator	设置复选框样式。默认值为 1，复选框为默认样式；当值为 0 时，复选框外观为按钮样式
variable	复选框的关联控制变量，值为 IntVar 类型变量，复选框被选中时，值为 1，否则值为 0
deselect()	取消选中选项的方法
select()	选中选项的方法

示例 9-14 通过复选框控制标签上文本的风格是否显示为粗体和斜体。初始状态下，两个复选框都未选中，当选中一个或两个复选框时，执行 changeFont()函数，并根据复选框的状态（值）控制标签文本的显示风格。

【示例 9-14】Checkbutton 组件操作示例。

```
#program0914.py
from tkinter import *
win=Tk()
label1=Label(win,text='Checkbutton 按钮测试')
label1.config(font=('宋体',18),justify=CENTER)
label1.grid(row=1,column=1)
choice1=IntVar()
choice1.set(0)
choice2=IntVar()
choice2.set(0)
frame1=Frame(bd=0,relief=RIDGE)
frame1.grid(row=2,column=1)
check1=Checkbutton(frame1,text='粗体',variable=choice1,width=8,
pady=10)
check1.grid(row=1,column=1)
check2=Checkbutton(frame1,text='斜体',variable=choice2,width=8)
check2.grid(row=1,column=2)
def changeFont():
    #temp=choice1.get()
    if choice1.get()==1 and choice2.get()==1:
        label1.config(font=('宋体',18,"bold italic"))
    elif choice1.get()==1 and choice2.get()==0:
        label1.config(font=('宋体',18,"bold"))
    elif choice1.get()==0 and choice2.get()==1:
        label1.config(font=('宋体',18,"italic"))
    else:
        label1.config(font=('宋体',18))
check1.config(command=changeFont)
check2.config(command=changeFont)
win.geometry("240x150")
mainloop()
```

程序运行结果如图 9-13 所示。

图 9-13　示例 9-14 运行结果

9.3.7　Text 组件

Text 组件用来显示和编辑多行文本。tkinter 的 Text 组件可以实现很多功能，如显示图片、网页链接、HTML 页面甚至层叠样式表（cascading style sheet，CSS）样式，还可以被用作简单的文本编辑器甚至网页浏览器。

Text 组件的部分属性与 Label 组件相同，其他常用属性/方法如表 9-10 所示。

表 9-10 Text 组件的常用属性/方法

属性/方法	说明
INSERT	光标所在位置，Tkinter.INSERT 或字符串"insert"
CURRENT	鼠标指针当前位置所对应的字符位置，Tkinter.CURRENT 或字符串"current"
END	Text buffer 的最后一个字符，Tkinter.END 或字符串"end"
SEL_FIRST	选中文本区域的第一个字符，如果没有选中区域则引发异常，Tkinter.SEL_FIRST 或字符串"sel.first"
SEL_LAST	选中文本区域的最后一个字符，如果没有选中区域则会引发异常，Tkinter.SEL_LAST 或字符串"sel.last"
get(index1,index2)	获取 Text 组件的文本，起始处在 index1，终止处在 index2
insert(index,text)	在 index 处插入 text 字符
delete(index1,index2)	删除指定的内容

【示例 9-15】使用 Text 组件构建一个文本编辑器，使其具有复制、剪切和粘贴功能。

```
#program0915.py
from tkinter import *
win=Tk()

frame1=LabelFrame(relief=GROOVE,text='工具栏：')
frame1.pack(anchor=NW,fill=X)
bt1=Button(frame1,text='复制')
bt1.grid(row=1,column=1)
bt2=Button(frame1,text='剪切')
bt2.grid(row=1,column=2)
bt3=Button(frame1,text='粘贴')
bt3.grid(row=1,column=3)

text1=Text()
text1.pack(expand=YES,fill=BOTH)

def docopy():
    data=text1.get(SEL_FIRST,SEL_LAST)              #获取选中的内容
    text1.clipboard_clear()                         #清除剪贴板
    text1.clipboard_append(data)                    #将内容写入剪贴板
def docut():
    data=text1.get(SEL_FIRST,SEL_LAST)
    text1.delete(SEL_FIRST,SEL_LAST)                #删除选中的内容
    text1.clipboard_clear()
    text1.clipboard_append(data)
def dopaste():
```

```
        text1.insert(INSERT,text1.clipboard_get()) #插入剪贴板内容

    def doclear():
        text1.delete('1.0',END)                    #删除全部内容

    bt1.config(command=docopy)
    bt2.config(command=docut)
    bt3.config(command=dopaste)

    mainloop()
```

示例 9-15 中，代码的第 5～12 行使用标签框架构建了一个工具栏，其中内置了复制、剪切和粘贴 3 个按钮；第 14 和 15 行使用 Text 组件构建了一个文本编辑区；第 17～27 行定义的 3 个函数 docopy()、docut()和 dopaste()在 3 个命令按钮中调用，这 3 个函数使用了 Text 组件的操作剪贴板的方法。

程序运行结果如图 9-14 所示。

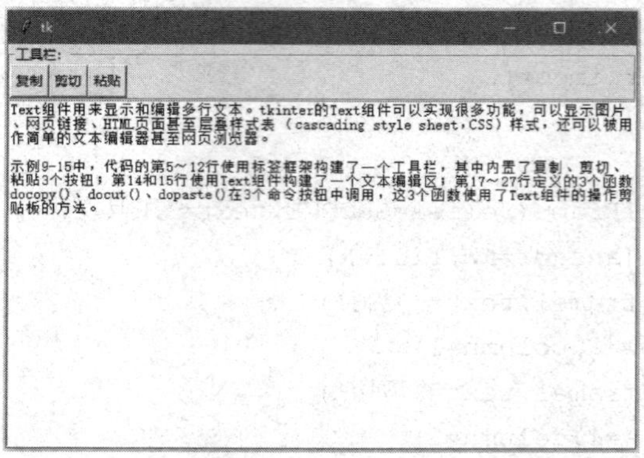

图 9-14　示例 9-15 运行结果

9.3.8　Spinbox 组件

Spinbox 组件用于实现在一组选项或一定范围的数字内滚动选择。该组件的部分属性与 Label 组件相同，其他常用属性如表 9-11 所示。

表 9-11　Spinbox 组件的常用属性

属性	说明
command	设置改变 Spinbox 组件值时执行的函数
from_	设置数字最小值
to	设置数字最大值
increment	设置单击 Spinbox 组件的上下按钮时，值增加或减小的步长
value	设置 Spinbox 组件的值
wrap	设置在给定值范围内循环选择，默认为 False，即不可循环选择

示例 9-16 定义了两个 Spinbox 组件，第 13 行的 spin1 组件的值 value 为 3 个字符串，单击右侧的上下按钮可以改变显示的值；第 15 行的 spin2 组件由 from_、to、increment 等属性定义，单击右侧的上下按钮可以改变显示的值；第 20 行的 button1 按钮被单击后，将执行 change()方法，将两个 Spinbox 组件的值显示在一个标签上。

【示例 9-16】Spinbox 组件的应用。

```
#program0916.py
from tkinter import *
win=Tk()
win.geometry("300x200")              #geometry()方法
label1=Label(text='请选择科目和成绩')
label1.pack(expand=1,fill=X)
label1.config(font=('隶书',15))
label2=Label()
label2.config(font=('宋体',18))
label2.pack()
subject=StringVar()
score=IntVar()
spin1=Spinbox(textvariable=subject,value=('语文','数学','外语'),wrap=True)
spin1.pack()
spin2=Spinbox(textvariable=score,from_=60,to=100,increment=5,
wrap=True)
spin2.pack()
def change():
    label2.config(text=subject.get()+str(score.get()))
button1=Button(text="确定",command=change)
button1.pack()
win.mainloop()
```

程序运行结果如图 9-15 所示。

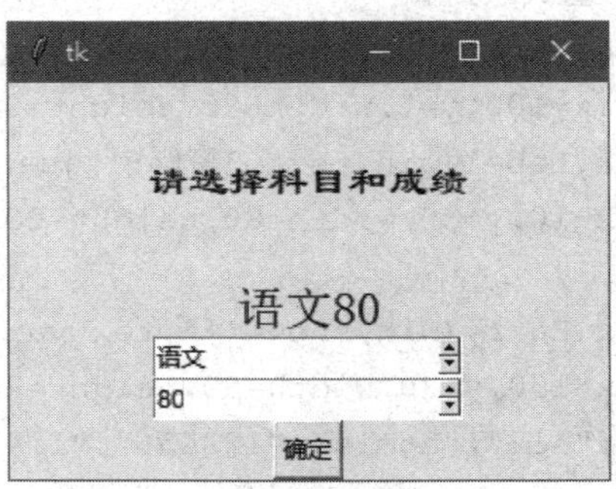

图 9-15　示例 9-16 运行结果

9.4 tkinter 的事件处理

GUI 经常需要对用户的鼠标、键盘等操作做出响应，这就是事件处理。产生事件的鼠标、键盘等称为事件源，其操作称为事件。对这些事件做出响应的函数称为事件处理函数。事件处理通常使用组件的 command 参数或 bind()方法实现。

9.4.1 使用 command 参数实现事件处理

通过前面的学习可知，单击 Button 按钮时，将会触发 Button 组件的 command 参数指定的函数。实际上是主窗口负责监听发生的事件，单击按钮时将触发事件，并调用指定的函数。由 command 参数指定的函数也称回调函数。

各种组件，如 Radiobutton、Checkbutton、Spinbox 等，都支持使用 command 参数进行事件处理。

【示例 9-17】单击窗体上的按钮对提交的数据进行验证，使用 Button 组件的 command 参数实现事件处理。为了简化程序，用户名和密码保存在一个字典中。

```
#progarm0917.py
import tkinter
import tkinter.messagebox
#创建应用程序窗口
win=tkinter.Tk()
varName=tkinter.StringVar()
varName.set('')
varPwd=tkinter.StringVar()
varPwd.set('')
#创建标签
labelName=tkinter.Label(text='用户名:',justify=tkinter.RIGHT)
labelName.place(x=10,y=5,width=80,height=20)
#创建文本框，同时设置关联变量
entryName=tkinter.Entry(win,textvariable=varName)
entryName.place(x=100,y=5,width=80,height=20)
labelPwd=tkinter.Label(win,text='密码:',justify=tkinter. RIGHT)
labelPwd.place(x=10,y=30,width=80,height=20)
#创建密码文本框
entryPwd=tkinter.Entry(win,show='*',textvariable=varPwd)
entryPwd.place(x=100,y=30,width=80,height=20)
users={"zhang3":"a12","admin":"123456","li4":"abc"}
def login():                    #登录按钮事件处理函数
    #获取用户名和密码
    name=entryName.get()
    pwd=entryPwd.get()
```

```
    flag=False
    for item in users:
        if item==name and users[item]==pwd:
            flag=True
    if flag==True:
        tkinter.messagebox.showinfo(title='Python tkinter',\
        message='OK')
    else:
        tkinter.messagebox.showerror('Python tkinter',message='Error')
def cancel():                       #取消按钮事件处理函数
    varName.set('')
    varPwd.set('')
#创建按钮组件，同时设置按钮事件处理函数
buttonOk=tkinter.Button(win,text='登录',command=login)
buttonOk.place(x=30,y=70,width=50,height=20)
buttonCancel=tkinter.Button(win,text='重置',command=cancel)
buttonCancel.place(x=90,y=70,width=50,height=20)
win.mainloop()                      #启动消息循环
```

程序运行结果如图 9-16 所示。

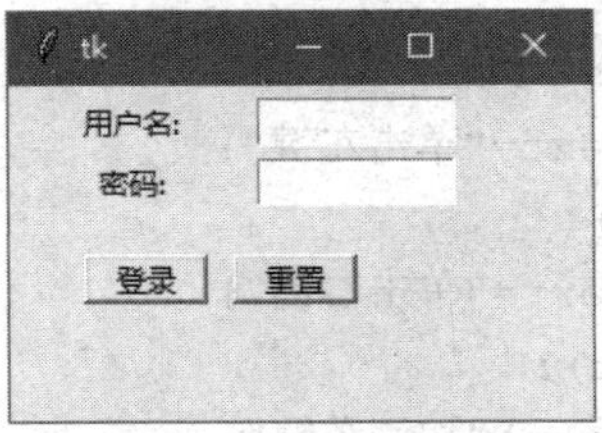

图 9-16　示例 9-17 运行结果

9.4.2　使用组件的 bind()方法实现事件处理

事件处理时，经常使用 bind()方法为组件的事件绑定处理函数。其语法格式如下：

```
widget.bind(event,handler)
```

其中，widget 是事件源，即产生事件的组件；event 是事件或事件名称，常见事件名称如表 9-12 所示；handler 是事件处理程序。

表 9-12　常见事件名称

事件	事件名称
单击鼠标左键	1/Button-1/ButtonPress-1
释放鼠标左键	ButtonRelease-1
单击鼠标右键	3/Button-3
双击鼠标左键	Double-1/Double-Button-1

续表

事件	事件名称
双击鼠标右键	Double-3
拖动鼠标移动	B1-Motion
鼠标指针移动到区域	Enter
鼠标指针离开区域	Leave
获得键盘焦点	FocusIn
失去键盘焦点	FocusOut
按下键盘上的字符或其他键	KeyPress
按 Enter 键	Return
组件尺寸变化	Configure

发生事件时，事件处理程序 handler 会接收到一个事件对象(通常用变量 event 表示)，该事件对象封装了事件的细节。例如，B1-Motion 事件对象的属性 x 和 y 表示拖动鼠标时的坐标，KeyPress 事件对象的 char 属性表示按下键盘字符键对应的字符。

示例 9-18 为命令按钮绑定了不同的事件处理函数，当执行事件处理函数时，在 Label 组件中显示事件内容。

【示例 9-18】使用组件的 bind()方法实现事件处理。

```
#program0918.py
from tkinter import *
def leftkey(event):
    label1.config(text="单击左键")
def rightkey(event):
    label1.config(text="单击右键")
def returnkey(event):
    label1.config(text="按回车键")
def mousemove(event):
    temp="鼠标位置:{},{}".format(event.x,event.y)
    label1.config(text=temp)
def keypress(event):
    temp="按键是{}".format(event.char)
    label1.config(text=temp)
win=Tk()
label1=Label(text='测试显示结果',font=("黑体",14),fg="blue")
label2=Label(text='常用事件测试',justify=CENTER,font=("楷体",18))
label1.pack()
label2.pack()
label2.focus()        #焦点置于 label2 组件，用于测试 Return、KeyPress 事件
label2.bind("<Button-1>",leftkey)
label2.bind("<3>",rightkey)  #label2.bind("<Button-3>",rightkey)
label2.bind("<Return>",returnkey)
label2.bind("<B1-Motion>",mousemove)    #拖动事件
```

```
label2.bind("<KeyPress>",keypress)        #按键事件
win.geometry("300x200")
win.mainloop()
```

程序运行结果如图 9-17 所示。

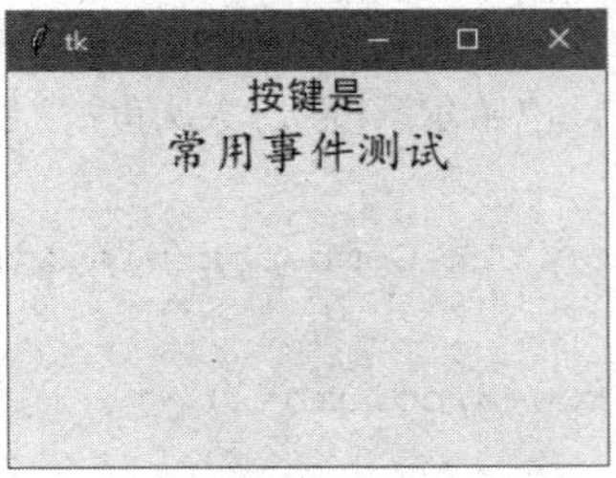

图 9-17　示例 9-18 运行结果

9.5　tkinter GUI 的应用

本节将设计一个包含 Label 组件、Entry 组件、Combobox 组件、Radiobutton 组件和 Checkbutton 组件的 GUI。其中，Combobox 组件来自 tkinter.ttk 模块。程序运行后，输入考生姓名，选择考生省份、地区，并选择考生类别和专业等信息后，单击“增加”按钮，可将学生信息添加到列表框中；选中列表框中的信息后，单击“删除”按钮，将删除列表框中的信息。

【示例 9-19】tkinter 组件的综合应用。

```
#program0919.py
import tkinter
import tkinter.messagebox
import tkinter.ttk
#创建 tkinter 应用程序
win=tkinter.Tk()
#设置窗口标题
win.title('考试系统注册')
#定义窗口大小
win.geometry("440x360")
#与姓名关联的变量
varName=tkinter.StringVar()
varName.set('')
#创建标签，并放到窗口中
labelName=tkinter.Label(win,text='学生姓名:', width=10)
labelName.grid(row=1,column=1)
#创建文本框，同时设置关联变量
entryName=tkinter.Entry(win,width=14,textvariable=varName)
```

```
entryName.grid(row=1,column=2,pady=5)
labelGrade=tkinter.Label(win,text='省份：',width=10)
labelGrade.grid(row=3,column=1)
#模拟考生所在地区，字典键为省份，字典值为地区
datas={  '辽宁省':['沈阳市','大连市','鞍山市','抚顺市'],
          '吉林省':['长春市','吉林市','白山市'],
          '黑龙江省':['哈尔滨市','大庆市','牡丹江市']}
#考生省份组合框
comboPrvince=tkinter.ttk.Combobox(win,width=11,values=tuple(datas
.keys()))
comboPrvince.grid(row=3,column=2)
#事件处理函数
def comboChange(event):
    grade=comboPrvince.get()
    if grade:
        #动态改变组合框可选项
        comboCity["values"]=datas.get(grade)
    else:
        comboCity.set([])
#绑定组合框事件处理函数
comboPrvince.bind('<<ComboboxSelected>>',comboChange)
labelClass=tkinter.Label(win,text='地区:',width=10)
labelClass.grid(row=3,column=3)
#考生地区组合框
comboCity=tkinter.ttk.Combobox(win,width=11)
comboCity.grid(row=3,column=4)
labelSex=tkinter.Label(win,text='请选择类别:',width=10)
labelSex.grid(row=5,column=1)
#与考生类别关联的变量，1 表示本科学生，0 表示专科学生，默认为本科学生
stuType=tkinter.IntVar()
stuType.set(1)
radio1=tkinter.Radiobutton(win,variable=stuType,value=1,text='本科
学生')
radio1.grid(row=5,column=2,pady=5)
radio2=tkinter.Radiobutton(win,variable=stuType,value=0,text='专科
学生')
radio2.grid(row=5,column=3)
#与"是否英语专业"关联的变量
major=tkinter.IntVar()
major.set(0)
#复选框，选中时变量值为 1，未选中时变量值为 0
checkmajor=tkinter.Checkbutton(win,text='是否英语专业?',variable=major,
onvalue=1,offvalue=0)
```

```
checkmajor.grid(row=7,column=1,pady=5)
#添加按钮单击事件处理函数
def addInformation():
    result=' 学生姓名:'+entryName.get()
    result=result+';省份:'+comboPrvince.get()
    result=result+';地区:'+comboCity.get()
    result=result+';类别:'+('本科学生' if stuType.get() else '专科学生')
    result=result+';英语专业:'+('Yes' if major.get() else 'No')
    listboxStudents.insert(0,result)
buttonAdd=tkinter.Button(win,text='增加',width=10,command=addInformation)
buttonAdd.grid(row=7,column=2)
#删除按钮的事件处理函数
def deleteSelection():
    selection=listboxStudents.curselection()
    if  not selection:
        tkinter.messagebox.showinfo(title='Information',message='No\
        Selection')
    else:
        listboxStudents.delete(selection)
buttonDelete=tkinter.Button(win,text='删除',width=10,command=deleteSelection)
buttonDelete.grid(row=7,column=3)
#创建列表框组件
listboxStudents=tkinter.Listbox(win,width=60)
listboxStudents.grid(row=8,column=1,columnspan=4,padx=5)
#启动消息循环
win.mainloop()
```

程序运行结果如图 9-18 所示。程序页面布局使用了 grid()方法，为了实现较好的显示效果，设置了 grid()方法的 padx、pady、columnspan 等参数。

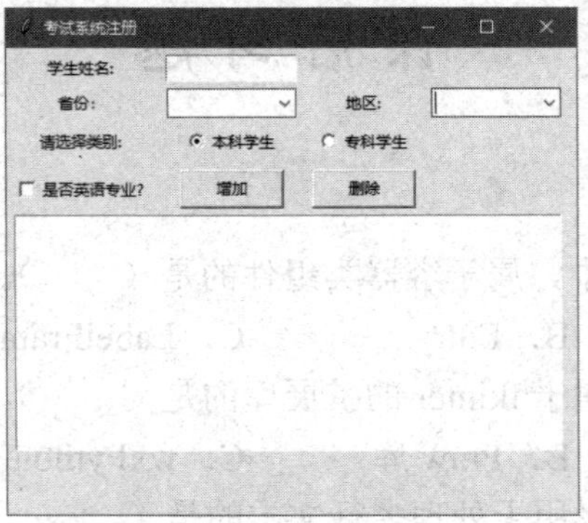

图 9-18　示例 9-19 运行结果

本 章 小 结

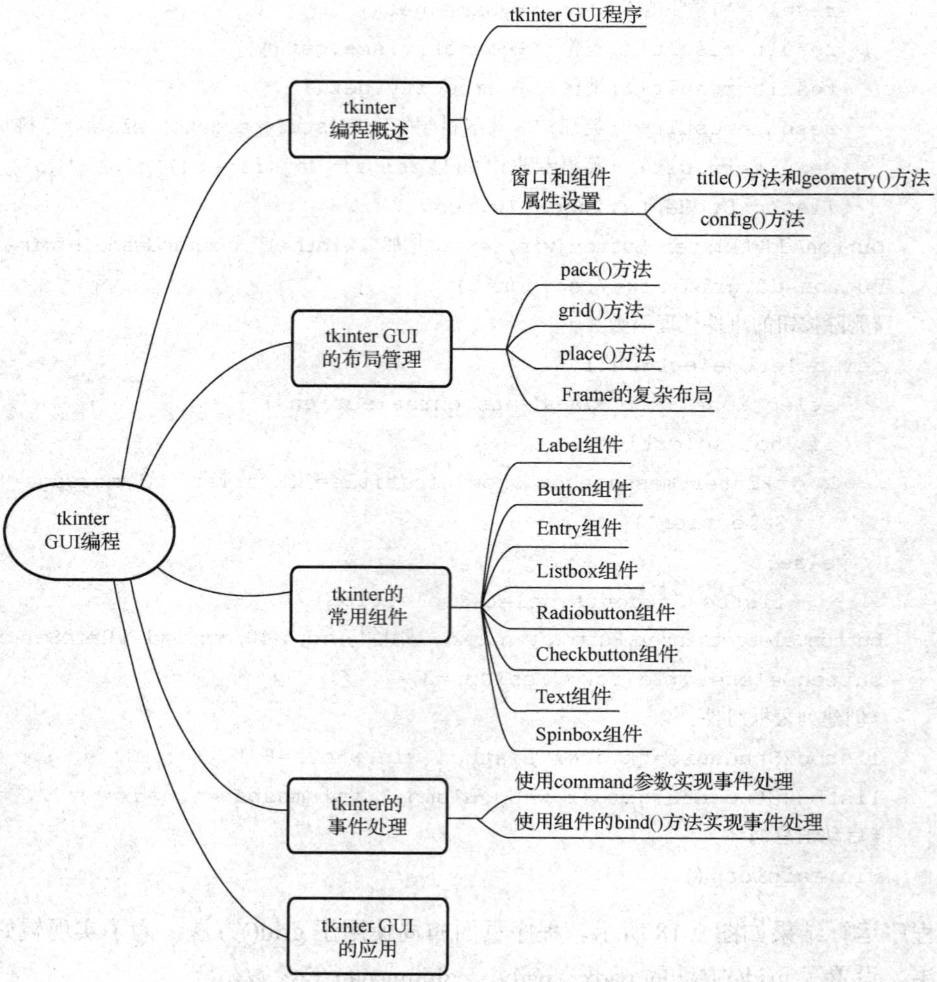

课 后 习 题

1. 选择题

（1）下列 tkinter 组件中，属于容器类组件的是（　　）。

A．Button　　B．Entry　　C．LabelFrame　　D．Radiobutton

（2）下列选项中，不属于 tkinter 的扩展库的是（　　）。

A．ttk 库　　B．Pmw 库　　C．wxPython 库　　D．Tix 库

（3）下列组件中，可以用于处理多行文本的是（　　）。

A．Label　　B．Text　　C．Entry　　D．Menu

（4）下面是 tkinter 中组件背景颜色属性的描述，r、g、b 均为十六进制整数，错误的是（　　）。

A．bg='#rgb '　　B．bg='#rrggbb '

C．bg='blue '(颜色名称)　　D．bg='rgb '

（5）使用 bind()方法为按钮组件 button1 绑定事件处理函数，代码如下：

```
button1.bind("<Button-1>",leftkey)
```

下面选项错误的是（　　）。

A．button1 是事件源　　B．leftkey 是事件处理程序

C．bind 是事件处理函数　　D．<Button-1>是事件或事件名称

（6）下面关于 Python 文件扩展名的描述中，错误的是（　　）。

A．.py　　B．.pyw　　C．.pyc　　D．.pbj

（7）在 tkinter 的布局管理方法中，可以精确定义组件位置的方法是（　　）。

A．place()　　B．grid()　　C．frame()　　D．pack()

（8）可以接收单行文本输入的组件是（　　）。

A．Text　　B．Label　　C．Entry　　D．Listbox

（9）最有可能在容器底端依次摆放 3 个组件的布局样式是（　　）。

A．用 grid()方法设计布局管理器

B．用 pack()方法设计布局管理器

C．用 place()方法设计布局管理器

D．结合 grid()和 pack()方法设计布局管理器

（10）以下关于设置窗口属性的方法中，不正确的是（　　）。

A．title()　　B．config()　　C．geometry()　　D．mainloop()

2. 简答题

（1）框架布局有什么特点？

（2）如何设置组件的 font 属性？

（3）tkinter 模块中的 StringVar()、BooleanVar()、IntVar()、DoubleVar() 4 种变量（对象）有什么作用？

（4）在 Python 的 GUI 编程中，组件和容器的概念有什么区别？

上 机 实 践

1．阅读并上机调试 GUI 应用程序 demo0901.py，求两个正整数的最小公倍数。

要求：两个文本框 txt1、txt2，用来输入整型数据；一个按钮；一个不可编辑的文本组件 txt3。当单击按钮时，在 txt3 中显示两个整数的最小公倍数。运行程序并分析程序功能。

程序代码如下：

```
#demo0901.py
from tkinter import *
def computing():
    n1=int(number1.get())
    n2=int(number2.get())
    if n1<n2:n1,n2=n2,n1
    t=n1*n2
    temp=n1%n2
    while temp!=0:
        n1=n2
        n2=temp
        temp=n1%n2
    result="最小公倍数是："+ str(t/n2)
    label3.config(text=result)

win=Tk()
win.title("最小公倍数")
win.geometry("300x300")
label1=Label(win,text='请输入数值 1： ')
label1.config(width=16,height=3)
label1.config(font=('宋体',12))
label1.grid(row=0,column=0)
number1=StringVar()
txt1=Entry(win,textvariable=number1,width=16)
txt1.grid(row=0,column=1)

label0=Label(win,text='请输入数值 2： ')
label0.config(width=16,height=3,font=('宋体',12))
label0.grid(row=1,column=0)
number2=StringVar()
txt2=Entry(win,textvariable=number2,width=16)
txt2.grid(row=1,column=1)

label2=Label(win,text='请单击确认：')
label2.config(width=14,height=3,font=('宋体',12))
label2.grid(row=2,column=0)

label3=Label(win,text='显示结果 ')
label3.config(width=22,height=3,font=('宋体',12))
label3.place(x=50,y=200)

button1=Button(win,text="计算")
```

```
button1.config(justify=CENTER)              #设置按钮文本居中
button1.config(width=14,height=2)           #设置按钮的宽和高
button1.config(bd=3,relief=RAISED)          #设置边框的宽度和样式
button1.config(anchor=CENTER)               #设置内容在按钮内部居中
button1.config(font=('隶书',12))
button1.config(command=computing)
button1.grid(row=2,column=1)

win.mainloop()
```

程序运行结果如图 9-19 所示。

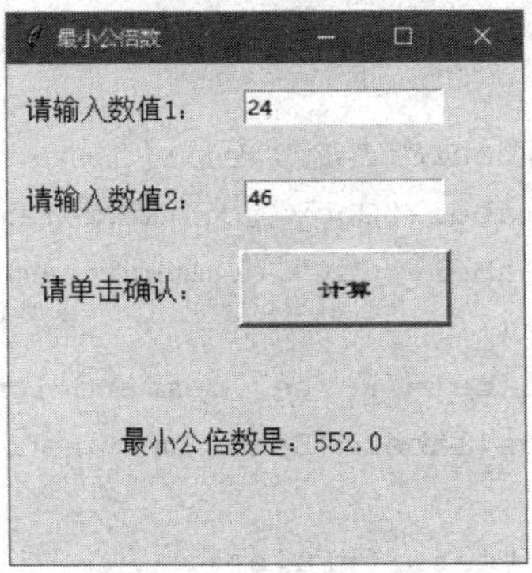

图 9-19　第 1 题程序运行结果

2．阅读并上机调试菜单组件 Menu 程序 demo0902.py。根据程序代码及运行结果，参考解析分析程序各部分功能。

程序代码如下：

```
#demo0902.py
from tkinter import *
win=Tk()
win.title("Main Menu")
win.geometry("300x200+100+100")
label1=Label(text="状态栏:   提示信息")
label1.pack(side=BOTTOM)
menubar=Menu(win)
win.config(menu=menubar)
def showmsg(msg):     #响应函数
    label1.config(text=msg)
file=Menu(menubar,tearoff=True)

file.add_command(label="New",command=lambda:showmsg("new..."))
file.add_command(label="Open",command=lambda:showmsg("open..."))
```

```
recent=Menu(file,tearoff=0)
recent.add_command(label=r"d:\python\demo0301.py",command=lambda:
showmsg("demo0301.py..."))
recent.add_command(label=r"d:\python\demo0802.py",command=lambda:
showmsg("demo0802.py..."))
file.add_cascade(label="Recent",menu=recent)
file.add_separator()
file.add_command(label="Save",command=lambda:showmsg("save..."))
file.add_command(label="Save as ...",command=lambda:showmsg("save as ..."))
file.add_separator()
file.add_command(label="Quit",command=lambda:showmsg("quit"))
menubar.add_cascade(label="File",menu=file)

edit=Menu(menubar,tearoff=False)
edit.add_command(label="Copy",command=lambda:showmsg("copy..."))
edit.add_command(label="Cut",command=lambda:showmsg("cut..."))
edit.add_separator()
edit.add_command(label="Paste",command=lambda:showmsg("paste..."))
menubar.add_cascade(label="Edit",menu=edit)

font=Menu(menubar,tearoff=False)
font.add_radiobutton(label="Font1",command=lambda:showmsg("font1..."))
font.add_radiobutton(label="Font2",command=lambda:showmsg("font2..."))
font.add_separator()
font.add_checkbutton(label="Bold",command=lambda:showmsg("bold..."))
font.add_checkbutton(label="Italic",command=lambda:showmsg("italic..."))
menubar.add_cascade(label="Font",menu=font)

def popmenu(event):      #弹出式菜单
    edit.post(event.x_root,event.y_root)
win.bind("<Button-3>",popmenu)
```

程序运行结果如图 9-20 所示。

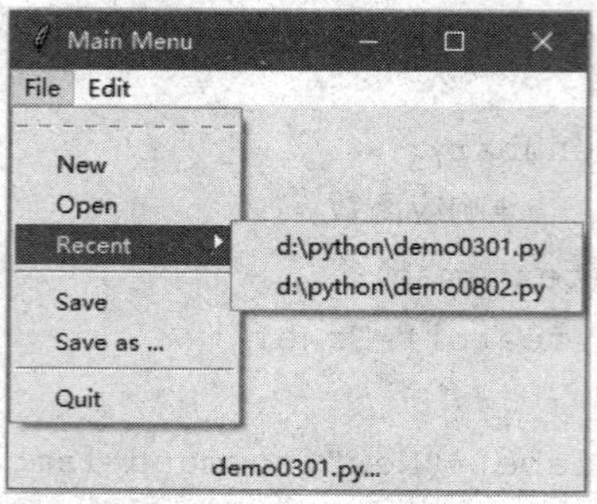

图 9-20　第 2 题程序运行结果

解析：

（1）菜单组件 Menu 用于创建一个菜单，该菜单可作为窗口的菜单栏或弹出菜单。可以为菜单栏添加子菜单，子菜单中的菜单项可以是文本、复选框或单选按钮，子菜单的菜单项也可包含一个子菜单。

（2）tkinter 中的 Menu 类用于创建菜单，菜单的部分属性与标签相同，其他常用属性和方法如下。

1）tearoff 属性：默认情况下，一个 Menu 对象包含的子菜单的第一项为一条线，单击虚线，可使子菜单变成一个独立的窗口。如果 tearoff 的值为 0，则不显示此虚线。

2）add_command()方法：添加一个菜单项。可用 label、bitmap 或 image 参数指定显示文本或图片，用 command 参数指定选择菜单项时执行的回调函数。

3）add_cascade()方法：将另一个 Menu 对象添加为当前 Menu 对象的子菜单，使用 label、bitmap 或 image 参数指定菜单项显示的文本、位图图片，使用 menu 参数指明作为子菜单的 Menu 对象。

4）add_radiobutton()方法：将一个单选按钮添加为菜单项。

5）add_checkbutton()：将一个复选框添加为菜单项。

6）add_separator()方法：在菜单项之间添加一条横线作为分隔符。

7）post()方法：在指定位置弹出 Menu 对象的子菜单。

3．阅读并上机调试程序 demo0903.py，用户注册信息保存在一个二维列表中。

程序代码如下：

```
#demo0903.py
from tkinter import *
win=Tk()
win.title("User Information")
win.geometry("500x220+200+200")

users=[[101,"admin","99214"],[208,"Jack","op890"],[1,"Rose","@lnnu"],
  [10,"John","<>MN"]]
#定义标签框架
mainframe=LabelFrame(text="用户注册信息")
mainframe.pack(anchor=CENTER,pady=15,padx=10,ipadx=6,ipady=10)

mainframe.columnconfigure(1,minsize=100)
mainframe.columnconfigure(2,minsize=190)
mainframe.columnconfigure(3,minsize=180)

Label(mainframe,text='序号',font=('宋体',12),bd=1,
              relief=SOLID).grid(row=1,column=1,sticky=N+E+S+W)
Label(mainframe,text='用户名',font=('宋体',12),bd=1,
              relief=SOLID).grid(row=1,column=2,sticky=N+E+S+W)
Label(mainframe,text='密码',font=('宋体',12),bd=1,
```

```
                    relief=SOLID).grid(row=1,column=3,sticky=N+E+S+W)
    rn=2
    for x in users:
        cn=1
        for a in x:
            Label(mainframe,text=str(a),font=('宋体',11),bd=1,
                  relief=SOLID).grid(row=rn,column=cn,sticky=N+E+S+W)
            cn+=1
        rn+=1
```

程序运行结果如图 9-21 所示。

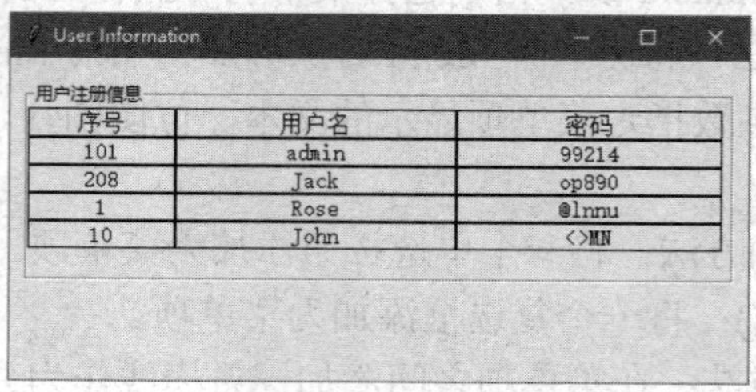

图 9-21　第 3 题程序运行结果

4．编写程序 demo0904.py，计算用户输入的若干整数之和，整数之间用英文逗号分隔。程序运行结果如图 9-22 所示，在文本框中输入数据后，单击“计算”按钮，输出结果。

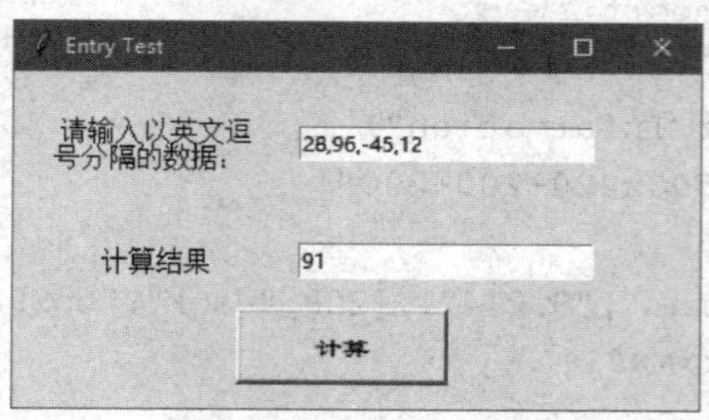

图 9-22　第 4 题程序运行结果

提示：

（1）定义计算按钮的函数，读取输入文本框的数据并进行求和运算。

（2）定义两个标签，分别提示及输入数据和计算结果。

5．编写程序 demo0905.py，设计 GUI，模拟 QQ 登录界面，输入用户名和密码，如果正确则提示登录成功，否则提示登录失败。

提示：

（1）分别定义输入用户名和密码文本框，并设置关联变量。

（2）分别定义登录和重置按钮，判断输入的用户名和密码是否正确并进行相关操作。

（3）可以定义列表以存放多个用户名和密码，用户名和密码适合用字典存放。

第 10 章　Python 第三方库的应用

Python 有标准库和第三方库两类库：标准库随 Python 安装包一起发布，用户可以随时使用；第三方库需要安装后才能使用。第三方库拓展了 Python 的功能，促进了 Python 的发展。本章介绍 Python 的第三方库，重点讲解 numpy、matplotlib、wordcloud、qrcode、urllib、requests、BeautifulSoup4 等第三方库的应用。

学习目标：

✧　了解常见的第三方库。

✧　掌握科学计算的 numpy 库。

✧　掌握图表绘制的 matplotlib 库。

✧　掌握词云制作的 wordcloud 库。

✧　掌握二维码生成的 qrcode 库。

✧　了解网页爬取的 urllib 库和 requests 库。

✧　了解解析网页的 BeautifulSoup4 库。

10.1　常见的第三方库

使用 Python 安装包自带工具 pip（或 pip3）是安装第三方库最重要的方法。pip 工具已经在第 6 章介绍，本节介绍一些常见的第三方库，如表 10-1 所示。

表 10-1　Python 常见的第三方库

库名	用途	pip 安装命令
numpy	矩阵运算、矢量处理、线性代数、傅里叶变换等	pip3 install numpy
matplotlib	2D&3D 绘图库、数学运算、绘制图表	pip3 install matplotlib
PIL	通用的图像处理库	pip3 install pillow
requests	网页内容抓取	pip3 install requests
jieba	中文分词	pip3 install jieba
BeautifulSoup4 或 bs4	HTML 和 XML 解析	pip3 install beautifulsoup4
Wheel	Python 文件打包	pip3 install wheel
sklearn	机器学习和数据挖掘	pip3 install sklearn
pyinstaller	Python 源文件打包	pip3 install pyinstaller
Django	Python 最流行的、支持快速开发的开源 Web 框架	pip3 install django
Scrapy	网页爬虫框架	pip3 install scrapy
Flask	轻量级 Web 开发框架	pip3 install flask
WeRoBot	微信机器人开发框架	pip3 install werobot
scipy	numpy 库之上的科学计算库	pip3 install scipy

续表

库名	用途	pip 安装命令
pandas	高效数据分析	pip3 install pandas
PyQt5	专业级 GUI 开发框架	pip3 install pyqt5
PyOpenGL	多平台 OpenGL 开发接口	pip3 install pyopengl
PyPDF2	PDF 文件内容提取及处理	pip3 install pypdf2
pyGame	多媒体开发和游戏软件开发	pip3 install pygame
wordcloud	词云库	pip3 install wordcloud
qrcode	二维码生成	pip3 install qrcode
urllib	网页访问	pip3 install urllib

使用 pip 安装第三方库时，需要注意以下问题。

1）在 Python 3.x 下通常使用 pip3 命令安装，也可以使用 pip 命令安装。

2）库名是第三方库常用的名称，pip 安装用的文件名与库名不一定完全相同，通常采用小写字母。

3）应在 Windows 操作系统的命令行窗口中安装第三方库，而不是在 IDLE 环境中。部分库会依赖其他函数库，pip 会自动安装；部分库下载后需要一个安装过程，pip 也会自动执行。

在 cmd 窗口使用 pip3 工具安装第三方库时，通常默认下载的是国外资源。常常会因为网速不稳定而导致下载速度太慢甚至失败，因此在安装第三方库时经常在命令中指定国内的镜像网站。常见的国内镜像网站如下。

1）清华源：https://pypi.tuna.tsinghua.edu.cn/simple。

2）阿里云：https://mirrors.aliyun.com/pypi/simple。

3）中国科技大学：https://pypi.mirrors.ustc.edu.cn/simple。

4）华为云：https://mirrors.huaweicloud.com/repository/pypi/simple。

利用国内的镜像网站安装第三方库的命令格式如下：

```
Pip3 install -i 镜像网站 第三方库名
```

例如，通过清华的镜像网站安装 jieba 库的命令如下：

```
pip3 install -i https://pypi.tuna.tsinghua.edu.cn/simple/ jieba
```

10.2 numpy 库

numpy 是高性能科学计算和数据分析的基础包，其中包含大量工具，如数组对象（用来表示向量、矩阵、图像等）、线性代数函数等。numpy 库中的数组对象可以帮助用户实现数组的重要操作，如矩阵乘积、转置、解方程系统、向量乘积和归一化，为图像变形、图像分类、图像聚类等提供了基础。

10.2.1　numpy 库的使用

numpy 库可以从其官网免费下载，通常与 scipy、matplotlib 库一起使用。numpy 中文网提供了在线参考手册，网址是 https://www.numpy.org.cn/reference。numpy 库的相关介绍如下：

1）numpy 数组（ndarray）是一个具有矢量算术运算和复杂广播能力的多维数组。

2）包含用于数组数据进行快速运算的标准数学函数。

3）包含用于读/写磁盘数据的工具及用于操作内存映射文件的工具。

4）具有线性代数、随机数生成及傅里叶变换功能。

5）包含用于集成 C、C++、FORTRAN 等代码的工具。

下面对 numpy 数组进行简单介绍。

1. numpy 数组简介

（1）numpy 数组的概念

numpy 库中处理的最基本数据类型是同种元素构成的数组。numpy 数组是一个多维数组对象，称为 ndarray。numpy 数组的维数称为秩，一维数组的秩为 1，二维数组的秩为 2，依此类推。在 numpy 库中，每一个线性数组称为一个轴，秩其实描述的是轴的数量。例如，二维数组是以数组作为数组元素的数组，每个数组元素又是一个一维数组。

需要强调的是，numpy 数组的下标从 0 开始，同一个 numpy 数组中所有元素的类型必须相同。

（2）创建 numpy 数组

创建 numpy 数组的方法很多。例如，可以使用 array()函数以常规的 Python 列表或元组创建数组，所创建的数组类型由原序列中的元素类型推导而来。

【示例 10-1】用列表和元组创建数组。

```
>>>import numpy as np
>>>arr1=np.array((1,2,3))
>>>lst=[100,200,300,400]
>>>arr2=np.array(lst)
>>>arr1,arr2
   (array([1, 2, 3]), array([100, 200, 300, 400]))
>>>arr1.dtype
   dtype('int32')
```

使用 array()函数创建数组时，参数必须是列表或元组，而不能使用多个数值。

可使用双重序列表示二维数组，以三重序列表示三维数组，依此类推。创建数组时，可以显式地指定数组元素的类型。

经常有这种情况：创建数组时元素的值未知，而数组的大小（维数）已知。因此，numpy 库提供了一些使用占位符创建数组的函数。这些函数有助于满足数组扩展的需要，同时可降低高昂的运算开销。例如，zeros()函数用于创建一个元素值全为 0 的数组，

ones()函数用于创建一个元素值全为 1 的数组，empty()函数用于创建一个内容随机并且依赖于内存状态的数组。默认创建的数组类型（dtype）是 float64，可以用 d.dtype.itemsize 命令查看数组中元素占用的字节数。

【示例 10-2】用 zeros()和 ones()函数创建数组。

```
>>>import numpy as np
>>>lst2=[[1,2,3],[4,5,6]]
>>>arr3=np.array(lst2)
>>>arr3
   array([[1, 2, 3],
          [4, 5, 6]])
>>>arr4=np.zeros((3,4))
>>>arr4
   array([[0., 0., 0., 0.],
          [0., 0., 0., 0.],
          [0., 0., 0., 0.]])
>>>arr5=np.ones((3,4))
>>>arr5
array([[1., 1., 1., 1.],
       [1., 1., 1., 1.],
       [1., 1., 1., 1.]])
>>>arr5.dtype
dtype('float64')
>>>arr5.dtype.itemsize
8
```

numpy 库提供了 arange()函数和 linspace()函数，用于返回一个数列形式的数组。arange()函数类似 Python 的 range()函数，通过指定开始值、终值和步长来创建一维数组。

注意：数组不包括终值。

【示例 10-3】使用 arange()函数创建数组。

```
>>>import numpy as np
>>>arr6=np.arange(0.1,1,0.1)  #在区间[0.1,1)内以 0.1 为步长生成一个数组
>>>arr6
   array([0.1, 0.2, 0.3, 0.4, 0.5, 0.6, 0.7, 0.8, 0.9])
>>>arr7=np.arange(0.2,2,0.3)
>>>arr7
   array([0.2, 0.5, 0.8, 1.1, 1.4, 1.7])
>>>arr8=np.arange(10)
>>>arr8
   array([0, 1, 2, 3, 4, 5, 6, 7, 8, 9])
>>>arr9=np.arange(0.6,6)
>>>arr9
```

```
array([0.6, 1.6, 2.6, 3.6, 4.6, 5.6])
```

如果 arange()函数仅使用一个参数，则代表终值，开始值为 0；如果仅使用两个参数，则步长默认为 1。

linspace()函数通过指定开始值、终值和元素个数（默认为 50）来创建一维数组，可以通过 endpoint 关键字指定是否包括终值，默认设置包括终值。

numpy 库提供了与 math 库函数类似的数组计算方法，如 sin()、cos()、log()等。在基本函数（三角函数对数函数、指数函数、幂函数等）的函数名称前加上定义的 numpy 库的别名 np，就能实现数组的函数计算。

【示例 10-4】numpy 库的基本函数。

```
>>>arra=np.linspace(1,6,5)
>>>arra
   array([1.  , 2.25, 3.5 , 4.75, 6.  ])
>>>arrb=np.random.rand(3,4)
>>>arrb
   array([[0.59935504, 0.47877598, 0.56689196, 0.70276803],
          [0.05220512, 0.12420448, 0.40302724, 0.37560053],
          [0.03997189, 0.78414747, 0.65383188, 0.66272951]])
>>>x=np.arange(0,np.pi*1,0.1)
>>>x
   array([0. , 0.1, 0.2, 0.3, 0.4, 0.5, 0.6, 0.7, 0.8, 0.9, 1. , 1.1, 1.2,
          1.3, 1.4, 1.5, 1.6, 1.7, 1.8, 1.9, 2. , 2.1, 2.2, 2.3, 2.4, 2.5,
          2.6, 2.7, 2.8, 2.9, 3. , 3.1])
>>>y=np.sin(x)
>>>y
   array([0.        , 0.09983342, 0.19866933, 0.29552021, 0.38941834,
          0.47942554, 0.56464247, 0.64421769, 0.71735609, 0.78332691,
          0.84147098, 0.89120736, 0.93203909, 0.96355819, 0.98544973,
          0.99749499, 0.9995736 , 0.99166481, 0.97384763, 0.94630009,
          0.90929743, 0.86320937, 0.8084964 , 0.74570521, 0.67546318,
          0.59847214, 0.51550137, 0.42737988, 0.33498815, 0.23924933,
          0.14112001, 0.04158066])
```

从运行结果可以看出，y 数组的元素分别是 x 数组元素对应的正弦值，计算起来十分方便。

（3）numpy 库中的数据类型

numpy 库用于科学计算，不仅包括 Python 中自带的整型、浮点型、复数类型，还包括 bool、inti、int8、int32、int64、unit8、unit16、unit32、unit64、float16、float32、float64 等类型。

2. 访问 numpy 数组中的元素

numpy 数组中的元素是通过下标来访问的，可以通过方括号括起一个下标来访问数组的单一元素，也可以用切片的形式访问数组中的多个元素。表 10-2 所示为 numpy 数组的索引和切片方法。可以看出，数组元素的存取方式与列表的操作方式相同。

表 10-2 numpy 数组的索引和切片方法

索引和切片方法	功能描述
x[i]	数组第 i 个元素
x[-i]	从后向前索引第 i 个元素
x[n:m]	切片，默认步长为 1，从前向后索引，不包含 m
x[-m:-n]	切片，默认步长为 1，从后向前索引，不包含-n
x[n:m:i]	切片，指定步长为 i 的由 n 到 m 的索引

【示例 10-5】numpy 数组的切片。

```
>>>import numpy as np
>>>arr0=np.arange(1,10)
>>>arr0
   array([1, 2, 3, 4, 5, 6, 7, 8, 9])
>>>arr0[4]
   5
>>>arr0[2:4]
   array([3, 4])
>>>arr0[:5]
   array([1, 2, 3, 4, 5])
>>>arr0[:-1]
   array([1, 2, 3, 4, 5, 6, 7, 8])
>>>arr0[2:4]=10,20                  #修改数组元素的值
>>>arr0
   array([ 1,  2, 10, 20,  5,  6,  7,  8,  9])
>>>arr0[::-1]                       #数组翻转
   array([ 9,  8,  7,  6,  5, 20, 10,  2,  1])
```

多维数组可以每个轴有一个索引，这些索引由以一个逗号分隔的元组给出。下面是一个访问二维数组元素的示例。

【示例 10-6】二维数组的切片操作。

```
>>>import numpy as np
>>>arr0=np.random.rand(3,4)
>>>arr0
   array([[0.23439393, 0.93706371, 0.88071955, 0.04517118],
          [0.27154917, 0.69035333, 0.93612369, 0.4688929 ],
          [0.97958016, 0.77282213, 0.98064417, 0.99285723]])
>>>e1=arr0[0,2]               #第 0 行第 2 个元素
>>>e1
```

```
   0.8807195471995622
>>>e2=arr0[:2]                #第 0 行和第 1 行元素
>>>e2
   array([[0.23439393, 0.93706371, 0.88071955, 0.04517118],
          [0.27154917, 0.69035333, 0.93612369, 0.4688929 ]])
>>>e3=arr0[:,1]               #所有行第 1 列元素
>>>e3
   array([0.93706371, 0.69035333, 0.77282213])
>>>e4=arr0[1,:]               #第 1 行所有元素，与 e4=arr0[1]同
>>>e4
   array([0.27154917, 0.69035333, 0.93612369, 0.4688929 ])
>>>e5=arr0[2,2:]              #第 2 行第 2 个元素后的所有元素
>>>e5
   array([0.98064417, 0.99285723])
>>>e6=arr0[0:3,2]             #每行的第 2 个元素
>>>e6
   array([0.88071955, 0.93612369, 0.98064417])
>>>e7=arr0[:,2]               #每行的第 2 个元素
>>>e7
   array([0.88071955, 0.93612369, 0.98064417])
```

10.2.2　numpy 数组的算术运算

numpy 数组的算术运算是按元素逐个运算，运算后将返回包含运算结果的新数组。

【示例 10-7】numpy 数组的算术运算示例。

```
>>>import numpy as np
>>>arr1=np.array([10,20,30,40])
>>>arr2=np.arange(1,5)
>>>arr1,arr2
   (array([10, 20, 30, 40]), array([1, 2, 3, 4]))
>>>result1=arr1+arr2
>>>result2=arr1-arr2
>>>result3=arr1*arr2
>>>result4=arr1/arr2
>>>result5=arr2**2
>>>result1
   array([11, 22, 33, 44])
>>>result2
   array([9, 18, 27, 36])
>>>result3
   array([10,  40,  90, 160])
>>>result4
```

```
    array([10., 10., 10., 10.])
>>>result5
    array([1,  4,  9, 16])
>>>result5=arr1<30
>>>result5
    array([True,  True, False, False])
```

与其他矩阵语言不同，numpy 库中的乘法运算符“*”按元素逐个计算，矩阵乘法可以使用 dot()函数或通过创建矩阵对象实现。

【示例 10-8】numpy 数组的矩阵乘法。

```
>>>import numpy as np
>>>lst1=[[1,2],[3,4]]
>>>lst2=[[5,6],[7,8]]
>>>arr1=np.array(lst1)
>>>arr2=np.array(lst2)
>>>arr1
    array([[1, 2],
           [3, 4]])
>>>arr2
    array([[5, 6],
           [7, 8]])
>>>result1=arr1*arr2
>>>result1
    array([[ 5, 12],
           [21, 32]])
>>>result2=np.dot(arr1,arr2)
>>>result2
    array([[19, 22],
           [43, 50]])
```

需要注意的是，有些操作符如“+=”和“*=”用来更改已存在的数组，而不创建一个新的数组。

【示例 10-9】numpy 数组的“+=”操作符和“*=”操作符的应用。

```
>>>import numpy as np
>>>arr1=np.ones((2,3))
>>>arr2=np.random.rand(2,3)
>>>arr1
    array([[1., 1., 1.],
           [1., 1., 1.]])
>>>arr1*=3                        #arr1 数组内容发生改变
>>>arr1
    array([[3., 3., 3.],
```

```
        [3., 3., 3.]])
>>>arr2
   array([[0.81101537, 0.6699761, 0.77452018],
        [0.71752438, 0.67166186, 0.25878168]])
>>>id(arr2)
   1662064998032
>>>arr2+=arr1                    #arr2 数组内容发生改变
>>>arr2
   array([[3.81101537, 3.6699761, 3.77452018],
        [3.71752438, 3.67166186, 3.25878168]])
>>>id(arr2)
   1662064998032
```

从运行结果可以看出，arr2 数组在计算前后的 id 不变，表明没有新数组产生。

numpy 数组（ndarray 类）提供了一系列方法以实现数组元素的运算。例如，计算数组所有元素之和、求数组的最大值和最小值等，使用时需要用 ndarray 类的对象调用这些方法。

【示例 10-10】numpy 数组元素的运算。

```
>>>arr2=np.random.rand(2,3)
>>>arr2
   array([[0.04434133, 0.85733162, 0.97687104],
        [0.96993539, 0.56770226, 0.10168872]])
>>>arr2.max()
   0.9768710405385629
>>>arr2.min()
   0.044341331532943506
>>>arr2.sum()
   3.5178703664117275
>>>arr2.sort()
>>>arr2
   array([[0.04434133, 0.85733162, 0.97687104],
        [0.10168872, 0.56770226, 0.96993539]])
```

在对 ndarray 数组元素进行运算的过程中，是将数组看作一维线性列表。通过指定 axis 参数（数组的维），可以对指定的轴进行相应的运算。

【示例 10-11】通过指定 axis 参数计算 numpy 数组的特征值。

```
>>>import numpy as np
>>>myarr1=np.arange(12).reshape(3,4)
>>>myarr1
   array([[ 0,  1,  2,  3],
        [ 4,  5,  6,  7],
```

```
        [ 8,  9, 10, 11]])
>>>myarr1.sum(axis=0)                    #计算每列和
   array([12, 15, 18, 21])
>>>myarr1.sum(axis=1)                    #计算每行和
   array([ 6, 22, 38])
>>>myarr1.max(axis=0)                    #列最大值
   array([ 8,  9, 10, 11])
>>>myarr1.max(axis=1)                    #行最大值
   array([ 3,  7, 11])
>>>myarr1.cumsum(axis=1)                 #计算每行累加和
   array([[ 0,  1,  3,  6],
          [ 4,  9, 15, 22],
          [ 8, 17, 27, 38]])
```

10.2.3 numpy 数组的形状操作

数组的形状（shape）取决于其每个轴上的元素个数，可以使用 ravel()、reshape()、transpose()等函数修改数组的形状。其中，ravel()函数用于降低数组的维度，reshape()函数用于改变数组的维度，transpose()函数用于转置数组。

【示例 10-12】数组的形状操作示例。

```
>>>import numpy as np
>>>yarr0=np.int32(50*np.random.rand(3,4))
>>>yarr0
   array([[5, 44, 27, 23],
          [10, 46, 15, 46],
          [43,  7, 13, 31]])
>>>yarr1=yarr0.ravel()
>>>yarr1
   array([5, 44, 27, 23, 10, 46, 15, 46, 43,  7, 13, 31])
>>>yarr0.shape=(6,2)                     #与 yarr0.reshape(6,2)等价
>>>yarr0
   array([[5, 44],
          [27, 23],
          [10, 46],
          [15, 46],
          [43,  7],
          [13, 31]])
>>>yarr2=yarr0.transpose()
>>>yarr2
   array([[5, 27, 10, 15, 43, 13],
          [44, 23, 46, 46,  7, 31]])
```

```
>>>id(yarr2)
   1662064998416
>>>yarr2.transpose()
   array([[5, 44],
          [27, 23],
          [10, 46],
          [15, 46],
          [43,  7],
          [13, 31]])
>>>id(yarr2)                            #转置数组，id 不发生改变
   1662064998416
```

因为由 ravel()函数展平的数组元素的顺序通常以行为基准，最右边的索引变化最快，所以元素 a[0,0]之后是 a[0,1]。numpy 库通常创建一个以行为基准，顺序保存数据的数组，所以 ravel()函数通常不需要创建数组的副本。但如果数组是通过切片等方式创建的，就可能需要创建其副本。

resize()函数也能实现改变数组形状的功能。

【示例 10-13】使用 resize()函数改变数组形状。

```
>>>import numpy as np
>>>yarr0=np.array([[12,31],[32,49],[34,41],[26,34],[43,3],[10,5]])
>>>id(yarr0)
   1662064998608
>>>yarr0.resize((4,3))
>>>yarr0
   array([[12, 31, 32],
         [49, 34, 41],
         [26, 34, 43],
         [ 3, 10,  5]])
>>>id(yarr0)
   1662064998608
```

如果在 reshape()函数中指定维度为-1，那么其准确维度将根据实际情况计算得到。更多关于 reshape()函数、resize()函数和 ravel()函数的内容请读者参考帮助文档。

numpy 库还包括三角运算函数、傅里叶变换、随机和概率分布、基本数值统计、位运算等非常丰富的功能，读者在使用时可以到官方网站查询。

10.3 matplotlib 库

10.3.1 matplotlib 简介

matplotlib 库是 Python 的 2D&3D 绘图库，十分适合交互式绘图和可视化。用户处

理数学运算、绘制图表，或者在图像上绘制点、直线和曲线时，matplotlib 是一个很好的类库，具有比 PIL 更强大的绘图功能。

matplotlib 库实际上是一套面向对象的绘图库，利用它绘制的图表中的每个绘图元素，如线条、文字、刻度等都有一个对象与之对应。为了快速绘图，matplotlib 库通过 pyplot 模块提供了一套和 MATLAB 类似的绘图 API，将众多绘图对象所构成的复杂结构隐藏在这套 API 内部，用户只需要调用 pyplot 模块所提供的函数就可以实现快速绘图及设置图表的各种细节。

安装 matplotlib 库之前要先安装 numpy 库。matplotlib 库是开源库，可以从 https://matplotlib.org 免费下载，该站点包含了详尽的使用说明和教程。

10.3.2 matplotlib.pyplot 模块

matplotlib 库的 pyplot 模块可以帮助用户快速绘制 2D 图表。matplotlib 库还提供了一个名为 pylab 的模块，其中包括 numpy 库和 pyplot 模块中许多常用的函数，方便用户快速进行计算和绘图，十分适合在 Python 交互式环境中使用。

通常使用 import matplotlib.pyplot as plt 语句导入库，用 plt 作为 matplotlib.pyplot 模块的别名。本章后面的描述中都将采用该别名，不再赘述。

1. 绘图过程和主要函数

【示例 10-14】绘制余弦三角函数 y=cos(x)。

```
#program1014.py
import matplotlib.pyplot as plt
import numpy as np
plt.figure(figsize=(6,4))                #创建绘图对象
x=np.arange(0,np.pi*4,0.01)
y=np.cos(x)
plt.plot(x,y,"g-",linewidth=2.0)
plt.xlabel("x")                          #x 轴文字
plt.ylabel("cos(x)")                     #y 轴文字
plt.ylim(-1,1)                           #y 轴范围
plt.title("y=cos(x)")                    #图表标题
plt.grid(True)
plt.show()
#plt.savefig("test.png",dpi=120)
```

示例 10-14 绘制了一幅余弦函数图像，运行结果如图 10-1 所示。下面说明绘图的过程和主要的函数。

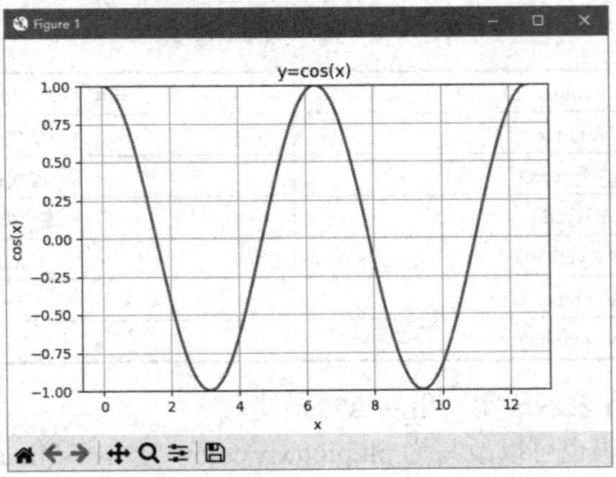

图 10-1　示例 10-14 运行结果

（1）创建绘图对象

第 4 行语句 plt.figure(figsize=(6,4))用于创建一个绘图对象。也可以不创建绘图对象而直接调用 plot()函数绘图，matplotlib 库会自动创建一个绘图对象。

如果需要同时绘制多幅图表，可以给 figure()函数传递一个整型参数指定图表的序号。如果所指定序号的绘图对象已存在，将不创建新的对象，而只是将其设置为当前绘图对象。

figsize()函数的参数用于指定绘图对象的宽度和高度，单位为英寸；dpi 参数指定绘图对象的分辨率，即每英寸多少像素，默认值为 100。因此，本示例所创建的图表窗口的宽度为 6×100=600（像素），高度为 4×100=400（像素）。程序运行后，单击图 10-1 中的“保存”按钮，保存的 PNG 图像的大小是 600 像素×400 像素。dpi 参数值可以通过如下语句查看：

```
>>>import matplotlib
>>>matplotlib.rcParams['figure.dpi']
  100.0
```

（2）使用 plot()函数绘图

创建 figure 对象后，接下来调用 plot()函数在当前的 figure 对象中绘图。实际上，plot()函数是在子图 axes 对象上绘图，如果当前的 figure 对象中没有 axes 对象，将会自动创建一个几乎充满整个图表的 axes 对象，并且使此 axes 对象成为当前 axes 对象。

第 7 行的 plt.plot(x,y,"g-",linewidth=2.0)绘图语句的具体功能说明如下：

1）参数 x、y 表示 x 轴和 y 轴数据。

2）参数 "g-" 指定曲线的颜色和线型。此参数称为格式化参数，其能够通过一些符号快速指定曲线的样式。其中，g 表示绿色，“-”表示线型为实线。常用的绘图参数如表 10-3 所示。

表 10-3 常用的绘图参数

颜色参数（color，c）	线型参数（linestyles，ls）
蓝色：'b'（blue）	实线：'-'
绿色：'g'（green）	虚线：'--'
红色：'r'（red）	虚点线：'-.'
黄色：'y'（yellow）	点：'.'
黑色：'k'（black）	—
白色：'w'（white）	—

3）参数 linewidth 表示线宽，用浮点数描述。

所以，第 7 行代码也可以改写为 plt.plot(x,y,color="g",ls='-',linewidth=2.0)。

（3）设置绘图对象的各个属性

1）xlabel、ylabel：分别设置 x 轴、y 轴的标题文字。

2）title：设置图形标题。

3）xlim、ylim：分别设置 x 轴、y 轴的显示范围。

4）legend()：显示图例，即图中表示每条曲线的标签和样式的矩形区域。

matplotlib.pyplot 模块提供了一组读取和显示函数，用于在绘图区域增加显示内容及读入数据，如表 10-4 所示。这些函数需要与其他函数搭配使用，读者了解即可。

表 10-4 matplotlib.pyplot 模块中的读取和显示函数

函数	功能
plt.legend()	在绘图区域放置图例
plt.show()	显示创建的绘图对象
plt.matshow()	在窗口中显示数组矩阵
plt.imshow()	在 axes 上显示图像
plt.imsave()	保存数组为图像文件
plt.imread()	从图像文件中读取数组

（4）图形保存和输出

可以调用 plt.savefig()函数将当前的 figure 对象保存成图像文件，图像格式由图像文件的扩展名决定。下面的代码将当前的图表保存为 test.png，并且通过 dpi 参数指定图像的分辨率为 120 像素，因此输出图像的宽度为 6×120=720（像素）。

```
plt.savefig("test.png",dpi=120)
```

在 matplotlib 库中绘制图形之后，通过 show()函数显示，用户还可以通过图形界面中的工具栏对其进行设置和保存。工具栏中的按钮还可以用来调整图形上、下、左、右边距。

2. 在绘图对象中绘制多个子图

可以使用 subplot()函数快速绘制包含多个子图的图表，其语法格式如下：

```
subplot(numrows,numcols,plotNum)
```

subplot()函数将整个绘图区域等分为 numrows 行与 numcols 列个子区域，并按照从左到右、从上到下的顺序对每个子区域进行编号，左上角子区域的编号为 1。plotNum 参数指定使用第几个子区域。

如果 numrows、numcols 和 plotNum 这 3 个参数都小于 10，可以将它们缩写为一个整数。例如，subplot(324)和 subplot(3,2,4)是相同的，意味着图表被分割成 3×2（3 行 2 列）的网格子区域，在第 4 个子区域绘制。

subplot()函数会在参数 plotNum 指定的区域中创建一个轴对象。如果新创建的轴和之前创建的轴重叠，则之前的轴将被删除。

通过 axis 参数可以给每个轴设置不同的背景颜色。例如，下面的代码创建 3 行 2 列共 6 个子图，并通过 facecolor 参数给每个子图设置不同的背景颜色。程序运行结果如图 10-2 所示。

```
import numpy as np
import matplotlib.pyplot as plt
for idx,color in enumerate('rgbyck'):
    temp=1+idx
    plt.subplot(3,2,temp,facecolor=color)
plt.show()
```

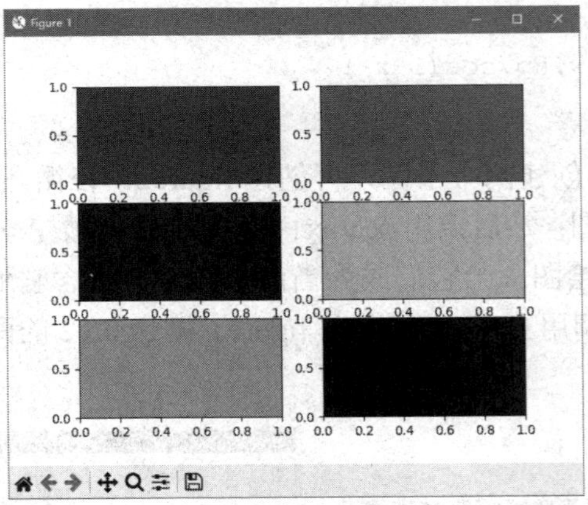

图 10-2　为每个轴设置不同的背景颜色

subplot()函数返回其所创建的 axes 对象，用户可以将 axes 对象用变量保存起来，然后调用 scea()函数让它们交替成为当前 axes 对象，并调用 plot()函数在其中绘图。

如果绘图对象中有多个轴，则可以通过工具栏中的 Configure Subplots 按钮交互式地调节轴间距和轴与边框之间的距离。图 10-2 中为每个轴设置了不同的背景颜色，并且已经部分调整了轴与边框的距离。如果希望在程序中调节，可以调用 subplots_adjust()函数，该函数包括 left、right、bottom、top、wpace、hspace 等几个关键字参数，这些参数的值都是 0～1 范围内的小数，它们是以绘图区的宽高为 1 进行归一化之后的坐标或者长度。

3. 绘制多幅图表

可以给 figure()函数传递一个整数参数作为 figure 对象的序号，该序号用于标识多幅图表中的一个图表。如果序号所指定的 figure 对象已经存在，将不创建新的对象，而只是让其成为当前的 figure 对象。

【示例 10-15】绘制多幅图表，演示如何依次在不同图表的不同子图中绘制曲线。

```
#program1015.py
import numpy as np
import matplotlib.pyplot as plt
plt.figure(1)                   #创建图表 1
ax1=plt.subplot(211)            #图表 1 中的子图 1
ax2=plt.subplot(212)            #图表 1 中的子图 2
plt.figure(2)                   #创建图表 2
x=np.linspace(0,3,50)
for i in x:
    plt.figure(2)               #选择图表 2
    plt.plot(x,np.exp(i*x/3))
    plt.sca(ax1)                #选择图表 1 的子图 1
    plt.plot(x,np.sin(i*x))
    plt.sca(ax2)
    plt.plot(x,np.cos(i*x))
plt.show()
```

程序先在 figure1 中创建两个子图，再创建 figure2。在循环中，先选择 figure2 作为当前图表，并在其中绘图；然后调用 sca(ax1)和 sca(ax2)函数，分别让子图 ax1 和 ax2 成为当前子图，并在其中绘图。当它们成为当前子图时，包含它们的 figure1 也自动成为当前图表，因此不需要调用 figure1 依次在 figure1 和 figure2 的两个子图之间切换。程序运行结果如图 10-3 所示。

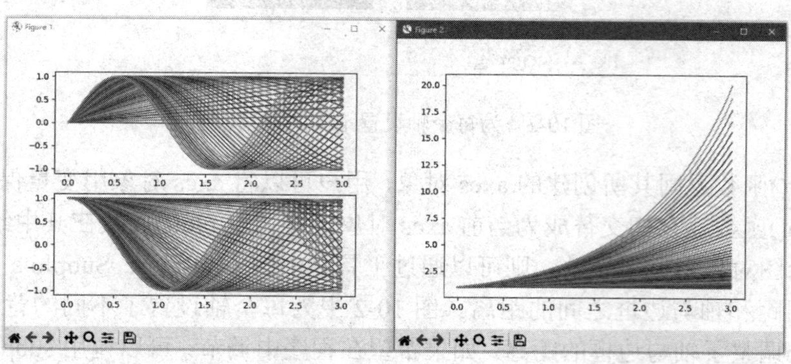

图 10-3　用 figure()函数绘制多个图表

4. 在图表中显示中文

matplotlib 库的默认配置文件中使用的字体无法在图表中正确显示中文。在.py 文件头部加上如下内容，可以让图表正确显示中文：

```
matplotlib.rcParams['font.family']='SimHei'     #指定默认字体
matplotlib.rcParams['font.sans-serif']='SimHei'
plt.rcParams['axes.unicode_minus']=False        #用于正常显示负值
```

其中，'SimHei'表示黑体字。

常用的中文字体及其英文表示如下。

1）宋体：Simsong。

2）黑体：SimHei。

3）楷体：Kaiti。

4）微软雅黑：Microsoft Yahei。

5）隶书：LiShu。

6）仿宋：Fangsong。

7）幼圆：YouYuan。

8）华文宋体：STSong。

9）华文黑体：STHeiti。

10.3.3　绘制直方图、条形图和饼状图

matplotlib 库的 pyplot 模块提供了 plt.plot()、plt.hist()、plt.bar()、plt.pie()、plt.sactter()等 14 个用于绘制基础图表的常用函数。下面通过示例对 plt.hist()、plt.bar()、plt.barh 和 plt.pie()这 4 个函数进行说明。

1. 绘制直方图

直方图（histogram）是一种统计报告图，由一系列高度不等的纵向条纹或线段表示数据分布情况。直方图一般用横轴表示数据类型，纵轴表示分布情况。直方图的绘制通过 plt.hist()函数实现。例如：

```
plt.hist(x,bins=30,color='green',density=True)
```

plt.hist()函数的主要参数如下。

1）x：该参数是数组，指定每个条状图形分布在 x 轴的位置。

2）bins：指定条状图形的个数。

3）color：指定条状图形的颜色。

4）density：值为 True 时，本区间的点在所有点中所占的概率。

示例 10-16 产生 20 个正态分布随机数，某次运行产生的随机数的范围附后，其范围分布直方图如图 10-4 所示。

【示例 10-16】正态分布随机数的范围分布直方图示例。

```
#program1016.py
import matplotlib.pyplot as plt
import numpy as np
mu=100                                    #设置起始值
sigma=20                                  #每个点的放大倍数
x=mu+sigma*np.random.randn(20)            #为简单直观，样本量取 20
plt.hist(x,bins=10,color='green',density=True)
print(x)
plt.show()
```

运行结果如下：

```
[ 98.67248577  98.39934761  95.55306477 120.4494704   99.23080548
 128.2580295  100.13796731  62.36040423 100.89769682  99.83500442
  82.44497264 114.69027065  92.68072565 114.51007727  82.91431968
  81.90719525  73.68395203  96.0462313   66.08123248  94.18271965]
```

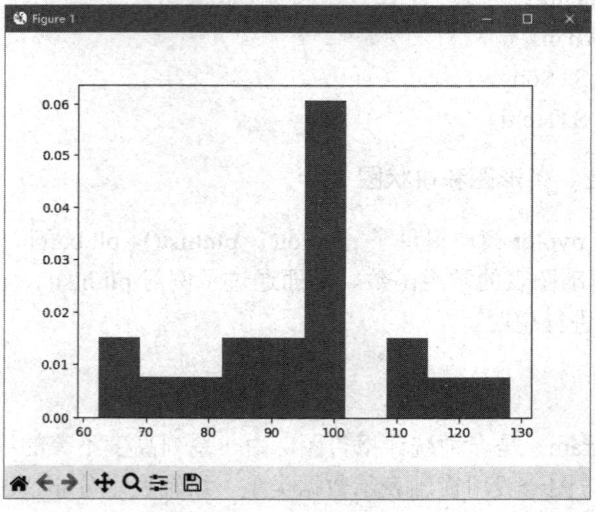

图 10-4　示例 10-16 运行结果

2. 绘制条形图

条形图（bar）是用一个单位长度表示一定的数量，根据数量的多少绘制长短不同的线条，并将这些线条按一定的顺序排列。从条形图中很容易看出各种数量的多少。plt.bar()和 plt.barh()分别用来绘制竖直方向的条形图和水平方向的条形图。

【示例 10-17】绘制简单的条形图。

```
#program1017.py
import matplotlib.pyplot as plt
import numpy as np
```

```
plt.figure(figsize=(6,4))
y=[10,20,8.45,22,3,2,12]
x=np.arange(7)
plt.bar(x,y,color="blue",width=0.5)
plt.show()
```

程序运行结果如图 10-5 所示。

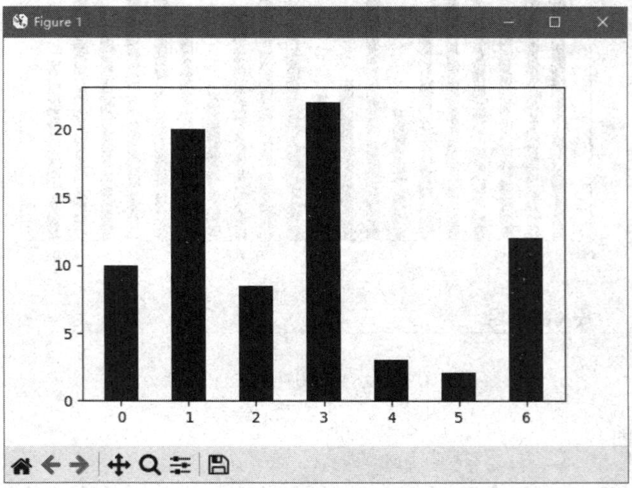

图 10-5　示例 10-17 运行结果

【示例 10-18】绘制层叠的条形图。

```
#program1018.py
import matplotlib.pyplot as plt
import numpy as np
plt.figure(figsize=(8,6))
x=np.arange(20)+1
y1=np.random.randint(10,30,20)
y2=np.random.randint(10,30,20)
plt.ylim(0,70)    #设置 Y 轴的显示范围
#上部的条形图
plt.bar(x,y1,width=0.5,color="grey",label="$y1$")
#底部的条形图
plt.bar(x,y2,bottom=y1,width=0.5,color="blue",label="$y2$")
plt.legend()
plt.show()
```

程序的某次运行结果如图 10-6 所示。

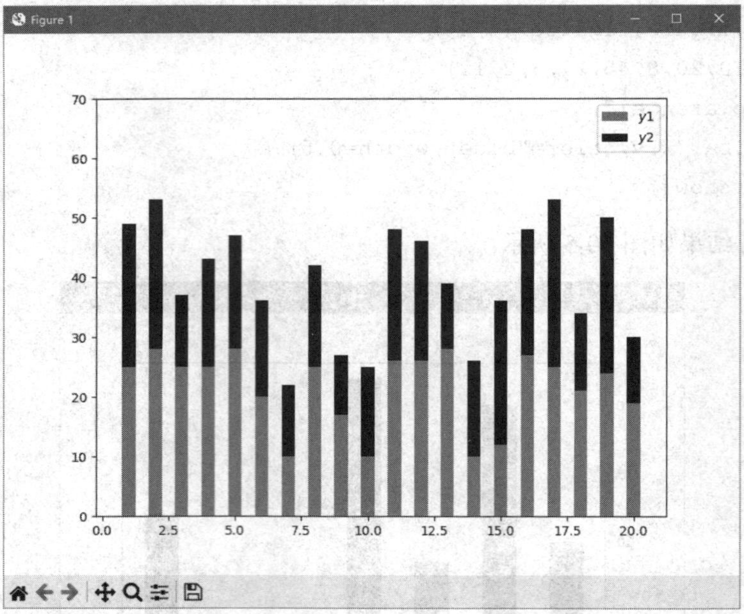

图 10-6　示例 10-18 运行结果

3. 绘制饼状图

饼状图（pie）显示一个数据系列中各数值项的大小与总和的比例，其中的数据显示为整个饼状图的百分比。plt.pie()函数用于绘制饼状图。

【示例 10-19】绘制饼状图示例。

```
#program1019.py
import matplotlib
import matplotlib.pyplot as plt
matplotlib.rcParams['font.family']='SimHei'
matplotlib.rcParams['font.sans-serif']='SimHei'
labels=["一季度","二季度","三季度","四季度"]
data=[16,27,25,29]
explodes=[0,0.1,0.1,0]
plt.axes(aspect=1)
plt.pie(x=data,labels=labels,explode=explodes,autopct="%.1f%%",
shadow=True)
plt.show()
```

绘制饼状图的方法“plt.pie(x=data,labels=labels,explode=explodes,autopct="%.1f%%", shadow=True)”中各参数的含义如下。

1）x：数据，可来源于列表或元组。

2）labels：设置饼状图数据项的标签。

3）explode：设置某块或数据突出显示的情况，由用户定义。

4）autopct：显示数据块所占的百分比。
5）shadow：设置图形的阴影效果。
程序运行结果如图 10-7 所示。

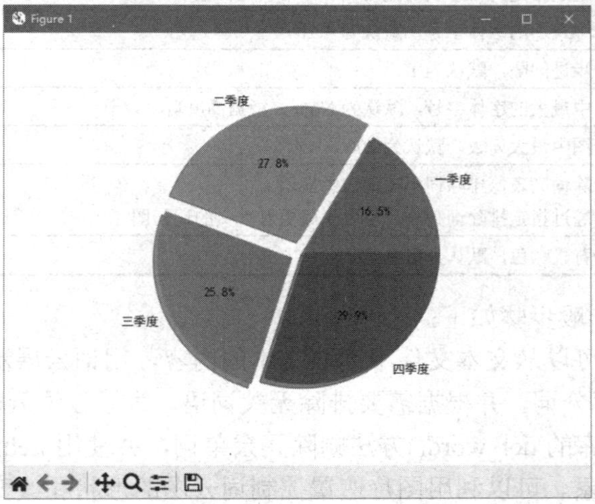

图 10-7　示例 10-19 运行结果

10.4　wordcloud 库

在文本分析中，在统计关键字（词）的频率后，可以通过词云图（也称为文字云）对文本中出现频率较高的“关键词”予以视觉化的展现，从而突出文本中的主旨。

使用 Python 第三方库 wordcloud 可以方便地实现词云图。

10.4.1　词云图的制作步骤

词云将感兴趣的词语放在一幅图像中，可以控制词语的位置、大小、字体等。通常使用字体的大小来反映词语出现的频率，出现的频率越高，在词云中词的字体就越大。

使用 wordcloud 库可以实现文本数据可视化。wordcloud 库是 Python 优秀的词云展示第三方库，词云以词语为基本单位，可更加直观和艺术地展示文本。在默认情况下，WordCloud 对象使用默认参数创建词云图。创建 WordCloud 实例对象时，用户可以通过参数控制词云图的绘制。创建 WordCloud 对象的常用参数如表 10-5 所示。

表 10-5　创建 WordCloud 对象的常用参数

参数	功能
font_path	指定字体文件的完整路径，默认为 None 注：绘制中文词云图时，必须指定字体
width	生成图片宽度，默认为 400 像素
height	生成图片高度，默认为 200 像素

续表

参数	功能
mask	词云形状，默认为 None，即方形图 注：通过指定词云形状的掩码图片（形状为白色以外的区域），可以生成炫酷的词云图
min_font_size	词云中最小的字体字号，默认为 4 号
font_step	字号步进间隔，默认为 1
max_font_size	词云中最大的字体字号，默认为 None，根据高度自动调节
max_words	词云图中最大词数，默认为 200
stopwords	被排除词列表，排除词不在词云中显示 注：通过指定排除词列表，可以生成更有意义的词云图
background_color	图片背景颜色，默认为黑色

生成词云图的一般步骤如下：

1）读取文本。可以从文本文件中读取文本的内容，用词云展示词频状况。

2）利用 jieba 库分词，并根据需要排除无关词语。为了让词云图尽可能显示关键词语，可以利用 jieba 库的 del_word()方法删除冗余单词，并使用 jieba.lcut()方法分词。

3）生成词云对象。可以利用图片遮罩控制词云图的形状和改变词云图的颜色。

4）显示和保存图片。可以使用第三方库 matplotlib.pyplot 库显示和保存图片。

10.4.2 文本词云图

【示例 10-20】根据给定的一篇文章"人工智能发展趋势.txt"，制作文章内容的文本词云图。

```
#program1020.py
import jieba
from wordcloud import WordCloud
import matplotlib.pyplot as plt
text=open("d:\\python\\人工智能发展趋势.txt",encoding="utf-8").read()
text=jieba.lcut(text)
text1=""
for s in text:
    if len(s)==1:
        continue
    else:
        text1+=s
text1=" ".join(jieba.lcut(text1))
wordcloud=WordCloud(font_path="simhei.ttf",background_color="white")
.generate(text1)
plt.imshow(wordcloud)
plt.axis("off")
plt.show()
```

示例代码的第 2～4 行导入相关库模块，其中 jieba 库用于中文分词，wordcloud 库用于生成词云，matplotlib.pyplot 用于绘制图形；第 5～12 行用于打开文件并进行分词操作，并删除词语中的单字词存储于列表 text 中；第 13 行将 text 列表元素用空格连接每个词语，以便于计算词频；第 14 行 wordcloud 对做好的分词算出词频并设置词云的字体和背景颜色；第 15～17 行分别作图，关闭坐标轴并显示图形。

程序运行结果如图 10-8 所示。

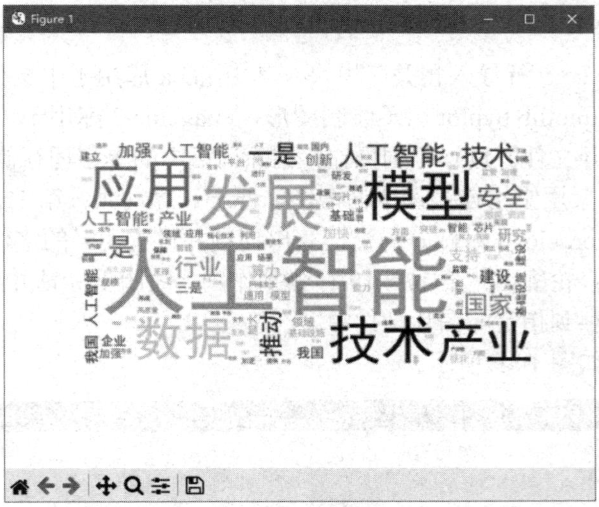

图 10-8　示例 10-20 运行结果

10.4.3　背景轮廓词云图的制作

wordcloud 可以生成任何形状的背景轮廓词云图，但为了获取形状，需要用户提供一张形状的图片。

【示例 10-21】根据给定的一篇文章“人工智能发展趋势.txt”，制作文章内容的背景轮廓词云图。

```
#program1021.py
import jieba
from wordcloud import WordCloud
import matplotlib.pyplot as plt
from imageio.v2 import imread
text=open("d:\\python\\人工智能发展趋势.txt",encoding="utf8").read()
text=jieba.lcut(text)
text1=""
for s in text:
    if len(s)==1:
        continue
    else:
        text1+=s
text1=" ".join(jieba.lcut(text1))
```

```
pac_mask=imread("d:\\python\\18.png")
wordcloud=WordCloud(font_path="simhei.ttf",background_color="white",
max_words=2000,mask=pac_mask).generate(text1)
plt.imshow(wordcloud)
plt.axis("off")
plt.show()
wordcloud.to_file("d:\\python\\tp1.png")
```

示例代码的第 2～5 行导入相关库模块，其中 jieba 库用于中文分词，wordcloud 库用于生成词云，matplotlib.pyplot 用于绘制图形，imageio.v2 库用于读取背景轮廓图片；第 6～13 行用于打开文件并进行分词操作，删除词语中的单字词存储于列表 text 中；第 14 行将 text 列表元素用空格连接每个词语，以便于计算词频；第 15 行读取背景轮廓图片文件；第 16 行 wordcloud 对做好的分词算出词频并设置词云的字体、背景颜色、最大单词数及指定的背景轮廓图；第 17～19 行分别作图，关闭坐标轴并显示图形；第 20 行将生成的词云图保存到指定的图片文件中。

程序运行结果如图 10-9 所示。

图 10-9　示例 10-21 运行结果

10.5　qrcode 库

快速响应矩阵码（quick response code，QR Code），是二维条形码的一种，简称二维码。随着智能手机的普及，二维码目前已广泛应用于日常生活中，如商品信息查询、社交好友互动、网络地址访问等。

10.5.1 普通的二维码

二维码以其快速的可读性和较大的存储容量而被广泛使用，代码由在白色背景下黑色模块组成的正方形图案表示，编码的信息可以由各类信息组成，如二进制数据、字符、数字，甚至汉字等。

在 Python 中制作二维码的软件包为 qrcode，该软件包以 PIL 为基础，故使用 qrcode 前需要安装 PIL 包。

生成二维码的一般步骤如下：

1）创建 QRCode 对象。

2）使用 add_data()方法添加数据。

3）使用 make_image()方法创建二维码（返回 im 类型的图片对象。可以在这里更改二维码的颜色）。

4）用 show()方法显示二维码，或用 save()方法保存二维码到指定位置。

【示例 10-22】生成普通的二维码。

```
#program1022.py
import qrcode
data="https://www.baidu.com"                #设置二维码的数据
qr=qrcode.QRCode(version=1,
    error_correction=qrcode.constants.ERROR_CORRECT_L,
    box_size=10,
    border=4
    )                                       #创建 QRCode 对象
qr.add_data(data=data)                      #添加数据到二维码中
qr.make(fit=True)
qr_img=qr.make_image(fill_color="red",back_color="yellow")  #设置二
维码的颜色
qr_img.show()                               #显示二维码
qr_img.save("d:\\python\\my.jpg")           #保存二维码到指定位置
```

参数及方法说明如下。

1）QRCode 对象参数说明。

① version：一个整数，范围为 1～40，用来控制二维码的大小（最小值是 1，是一个 21×21 的矩阵）。如果想让程序自动生成，将值设置为 None 并使用 make()方法的 fit=True 参数即可。

② error_correction：二维码的错误容许率，可以选择以下 4 个常量。

- ERROR_CORRECT_L：7%以下的错误会被纠正。
- ERROR_CORRECT_M：15%以下的错误会被纠正（默认值）。
- ERROR_CORRECT_Q：25%以下的错误会被纠正。
- ERROR_CORRECT_H：30%以下的错误会被纠正。

③ box_size：二维码每个点（方块）中的像素个数。

④ border：二维码到图片边框的小格子数，默认为 4，而且相关规定最小为 4。

2）方法说明。

① add_data(data)：添加要转换的数据到 data 参数。

② make(fit=True)：当 fit 参数为真或者 QRCode 对象没有给出 version 参数时，将会调用 best_fit()方法找到适合数据的最小尺寸。如果 QRCode 对象没有设置 mask_pattern，将会调用 best_mask_pattern()方法找到最有效的掩模图案。最后，将这些数据传递给 makeImpl()方法，以生成二维码。与 qrcode 本身的 make()方法不一样的是，该方法没有任何返回值。

③ make_image(fill_color=None, back_color=None,image_factory=None)：创建二维码的图像并返回，默认为 PIL 图像。颜色值可以是单词，也可以是#RRGGBB 模式。该方法一般只设置前两个参数，后面的参数用默认值。

10.5.2 中间带图标的二维码

中间带图标的二维码就是用小图标图片直接粘贴在二维码中，虽然二维码被遮盖住了一部分，但是因为二维码有一个容错率，所以仍然可以扫出来。建议图标不要太大，太大会影响二维码容错率。所以，如果二维码中带图标，一般要设置高容错率（ERROR_CORRECT_H），一般情况下将图标放在二维码正中间，且图标大小要在二维码图片长度与宽度的 1/4 以下。

生成中间带图标的二维码的具体方法如下：

1）获取二维码并得到其宽度和高度。

2）利用二维码宽度和高度，计算图标的宽度和高度。

3）利用 PIL 的 Image.open()方法打开图标图片，并缩放到适当大小。

4）把图标“粘贴”到二维码中：利用 PIL 对象的 paste()粘贴方法。

5）保存整合的图片：利用 PIL 对象的 save()方法。

【示例 10-23】准备好一个正方形的图标文件，生成带图标的二维码。

```
#program1023.py
import qrcode
from PIL import Image
#创建 QRCode 对象
ewm = qrcode.QRCode(
    version=5,
    error_correction=qrcode.constants.ERROR_CORRECT_H,
    box_size=10,
    border=4,
)
#设置二维码数据，并添加到二维码中
data = "https://www.baidu.com"
ewm.add_data(data=data)
```

```
#更改二维码的颜色，默认是黑色，得到的结果是 PIL 图像对象
ewm.make(fit=True) #让二维码得到一个适合的大小值
ewm_img = ewm.make_image(fill_color="red", back_color="white")
#获取二维码大小:宽和高
ewm_size = ewm_img.size
ewm_size_w ,ewm_size_h = ewm_size
#打开图标文件，并获取图标大小，重新设定图标大小
#这里设置 icon 宽高为二维码的 1/4
s = 4
icon = Image.open("d:\\my.jpeg")
#设置小图标大小，缩放时尺寸必须是整数，否则会报错
icon_w,icon_h = int(ewm_size_w/s) ,int(ewm_size_h/s)
icon_small = icon.resize( (icon_w ,icon_h),Image.LANCZOS)
#Image.LANCZOS 画面采样缩放
#获取粘贴小图标的坐标，必须是整数，否则粘贴时会报错
icon_x, icon_y = int( (ewm_size_w-icon_w)/2 ), int( (ewm_size_h-icon_h)/2)
#把图标“粘贴”到二维码正中间
ewm_img.paste( icon_small,(icon_x,icon_y)  )
#显示二维码
ewm_img.show()     #如果数据被清除了，会出现一个二维码，扫它什么都不会弹出
ewm_img.save("d:\\me.jpg")
```

这里使用了 PIL 的 Image 对象，用到了它的 open()、resize()、paste()方法，这里对此不再详细阐述。

10.6　urllib 库和 requests 库

网页爬取就是将统一资源定位符（uniform resource locator，URL）地址中指定的网络资源从网络流中读取出来，并保存到本地。urllib 和 urllib2 两个标准库均支持网页内容读取，在 Python 3 版本中统一使用标准库 urllib 来读取网页。requests 库是用于实现网页内容抓取的第三方库，需要安装后使用。

10.6.1　爬取网页的基础知识

爬取网页需要了解浏览器与 Web 服务器的请求-响应的工作过程，需要掌握 URL 地址的含义，还需要了解爬虫的基本原理，下面逐一进行介绍。

1. HTTP

用户浏览网页的过程就是客户端与 Web 服务器请求-响应的过程。客户端通过浏览器向 Web 服务器发出请求，服务器根据请求返回数据。浏览器与服务器之间通信的基础是超文本传输协议（hyper text transfer protocol，HTTP），该协议是 Web 服务器与浏览

器间传送文件的协议，限制服务器将消息主动推送给客户端。

HTTP 是一个无状态协议，同一个客户端的一次请求和上次请求没有对应关系。

2. HTTP 的工作过程

客户端通过浏览器与 Web 服务器之间的一次 HTTP 操作称为一个事务，其工作过程如下：

1）客户端与服务器建立连接。例如，在浏览器的地址栏中输入一个网址后，发出请求，HTTP 的工作便开始了。

2）服务器接到请求后，返回相应的响应信息，其格式为一个状态行，包括信息的协议版本号、一个成功或错误的代码等。

3）客户端接收服务器返回的信息，浏览器解析并显示网页，客户端与服务器断开连接。

如果以上过程的某个步骤出现错误，出错信息将返回客户端。这些过程是由 HTTP 完成的，用户只要等待信息显示即可。

3. 网络爬虫

网络爬虫也称为网络蜘蛛（Web spider），如果把互联网看成一个蜘蛛网，spider 就是网上的一只蜘蛛，它是搜索引擎抓取系统的重要组成部分。网络爬虫的主要目的是将互联网中的网页下载到本地，从而保存文件或备份文件。

Web 站点上的每一个信息资源都有唯一的地址，该地址称为 URL 地址。URL 地址格式如下（带方括号的内容为可选项）：

```
protocol://hostname[:port]/path
```

URL 地址由以下 3 部分组成。

1）protocol：网络协议，如访问网页使用的是 HTTP。

2）hostname[:port]：主机名（端口号为可选参数）。浏览网页的默认端口号为 80，如百度的主机名是 www.baidu.com，这是服务器的地址，其默认端口号是 80。

3）path：主机资源的具体地址，如文件路径和文件名等。

网络爬虫是根据 URL 获取网页信息的。网络爬虫应用一般分为两个步骤：一是连接网络并获取网页内容，二是对获得的网页内容进行处理。这两个步骤分别使用不同的库：urllib（或者 requests）和 BeautifulSoup4。

10.6.2 urllib 库

1. urllib 库简介

urllib 是用于访问网页的 Python 标准库中的模块，其可以使用户像访问本地文件一样读取网页的内容。Python 2 系列版本使用的是 urllib2 库，Python 3.x 版本则使用 urllib 库抓取网页。

urllib 库提供了一系列函数或方法，用于获取网页信息或下载网页。urllib 库使用简单，初学者也可以尝试抓取、读取或者保存网页。urllib 库包括一些处理 URL 的模块，具体如下。

1）urllib.request 模块：打开和读取 URL。

2）urllib.error 模块：包含一些由 urllib.request 产生的错误，可以使用 try 语句进行异常捕获。

3）urllib.parse 模块：包含一些解析 URL 的方法。

4）urllib.robotparser 模块：解析 robots.txt 文本文件。urllib.robotparser 模块提供了一个单独的 RobotFileParser 类，通过该类提供的 can_fetch()方法测试爬虫是否可以下载网页页面。

2. 使用 urllib 库获取网页信息

下面通过 urllib.request 模块来说明 urllib 库的使用方法。使用 urllib.request.urlopen()函数可以很方便地打开一个网站，读取并输出网页信息。

urlopen()函数的语法格式如下：

```
urllib.request.urlopen(url,data[,proxies])
```

urlopen()函数返回一个 Response 对象，可以像本地文件一样操作该 Response 对象来获取远程数据。其中，参数 url 表示远程数据的路径，一般是 URL 地址；参数 data 表示提交到 URL 的数据（提交数据有 post 与 get 两种方式，该参数较少使用）；参数 proxies 用于设置代理。urlopen()函数还有一些可选参数，读者可以查阅 Python 的官方文档了解具体信息。

urlopen()函数返回的 Response 对象提供了如下方法。

1）readline()、readlines()、fileno()、close()等：其使用方式与文件对象完全相同。

2）info()：返回一个 httplib.HTTPMessage 对象，表示远程服务器返回的头信息。

3）getcode()：返回 HTTP 状态码。如果是 HTTP 请求，则 200 表示请求成功完成，404 表示网址未找到。

4）geturl()：返回请求的 URL。

基于以上知识，可以实现一个简单的抓取网页的程序。

【示例 10-24】抓取搜狐网首页的前 360 字节内容。

```
#program1024.py
import urllib.request
res=urllib.request.urlopen("http://www.sohu.com")
html=res.read(360)
print(html)
print(html.decode("utf-8","ignore"))
res.close()
```

urllib 库使用 request.urlopen()方法打开和读取 URL 信息，返回的 Response 对象 res

如同一个文本对象，用户可以通过调用 read()方法进行读取，再通过 print()方法将读取的信息输出。运行程序文件，输出如下信息：

```
<!doctype html><html><head><title>搜狐</title><meta name=Keywords
content=搜狐,门户网站,新媒体,网络媒体,新闻,财经,体育,娱乐,时尚,汽车,房产,科
技,图片,论坛,微博,博客,视频,电影,电视剧><meta name=Description content=
搜狐网为用户提供 24 小时不间断的最新资讯，及搜索、邮件等网络服务。内容
```

考虑到篇幅和网速，示例 10-24 只读取了网页的前 360 字节内容。

程序第 6 行的 html. decode("utf-8","ignore")通过 decode()函数对网页信息进行解码，得到网页信息。将网页按 UTF-8 格式解码的前提是用户已经知道该网页使用的是 UTF-8 编码。

如何查看网页的编码方式呢？一种简单的方法是使用浏览器查看网页源码，只需要找到 head 标签开始位置的 charset，就可以知道网页采用的是何种编码。

另外，urlopen()函数中的 url 参数不仅可以是一个字符串（"http://www.shou.com"），也可以是一个 Request 对象，这就需要先定义一个 Request 对象，然后将该 Request 对象作为 urlopen()函数的参数使用。其具体代码如下：

```
import urllib.request
req=urllib.request.Request("http://www.sohu.com")
res=urllib.request.urlopen(req)
html=res.read(1000)
print(html.decode("utf-8"))
res.close()
```

3. 获取服务器响应信息

同浏览器与 Web 服务器的交互过程一样，request.urlopen()方法代表请求，其返回的 Response 对象代表响应。Response 对象的 status 属性返回请求 HTTP 后的状态，用于处理数据之前的请求状态判断。如果请求未被响应，则需要终止内容处理。Response 对象的 reason 属性非常重要，可以得到未被响应的原因，url 属性返回页面的 URL。response.read()方法用于获取请求的页面内容的二进制形式。

使用 getheaders()方法可以返回 HTTP 响应的头信息。

【示例 10-25】获取 HTTP 响应信息。

```
#program1025.py
import urllib.request
fopen=urllib.request.urlopen("http://www.sohu.com")
print("Status:",fopen.status,fopen.reason)
print("-----------以下 HTTP 响应头信息---------")
for k,v in fopen.getheaders():
    print("%s:%s"%(k,v))
fopen.close()
```

程序运行结果如下：

```
Status: 200 OK
-----------以下 HTTP 响应头信息---------
Date:Thu, 23 May 2024 01:45:56 GMT
Content-Type:text/html;charset=utf-8
Server:openresty
Vary:Accept-Encoding
Trace-Id:5e80d89894ca4303ae605b868f2ae002.652.1716428756158O167
Data-Source:
S-REQ-ID:17364520229767463325
S-REQ-TYPE:0
Cache-Control:max-age=60
Content-Length:202715
Accept-Ranges:bytes
X-NWS-LOG-UUID:3114796678167500686
Connection:close
X-Cache-Lookup:Cache Hit
Server-Timing:cdn-cache;desc=hit, edge;dur=1
```

同样，也可以使用 Response 对象的 geturl()方法、info()方法和 getcode()方法获取相关的 URL、响应信息和响应状态码，相关代码如下：

```
import urllib.request
req=urllib.request.Request("http://www.sohu.com")
response=urllib.request.urlopen(req)
print(response.geturl())
print(response.info())
print(response.getcode())
response.close()
```

以上是一些简单的网页抓取功能。除此之外，还可以通过向 urlopen()函数传递参数以实现向服务器发送数据，但这种情况较少使用，在此不再赘述。

10.6.3　requests 库

1. requests 库概述

requests 库和 urllib 库功能类似，是一个简洁的处理 HTTP 请求的第三方库。使用 requests 库编程的过程接近正常的 URL 访问过程，更易于被程序开发人员理解和使用。requests 库建立在 Python 的 urllib3 库基础上，是对 urllib3 库的再封装，使用界面更加友好。

requests 库包括丰富的链接访问功能，包括 URL 获取、HTTP 长链接和链接缓存、自动内容解码、文件分块上传、连接超时处理、流数据下载等。有关 requests 库的更多介绍，读者可以访问 http://docs.python-requests.org。

2. requests 库解析

网络爬虫和信息提交是 requests 库支持的基本功能，下面重点介绍与该功能相关的 requests.get()方法。该方法的语法格式如下：

```
res=requests.get(url[,timeout=n])
```

requests.get()方法是获取网页最常用的方法，该方法返回的网页内容会保存为一个 Response 对象。其中，参数 url 必须采用 HTTP 或 HTTPS 方式访问，可选参数 timeout 用于设置每次请求超时的时间。

下面的代码用于测试 requests.get()方法和 requests.head()方法的返回值类型：

```
>>>import requests
>>>r=requests.get("http://www.baidu.com")
>>>type(r)
   <class 'requests.models.Response'>
>>>r2=requests.head("http://www.baidu.com")
>>>type(r2)
   <class 'requests.models.Response'>
```

从网络爬虫应用角度来看，只需要掌握 get()函数即可获取网页。与浏览器的交互过程一样，requests.get()代表请求过程，其返回的 Response 对象代表响应，返回内容作为一个对象更便于操作。Response 对象的主要属性如下。

1）statuscode：返回 HTTP 请求的状态，200 表示连接成功，404 表示连接失败。

2）text：HTTP 响应内容的字符串形式，即 URL 对应的页面内容。

3）encoding：HTTP 响应内容的编码方式。

4）content：HTTP 响应内容的二进制形式。

Response 对象的 statuscode 属性返回请求 HTTP 后的状态，表示请求成功或失败；text 属性请求的是页面内容，以字符串形式展示；encoding 属性非常重要，它给出了返回页面内容的编码方式，可以通过对 encoding 属性赋值更改编码方式，以便处理中文字符；content 属性是页面内容的二进制形式。

下面的代码有助于理解 Response 对象的上述属性：

```
>>>import requests
>>>r=requests.get("http://www.sohu.com")
>>>r.status_code                #返回请求后的状态
   200
>>>r.text[:200]                 #显示前 200 个字符
   '<!doctype html><html><head><title>搜狐</title><meta name=Keywords
   content=搜狐,门户网站,新媒体,网络媒体,新闻,财经,体育,娱乐,时尚,汽车,房
   产,科技,图片,论坛,微博,博客,视频,电影,电视剧><meta name=Description
```

```
    content=搜狐网为用户提供 24 小时不间断的最新资讯，及搜索、邮件等网络服务。内'
>>>r.encoding='utf-8'          #更改编码方式为 UTF-8
>>>r.text[:200]
(输出略)
```

除了属性外，Response 对象还提供了另外两个方法。

1）json()方法：如果 HTTP 响应内容包含 JSON 格式数据，则该方法解析 JSON 数据。

2）raise_for_status()方法：如果 status_code 值不是 200，则产生异常。

json()方法能够在 HTTP 响应内容中解析存在的 JSON 数据，可以使解析 HTTP 更便利。raise_for_status()方法能在非成功响应后产生异常，即只要返回的请求状态 status_code 不是 200，该方法就会产生一个异常，用于 try-except 语句。使用异常处理语句可以避免设置一些复杂的 if 语句，只需要在收到响应时调用该方法，就可以避开状态字 200 以外的各种意外情况。

requests 会产生几种常用异常。当遇到网络问题时，如域名系统（domain name system，DNS）查询失败、拒绝连接等，requests 就会抛出 ConnectionError 异常；当遇到无效 HTTP 响应时，requests 会抛出 HTTPError 异常；若请求 URL 超时，则抛出 Timeout 异常；若请求超过设置的最大重定向次数，则会抛出一个 TooManyRedirects 异常。下面代码中的 getHTMLText()函数封装了爬取网页的主要方法，考虑到网速，这里只返回网页的前 200 个字符。

【示例 10-26】爬取网页内容示例。

```
#program10-26.py
import requests
def getHTMLText(url):
    r=requests.get(url,timeout=15)
    r.raise_for_status()
    r.encoding='utf-8'     #修改编码方式为 UTF-8
    return r.text[:200]

url="http://www.sohu.com"
text=getHTMLText(url)
print(text)
```

10.7 BeautifulSoup4 库

10.7.1 BeautifulSoup4 库简介

BeautifulSoup4 库也称为 bs4 库或 BeautifulSoup 库，是 Python 用于网页分析的第三方库，用来快速转换被抓取的网页。BeautifulSoup4 库将网页转换为一棵文档对象模型（document object model，DOM）树，尽可能和原文档内容含义一致，这种措施通常能够满足搜集数据的需求。

BeautifulSoup4 库提供了一些简单的方法及类 Python 语法来查找、定位、修改一棵转换后的 DOM 树，还能自动将传入的文档转换为 Unicode 编码，而且在输出时转换为 UTF-8 格式。

下面通过示例 10-27 演示 BeautifulSoup4 库的基本使用方式。

【示例 10-27】使用 BeautifulSoup4 库访问网页元素。

```
#program1027.py
from bs4 import BeautifulSoup
doc=[
'<!DOCTYPE html>',
'<head>    <meta charset="UTF-8"></head>',
'<body>',
'<h3>段落标记的使用</h3>',
'<hr/><p id="p1">段落标记是文档结构描述的重要元素</p>',
'<p>  段落标记实现了文本的换行显示，并且，段落之间有一行的间距。\
<br/>',
    '段落标记虽然有开始和结束标记，但结束标记可以省略，如果浏览器遇到一个新\
的段落标记，将会结束前面的段落，开始新的段落……</p>',
'</body>'
]
soup=BeautifulSoup("".join(doc),"html.parser")
print("-----------------网页元素信息--------------------")
print("soup.title:",soup.title)
print("soup.head:",soup.head)
print("-----------------格式化后的网页代码--------------------")
print(soup.prettify())
```

本示例实现将列表连接成字符串后，再将字符串解析成网页。

第 3～12 行的变量 doc 是一个描述网页内容的字符串，第 13 行将字符串解析成 HTML 网页，第 18 行将网页格式化后输出。下面是使用 BeautifulSoup4 库解析网页的过程。

1）使用 BeautifulSoup 对象时首先必须导入 BeautifulSoup4 库：

```
from bs4 import BeautifulSoup
```

2）创建 BeautifulSoup 对象。可以使用以下几种方法创建 BeautifulSoup 对象。

① 使用包含网页内容的字符串创建 BeautifulSoup 对象。例如：

```
soup=BeautifulSoup(htmlstr,"html.parser")
```

② 使用本地 HTML 文件创建 BeautifulSoup 对象。例如：

```
soup=BeautifulSoup(open("index.html"),"html.parser")
```

其中，index.html 是本地网页文件，代码的功能是将本地 index.html 文件打开，用其来创建 BeautifulSoup 对象。

③ 使用 URL 地址获取 HTML 文件，代码如下：

```
from urllib import request
from bs4 import BeautifulSoup
response=request.urlopen("http://www.baidu.com")
html=response.read()
html=html.decode("utf-8")
soup=BeautifulSoup(html,"html.parser")
```

示例10-27运行结果如图10-10所示，在Python的Shell窗口中格式化输出了BeautifulSoup对象（DOM 树）的内容。

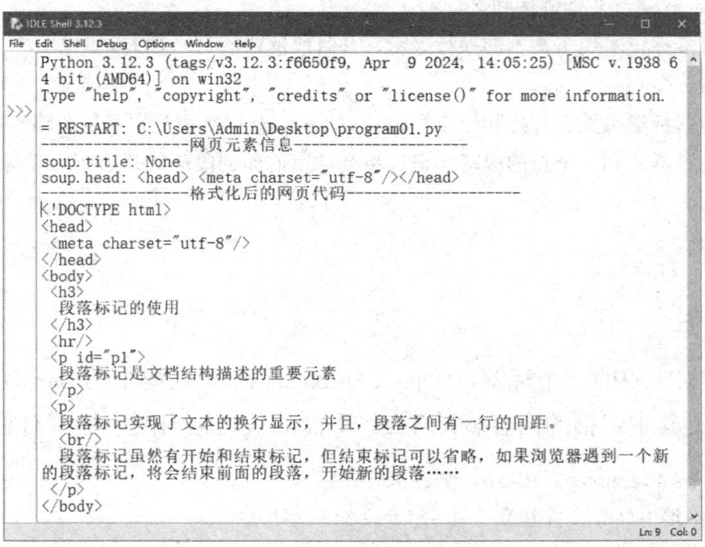

图 10-10　示例 10-27 运行结果

10.7.2　BeautifulSoup4 库的对象

BeautifulSoup4 库将 HTML 文档转换成一个复杂的树形结构，每个节点都是 Python 对象，所有对象可以归纳为 4 种类型：Tag、NavigableString、BeautifulSoup 和 Comment。

后面将使用 BeautifulSoup4 库的对象访问 page1.html 中的不同元素。生成 DOM 树的本地 HTML 文件 page1.html 内容如下：

```
<!--page1.html -->
<!DOCTYPE html>
<head>
    <meta charset="utf-8">
    <title>page1.html</title>
```

```
</head>
<body>
<h3>
    段落标记的使用
</h3>
<hr/>
<p id="p1" style="color:red">
    <a href="">链接到 1</a>
    段落标记是文档结构描述的重要元素
</p>
<p id="p2">
    <a href="">链接到 2</a>
    段落标记实现了文本的换行显示，并且段落之间有一行的间距。
    <br/>
    段落标记虽然有开始和结束标记，<strong>但结束标记可以省略</strong>，如果
    浏览器遇到一个新的段落标记，将会结束前面的段落，开始新的段落……
</p>
</body>
```

1. Tag 对象

Tag 是 HTML 中的一个标签，上面文件 page1.html 代码中的<head> <a> <title>等 HTML 标签加上其中包括的内容就是 Tag。下面的代码输出两个标签对象：

```
from bs4 import BeautifulSoup
#使用本地 HTML 文件建立 BeautifulSoup 对象
soup=BeautifulSoup(open("d:\\python\\page1.html",'r',encoding=
"utf-8"),"html.parser")
print(soup.head)
print(soup.a)
```

输出 Tag 的结果如下：

```
<head>
<meta charset="utf-8"/>
<title>page1.html</title>
</head>
<a href="">链接到 1</a>
```

用户可以利用 BeautifulSoup 对象 soup 加标签名获取标签的内容，但要注意查找到的是所有内容中的第一个符合要求的标签。如果要查询所有标签，需要使用 10.7.3 小节中介绍的 find_all()方法。

可以通过type()函数验证标签对象的类型。name和attrs是Tag的两个重要属性。name属性是标签本身的名称。soup 对象的 name 属性值是 document。attrs 是标签的属性，如 print(soup.p.attrs)表示把 p 标签的所有属性都输出，得到的类型是一个字典。例如：

```
>>>print(type(soup.a))
    <class 'bs4.element.Tag'>
>>>print(soup.head.name)
    head
>>>print(soup.name)
    [document]
>>>print(soup.p.attrs)
    {'id': 'p1', 'style': 'color:red'}
```

如果想要获取一个标签的某个单独的属性，可以按访问字典的方式操作，而且可以修改属性的内容或删除标签属性。例如，获取标签 p 的 id 属性值，修改和删除 p 的 class 属性的代码如下：

```
>>>print(soup.p['id'])
    p1
>>>print(soup.p.get('id'))
    p1
>>>soup.p['class']='newclass'
>>>del soup.p['class']
```

2. NavigableString 对象

NavigableString 对象用于操纵标签内部的文字，标签的 string 属性返回 NavigableString 对象。例如：

```
>>>text1=soup.title.string
>>>text1
    'page1.html'
>>>type(text1)
    <class 'bs4.element.NavigableString'>
```

这样就轻松获取到了<title>标签中的内容。如果用正则表达式访问，则相对复杂。

3. BeautifulSoup 对象

BeautifulSoup 对象表示一个文档的全部内容，大部分时候可以把它看作一个特殊的 Tag。下面的代码可以分别获取 BeautifulSoup 对象的类型、名称及属性：

```
>>>from bs4 import BeautifulSoup
>>>soup=BeautifulSoup(open("d:\\python\\page1.html",encoding="utf
    -8"),"html.parser")
```

```
>>>type(soup)
    <class 'bs4.BeautifulSoup'>
>>>print(soup.name)
    [document]
>>>type(soup.name)
    <class 'str'>
>>>print(soup.attrs)
    {}
```

4. Comment 对象

Comment 对象是一个特殊类型的 NavigableString 对象，其内容不包括注释符号，如果处理不当，有时会对文本处理造成不便。

下面的代码中，变量 html 是一个字符串，其中 p 标签的内容实际上是注释，如果利用 string 属性来输出它的内容，会发现输出结果不包括注释符号，这可能带来不必要的麻烦。注释是一个 Comment 对象类型，所以在使用前需要对其进行判断。

```
>>>from bs4 import BeautifulSoup
>>>html="<p><!--这是注释--></p>"
>>>soup=BeautifulSoup(html,"html.parser")
>>>soup.p.string
    '这是注释'
>>>if (type(soup.p.string)==soup.Comment):
      print(soup.p)
     （无输出）
```

10.7.3 BeautifulSoup4 库操作解析 DOM 树

1. 遍历 DOM 树

（1）获取直接子节点

contents 属性和 children 属性可以获取 Tag 的直接子节点。

Tag 的 contents 属性可以将直接子节点以列表的方式输出，并可以用列表索引来获取它的某一个元素。

```
>>>from bs4 import BeautifulSoup
>>>soup=BeautifulSoup(open("d:\\python\\page1.html",encoding="utf
    -8"),"html.parser")
    #soup.p.contents 是 3 个元素的列表
>>>print(soup.p.contents)
    ['\n', <a href="">链接到 1</a>, '\n    段落标记是文档结构描述的重要元素\n']
>>>print(soup.p.contents[1])
    <a href="">链接到 1</a>
```

children 属性返回的不是一个列表，其是一个列表生成器对象，但是可以通过遍历获取所有子节点。

```
>>>for child in soup.p.children:
        child
    #输出结果
    '\n'
    <a href="">链接到 1</a>
    '\n    段落标记是文档结构描述的重要元素\n'
```

（2）获取所有子节点

contents 属性和 children 属性获取的是仅包含 Tag 的直接子节点，descendants 属性可以对所有 Tag 的子节点进行递归循环。与 children 属性类似，descendants 属性也需要遍历获取其中的内容。

```
>>>for child in soup.descendants:
       print(child)
    （运行结果略）
```

运行结果是所有的节点都被输出，先是最外层的 HTML 标签，接着从 head 标签一个个剥离，依此类推。

（3）获取节点内容

如果一个标签中不再包含标签(只有内容)，那么 string 属性就会返回标签中的内容；如果标签中内嵌唯一的标签，那么 string 属性会返回最里面标签的内容；如果 Tag 包含多个子标签节点，Tag 将无法确定 string 属性应该返回哪个子标签节点的内容，string 的运行结果是 None。

```
>>>print(soup.a.string)
    链接到 1
>>>print(soup.title.string)
    page1.html
>>>print(soup.p.string)
    None
>>>print(soup.head.string)
    None
```

（4）获取多项内容

strings 属性用于获取多项内容，需要遍历获取。

```
>>>for s in soup.body.strings:
       print(s)
    （输出所有文本内容，略）
```

输出的字符串中可能包含很多空格或空行，使用 stripped_strings 属性可以删除多余空白内容。

```
>>>for s in soup.body.stripped_strings:
       print(s)
   （输出所有文本内容，无空行，略）
```

（5）父节点

父节点是当前节点的上级节点，parent 属性用于获取父节点。

```
>>>e1=soup.title
>>>print(e1.parent.name)
   head
```

（6）兄弟节点

兄弟节点可以理解为和本节点处在同一层级的节点，next_sibling 属性用于获取当前节点的下一个兄弟节点，previous_sibling 属性则与之相反。如果节点不存在，则返回 None。需要注意的是，文档中 Tag 的 next_sibling 和 previous_sibling 属性可能返回字符串或空行（'\n'），因为空行也可以被视作一个节点。

通过 next_siblings 和 previous_siblings 属性，可以对当前节点的兄弟节点迭代输出。

```
>>> for sibling in soup.p.next_siblings:
        print(sibling)
```

以上是遍历 DOM 树的基本方法。

2. 搜索 DOM 树

（1）find_all()方法

find_all()方法用于搜索当前 Tag 的所有子节点，并判断是否符合过滤器的条件。其语法格式如下：

```
find_all(name,attrs,recursive,text,**kwargs)
```

find_all()方法中各参数的含义如下。

1）name：标签的名称。

2）attrs：按照 Tag 标签属性值检索，需要列出属性名和值，采用字典形式。

3）recursive：调用 Tag 的 find_all()方法时，BeautifulSoup 对象会搜索当前 Tag 的所有子孙节点。如果只想搜索 Tag 的直接子节点，可以使用参数 recursive=False。

4）text：搜索文本字符内容。

5）limit：**kwargs 参数中的关键字参数，用于限制搜索次数，如 limit=2。find_all()方法返回全部搜索结果，如果 DOM 树很大，那么搜索会很慢。如果不需要全部结果，可以使用 limit 参数限制返回结果的数量。当搜索到的结果数量达到 limit 的值时，就停止搜索，并返回结果。

下面的代码使用 find_all()方法搜索 DOM 树：

```
>>>from bs4 import BeautifulSoup
>>>html=open("d:\\python\\page1.html",encoding='utf-8')
>>>soup=BeautifulSoup(html,"html.parser")
>>>print(soup.find_all('p'))
    [<p id="p1" style="color:red">
    <a href="">链接到 1</a>
        段落标记是文档结构描述的重要元素
    </p>, <p id="p2">
    <a href="">链接到 2</a>
        段落标记实现了文本的换行显示，并且段落之间有一行的间距。
        <br/>
        段落标记虽然有开始和结束标记，<strong>但结束标记可以省略</strong>，
        如果浏览器遇到一个新的段落标记，将会结束前面的段落，开始新的段落……
    </p>]
```

如果 name 参数传入正则表达式作为参数，则 BeautifulSoup 对象会通过正则表达式的 compile()方法返回一个匹配对象。下面的代码用于找出所有以 h 开头的标签：

```
>>>import re
>>>for tag in soup.find_all(re.compile("^h")):
        print(tag.name,end=" ")
    head h3 hr
```

下面是 3 种访问节点属性的方法：

```
>>>soup.find_all('p',attrs={'id':'p1'})
    [<p id="p1" style="color:red">
    <a href="">链接到 1</a>
        段落标记是文档结构描述的重要元素
    </p>]
>>>soup.find_all('p',{'id':'p1'})
    [<p id="p1" style="color:red">
    <a href="">链接到 1</a>
        段落标记是文档结构描述的重要元素
    </p>]
>>>v1=soup.find_all('p',id='p1')
>>>print(v1)
    [<p id="p1" style="color:red">
    <a href="">链接到 1</a>
        段落标记是文档结构描述的重要元素
    </p>]
```

下面的代码中，re.compile("链接到")是正则表达式，表示所有含有"链接到"的字符串都匹配。第 2 行代码返回的 DOM 树中有两个 Tag 符合搜索条件，但结果只返回了一个，因为 limit 参数限制了返回数量。

```
>>>soup.find_all(text=re.compile("链接到"))
    ['链接到 1','链接到 2']
>>>soup.find_all(text=re.compile("链接到"),limit=1)
    ['链接到 1']
```

（2）find()方法

find()方法与 find_all()方法的区别如下：find_all()方法返回全部结果的列表，而 find()方法返回找到的第一个结果。其语法格式如下：

```
find(name,attrs,recursive,text)
```

find()方法中各参数的含义与 find_all()方法完全相同。

3. 用 CSS 选择器筛选元素

CSS 选择器用于选择网页元素，分为标签选择器、类选择器和 id 选择器 3 种。在 CSS 中，标签名不加任何修饰，类名前面需要加“.”作为标识，id 前加“#”来标识。在 BeautifulSoup4 库中，使用 soup.select()方法筛选页面上的元素可能更为简洁，该方法的参数为上述 3 种选择器。soup.select()方法的返回类型是列表。

下面的代码分别通过标签名、类名和 id 查找元素：

```
>>>from bs4 import BeautifulSoup
>>>html=open("d:\\python\\page1.html",encoding='utf-8')
>>>soup=BeautifulSoup(html,"html.parser")
>>>soup.select('a')                  #选取 a 元素
    [<a href="">链接到 1</a>, <a href="">链接到 2</a>]
>>>soup.select(".type1")             #选取类名为 type1 的元素
    []
>>>soup.select("#p1")                #选取 id 为 p1 的元素
    [<p id="p1" style="color:red">
    <a href="">链接到 1</a>
        段落标记是文档结构描述的重要元素
    </p>]
```

解析网页需要理解网页页面的结构，并分析 HTML 的元素和样式特征，而 BeautifulSoup4 库是一个非常完备的 HTML 解析函数库，有了 BeautifulSoup4 库的知识，读者就可以进行网页爬取实战。

本 章 小 结

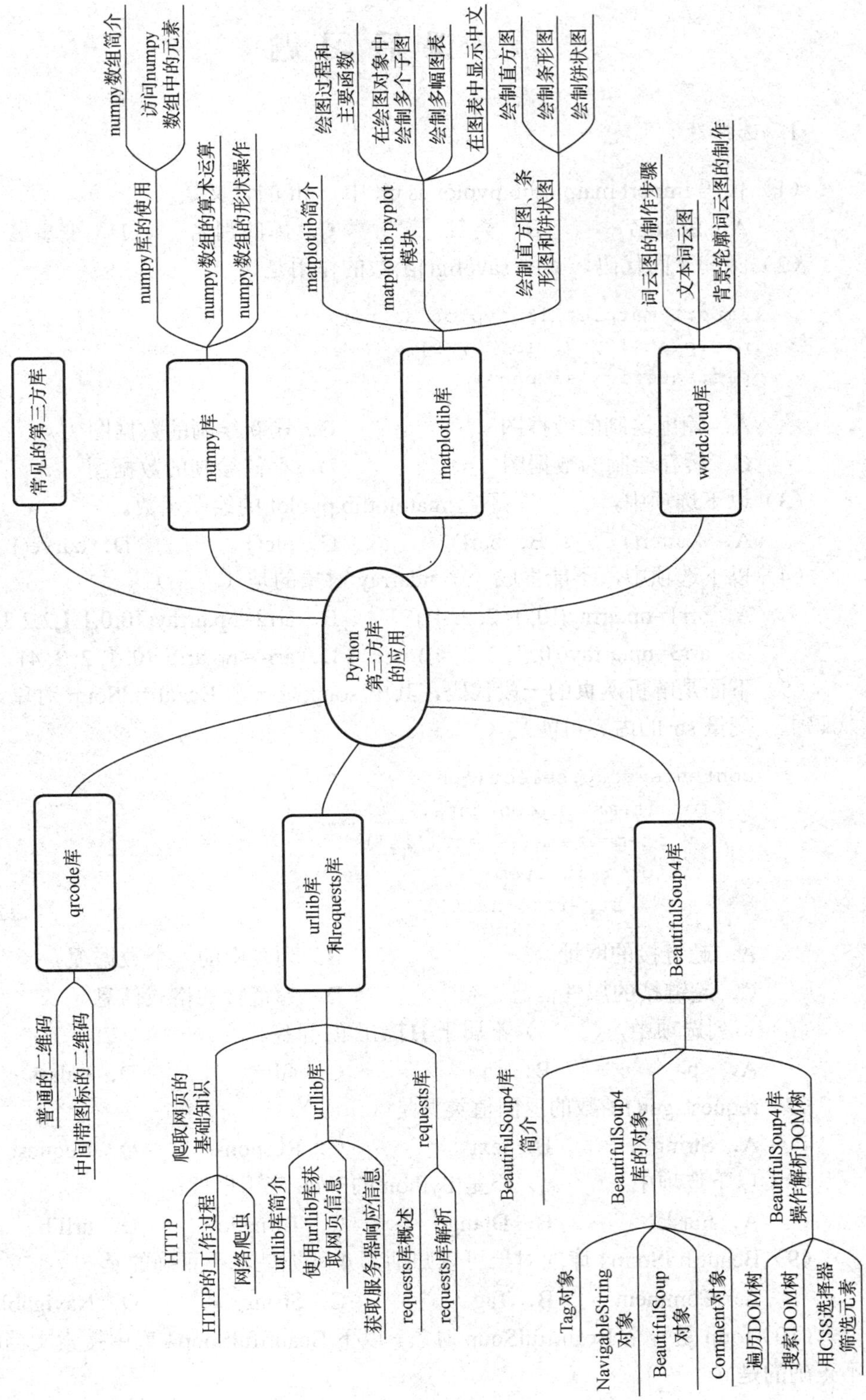
Python第三方库的应用
常见的第三方库
numpy库
numpy库的使用
numpy数组简介
访问numpy数组中的元素
numpy数组的算术运算
numpy数组的形状操作
matplotlib库
matplotlib简介
matplotlib.pyplot模块
绘图过程和主要函数
在绘图对象中绘制多个子图
绘制多幅图表
在图表中显示中文
绘制直方图、条形图和饼状图
绘制直方图
绘制条形图
绘制饼状图
wordcloud库
词云图的制作步骤
文本词云图
背景轮廓词云图的制作
qrcode库
普通的二维码
中间带图标的二维码
urllib库和requests库
爬取网页的基础知识
HTTP
HTTP的工作过程
网络爬虫
urllib库
urllib库简介
使用urllib库获取网页信息
获取服务器响应信息
requests库
requests库概述
requests库解析
BeautifulSoup4库
BeautifulSoup4库简介
BeautifulSoup4库的对象
Tag对象
NavigableString对象
BeautifulSoup对象
Comment对象
BeautifulSoup4库操作解析DOM树
遍历DOM树
搜索DOM树
用CSS选择器筛选元素

课 后 习 题

1. 选择题

（1）代码 import matplotlib.pyplot as plt 中，plt 的含义是（　　）。

A．函数名　　B．类名　　C．库的别名　　D．变量名

（2）阅读下面代码，其中 savefig()函数的作用是（　　）。

```
import matplotlib.pyplot as plt
plt.plot([9, 7, 15, 2, 9])
plt.savefig('si.png')
```

A．输出绘制的数据图　　B．刷新绘制的数据图

C．缓存绘制的数据图　　D．存储绘制的数据图

（3）以下选项中，（　　）不是 matplotlib.pyplot 的绘图函数。

A．scatter()　　B．bar()　　C．pie()　　D．curve()

（4）以下选项中，不能生成一个 ndarray 对象的是（　　）。

A．arr1=np.array([0, 1, 2, 3, 4])　　B．arr2=np.array({0:0,1:1,2:2,3:3,4:4})

C．arr3=np.array((0, 1, 2, 3, 4))　　D．arr4=np.array(0, 1, 2, 3, 4)

（5）下面是解析网页的一段代码，其中 soup 是一个 BeautifulSoup 对象。最后一行代码中，变量 str 的内容可能是（　　）。

```
contents=soup.select('.hot')
   for items in contents:
      item=items.select('li')
      for i in item:
         str=i.a['href']
```

A．超链接的网址　　B．列表中的一个数据项

C．超链接的属性信息　　D．超链接的格式信息

（6）下列选项中，（　　）不属于 HTML 的标签。

A．<p>　　B．<a>　　C．<div>　　D．<class>

（7）requestsget()函数的返回值类型是（　　）。

A．String　　B．text　　C．Response　　D．Request

（8）以下选项中，（　　）不是 Python 的 Web 应用框架。

A．Flask　　B．Django　　C．Tornado　　D．urllib

（9）BeautifulSoup4 库的对象可以归纳为 4 种类型，不正确的是（　　）。

A．Comment　　B．Tag　　C．String　　D．NavigableString

（10）soup 是一个 BeautifulSoup 对象，以下 BeautifulSoup4 库中搜索文档的方法中，不正确的是（　　）。

A．soup.find_all()　　B．soup.find()

C. soup.select()　　　　　　D. soup.search()

2. 简答题

(1) numpy 数组的形状操作使用哪些函数？举例说明。
(2) 列举 BeautifulSoup4 库操作解析 DOM 树的属性和主要方法。
(3) requests 库的 get()方法用于返回 Response 对象，该对象有哪些属性？

上机实践

1. 阅读并上机运行下面的代码（demo1001.py），分析 numpy 库的算术运算功能。

```
>>>import numpy as np
>>>a1=np.array([1,2,3])
>>>b1=np.array(([1,2,3],[4,5,6],[7,8,9]))
>>>a1+100
   array([101, 102, 103])
>>>b1*2
   array([[ 2,  4,  6],
          [ 8, 10, 12],
       [14, 16, 18]])
>>>a1
   array([1, 2, 3])
>>>b1
   array([[1, 2, 3],
       [4, 5, 6],
          [7, 8, 9]])
>>>a1+np.array([100,200,300])
   array([101, 202, 303])
>>>a1+b1
   array([[ 2,  4,  6],
       [ 5,  7,  9],
          [ 8, 10, 12]])
>>>np.sum(b1)
   45
>>>np.sum(b1,axis=0)
   array([12, 15, 18])
>>>np.sum(b1,axis=1)
   array([ 6, 15, 24])
```

2. 给出两个列表 a 和 b，编写程序 demo1002.py，计算列表 a 与 b 逐项乘积的累加和。

```
a=[[1,2,3], [4,5,6], [7,8,9]]
b=[3,6,9]
```

提示：

（1）用循环结构法实现列表 a 与 b 逐项乘积的累加和。
（2）用 numpy 数组实现列表 a 与 b 逐项乘积的累加和。
3．编写程序 demo1003.py，绘制图 10-11 所示的正弦三角函数 y=sin(x)的图形。
提示：
（1）导入 numpy、matplotlib 及 matplotlib.pyplot 模块。
（2）指定默认字体为'SimHei'。
（3）plt.rcParams['axes.unicode_minus']=False 用来显示负值。

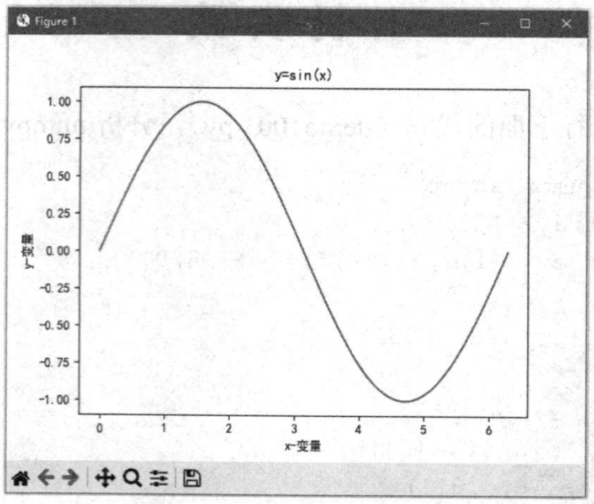

图 10-11　第 3 题程序运行结果

4．编写程序 demo1004.py，绘制图 10-12 所示的余弦三角函数 y=cos(2x)的图形。
提示：
（1）导入 numpy、matplotlib 及 matplotlib.pyplot 模块。
（2）指定默认字体为'SimHei'。
（3）plt.rcParams['axes.unicode_minus']=False 用来显示负值。

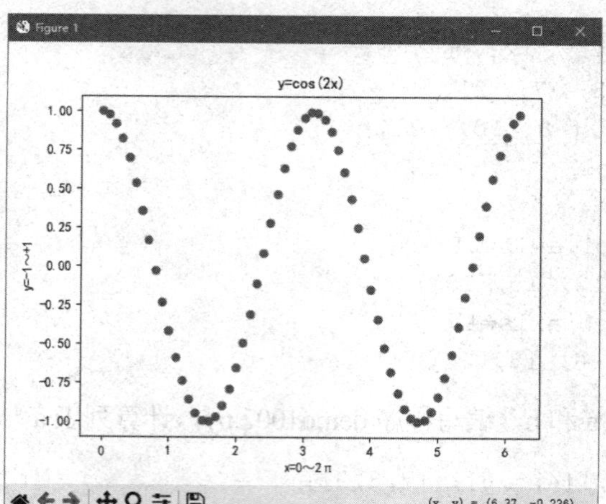

图 10-12　第 4 题程序运行结果

参 考 文 献

陈波，刘慧君，2020．Python 编程基础及应用[M]．北京：高等教育出版社．

陈素琼，吴科宏，2022．Python 程序设计案例教程[M]．北京：电子工业出版社．

董付国，2023．Python 程序设计[M]．3 版．北京：清华大学出版社．

高建清，陈莉婷，林华灵，等，2021．Python 编程基础教程[M]．北京：人民邮电出版社．

高伟，李良俊，周应强，2022．Python 3 程序设计学习指导与习题解答[M]．北京：科学出版社．

江红，余青松，2021．Python 编程从入门到实战[M]．北京：清华大学出版社．

李丕贤，王雪静，秦绪好，2021．Python 3 程序设计基础[M]．北京：科学出版社．

李艳，李业刚，2023．Python 程序设计教程[M]．北京：高等教育出版社．

林子雨，2022．Python 程序设计基础教程（微课版）[M]．北京：人民邮电出版社．

刘国柱，任志考，叶臣，2021．Python 程序设计基础[M]．北京：科学出版社．

娄岩，2021．Python 程序设计基础[M]．北京：机械工业出版社．

莫振杰，2023．从 0 到 1：Python 即学即用[M]．北京：人民邮电出版社．

苏东伟，2020．Python 程序编写入门[M]．北京：高等教育出版社．

唐永华，刘德山，李玲，2020．Python 3 程序设计[M]．北京：人民邮电出版社．

徐红云，曹晓叶，袁华，等，2023．Python 程序设计教程[M]．北京：清华大学出版社．